高等学校人工智能系列教材

本教材获南方科技大学教材出版资助

人工智能导论

刘 江
章晓庆 编著
胡 衍

化学工业出版社
·北京·

内容简介

本书主要为高等院校非计算机专业的人工智能导论课程设计编写，内容具有“应用”+“理论”的特色。针对高校学生的需求和人工智能发展的特点，本书分为引言篇、理论篇和应用篇三部分，可基于学习需求和进度，自主选择。引言篇包括绪论；理论篇包括人工智能之理论基础、人工智能之机器学习、人工智能之深度学习、人工智能之强化学习；应用篇包括人工智能开发平台和人工智能应用及展望。

本书可用于普通高等学校各专业人工智能导论、医学人工智能导论等相关课程的教学，也可供对人工智能感兴趣的科研人员参考。

图书在版编目（CIP）数据

人工智能导论 / 刘江，章晓庆，胡衍编著. —北京：化学工业出版社，2023.10（2024.7 重印）

高等学校人工智能系列教材

ISBN 978-7-122-43830-0

Ⅰ. ①人… Ⅱ. ①刘… ②章… ③胡… Ⅲ. ①人工智能-高等学校-教材 Ⅳ. ①TP18

中国国家版本馆 CIP 数据核字（2023）第 133182 号

责任编辑：郝英华　　　　装帧设计：史利平

责任校对：李雨晴

出版发行：化学工业出版社（北京市东城区青年湖南街 13 号　邮政编码 100011）

印　　装：北京天宇星印刷厂

787mm×1092mm　1/16　印张 15　字数 360 千字　　2024 年 7 月北京第 1 版第 3 次印刷

购书咨询：010-64518888　　　　售后服务：010-64518899

网　　址：http://www.cip.com.cn

凡购买本书，如有缺损质量问题，本社销售中心负责调换。

定　　价：58.00 元

前言

近年来，随着人工智能技术在人脸识别、自然语言处理等诸多实际应用中成功落地，它已经慢慢改变了人类社会的生活、生产和消费模式。新一轮 Chat-GPT、SAM 及 AIGC 技术的发展以及引发的相关伦理的挑战，使全世界各国更加重点关注和布局人工智能领域，旨在这一轮科技革命中占据主动位置，对于这些新技术的算法基础的了解已经成为全社会各个行业人士特别是广大中国知识界和学生的期望。

人工智能是一门有关知识的科学，也是计算机科学与技术、智能科学与技术和人工智能等专业的一门核心课程。而且，随着人工智能技术的广泛应用和交叉学科研究兴起，非计算机专业的本科生对学习人工智能技术的需求也日渐强烈。

南方科技大学作为一个新型研究型大学，一直重视交叉学科人才培养。为了顺应时代发展的需求，南方科技大学计算机科学与工程系面向全校学生特别是非计算机专业本科年级的学生开设了人工智能导论课程，目的是通过介绍人工智能算法体系和发展过程，进一步激发非计算机专业学生对人工智能学习的兴趣，引导和提高学生利用人工智能技术进行学科交叉的应用创新能力。

笔者长期从事人工智能、精准医疗、眼脑联动、手术机器人等方面的研究。从 2019 年开始在南方科技大学给全校学生讲授人工智能导论课程，开课后选课学生每年成倍递增。在授课过程中，深刻感觉到以“AI”+“AI+”（“人工智能算法”+“人工智能技术在特定行业的特定应用”）的内容编排的授课方式有助于非计算机专业的学生更好地学习人工智能的基本理论和算法，并激发他们学习和应用人工智能技术的热情。这也促使笔者在本书编写过程中通过“以人工智能实际应用引出人工智能理论和算法”，即通过具体生动的实际应用实例来介绍人工智能的核心算法和理论。本书的内容分引言篇、理论篇以及应用篇三个部分，为进一步贯彻党的二十大的科技强国精神，在各个部分客观并积极地融入当代中国科技思政元素，培养学生的工匠精神，激发学生科技报国的家国情怀和使命担当，从而实现育人和育才目标的统一。

第 1 部分引言篇：介绍人工智能的定义，包含人工智能的定义与发展、行业发展现状及三个贯穿整本书的经典人工智能应用 3 个方面。其中，本部分介绍我国在人工智能领域的自主创新，如寒武纪人工智能芯片、基于“悟道 2.0”诞生的中国原创虚拟学生——“华智冰”，以及文心一言大模型，体现出我国自主研发能力的增强和科技工作人员的大国工匠精神。

第 2 部分理论篇：论述人工智能的核心理论与算法，包括人工智能的理论基础、机器学习、深度学习以及强化学习 4 个核心部分。本书主要通过自然语言理解、智能眼科图像处理和智能棋类这三个经典应用引出人工智能的核心理论与算法，将科研和工程的求真务实和不断创新理念融入书中，培养学生应用创新能力、追求卓越的精神以及协同合作和奉献精神。

第 3 部分应用篇：讲解人工智能开发平台及应用，包括人工智能开发平台、人工智能应用及展望 2 个主题。本书通过人工智能开发平台及应用介绍，激发当代学生科技报国的家国情怀和使命担当，从而做到“情”“境”统一、“理”“境”结合，实现全方位育人和育才。

特别在编写理论篇人工智能之机器学习、人工智能之深度学习、人工智能之强化学习这三章的内容中，在介绍每一个经典的人工智能算法小节时，针对非计算机专业学生，本书都结合“AI”+“AI+”的原则，通过一个应用来介绍每个算法，旨在帮助读者深入地理解及运用人工智能算法去解决实际应用问题。在应用篇，本书也对人工智能的经典应用进行了系统介绍并结合当下研究热点对未来研究方向进行展望。同时，本书也为各章设计对应的习题，帮助读者巩固学习到的知识点。

本书可用于普通高等学校各专业人工智能导论、医学人工智能导论等相关课程的教学。教师可根据课程计划和专业培养需要重点讲授有关内容，也可依据学生的基础设计教学进度和需求，做出适当选择。

本书由南方科技大学刘江、章晓庆、胡衍编著。本书的内容汇集了智能医疗影像处理团队（Intelligent Medical Imaging，iMED）的集体智慧，参与本书的 iMED 团队成员有章晓庆、胡衍、肖尊杰、李三仟、胡凌溪、杨冰、张慧红、张颖麟、邱忠喜、林文钧、王星月、曾娜、沈俊勇、聂秋实、郭梦杰、黎德睿、孙清扬、巫晓、张佳意、廖铭骞，在此表示感谢。也感谢为本书编写提供建议和服务的其他 iMED 团队成员。

笔者在此对南方科技大学工学院院长徐政和院士关于人工智能导论课程开设的远见，致以敬意；对计算机系的姚新主任关于本书的出版给予的热情鼓励和支持，致以感谢。另外，本书的出版得到了南方科技大学教材出版资助，感谢学校的认可。

由于笔者水平有限，同时人工智能技术发展日新月异，书中内容难免会存在不足，欢迎广大读者提出宝贵建议。

刘江

2023 年 5 月

目录

引言篇

人工智能的定义

第 1 章

绪论

本章导读

2016 年世界著名科技公司谷歌旗下 DeepMind 公司的人工智能围棋程序“阿尔法围棋（AlphaGo）”以 4:1 比分击败围棋世界冠军韩国职业围棋选手李世石。这场世纪围棋人机战让全世界再次关注人工智能。

本章将从“什么是人工智能”这一个简单的问题开始，介绍人工智能的起源及定义、人工智能的三个发展阶段，来和大家一起回顾人工智能的发展历史；紧接着我们集中介绍人工智能的三个主要研究方法、人工智能的产业应用现状以及贯穿全书用以体现人工智能发展历程的三个经典应用（自然语言理解、智能眼科医学图像处理以及智能棋类），本章结构见图 1-1。为了方便读者理解和应用人工智能，我们将“以人工智能实际应用引出人工智能理论和算法”的写作理念作为本书的特色，贯穿始终。

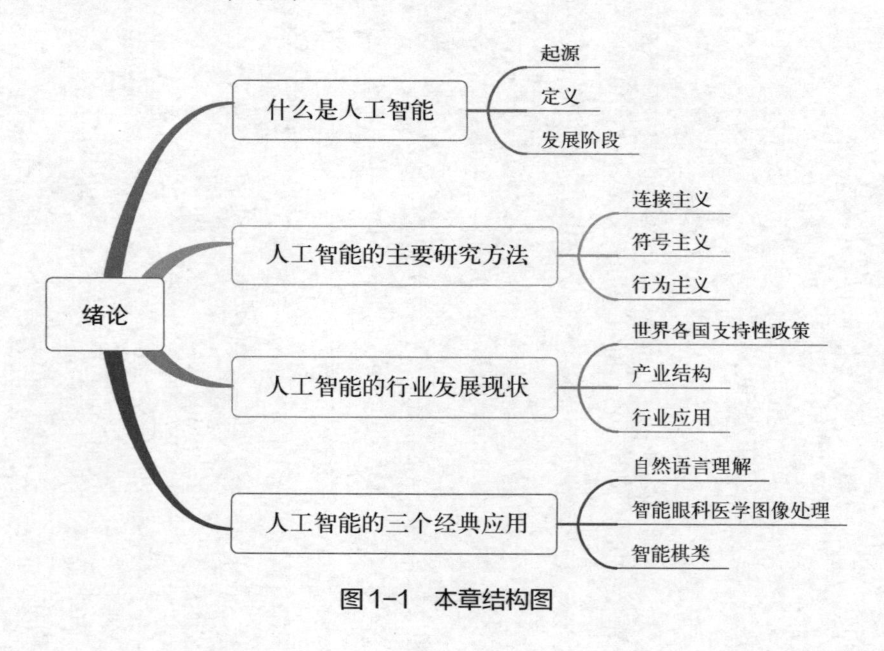

图 1-1　本章结构图

1.1 什么是人工智能

早在两千多年前，我国春秋时期《列子·汤问》中就描述了偃师造人的故事；在三国时期诸葛亮发明了木牛与流马；到了 17 世纪，法国科学家布莱斯·帕斯卡(Blaise Pascal)发明了加法机；再到 2020 年人工智能知名公司 DeepMind 设计的人工智能程序 AlphaFold 在蛋白结构预测应用上取得突破性进展和 2022 年人工智能知名公司 OpenAI 发布的聊天机器人程序 ChatGPT 在自然语言处理领域取得了跨越性突破，这一切都表明人类一直以来都在创造智能机器的征程上。

什么是人工智能？不同专业的人经常站在不同角度来看它，这也使得人工智能有着许多种解释。从计算机学科角度来看，人工智能（artificial intelligence，AI）通常被认为是计算机科学与技术的一个分支，研究、开发用于模拟、延伸和扩展人的智能的理论、方法、技术及应用的一门新技术科学。同时，人工智能也被认为是一门交叉学科，涉及计算机科学、数学、物理、哲学、认知科学、神经生理学、心理学、信息论、控制论、不定性论等多个学科。

1.1.1 人工智能的起源及定义

如果不做历史回溯，现代的人工智能起源公认是 1956 年的达特茅斯会议，这个会议主要参会者有约翰·麦卡锡、马文·明斯基、克劳德·香农、艾伦·纽厄尔、赫伯特·西蒙等科学家，他们都是现代人工智能发展的推动者。达特茅斯会议最主要成就是确定了人工智能本身可以作为一个独立的研究学科。“Artificial Intelligence”这个人工智能的英文正式名称也源于达特茅斯会议。达特茅斯会议同时也明确了人工智能研究的目标是“实现能够像人类一样利用知识去解决问题的机器”。

人工智能该如何定义？在不同发展时期，人工智能对社会影响的程度不同，这导致了人们对于人工智能有着不同的定义。即使时至今日，大家对人工智能也还没有形成一个精确且一致认同的定义，这体现了人工智能快速发展的现状。如果仅从字面意思来理解，人工智能的定义可以分为两部分，即“人工”和“智能”。“人工”比较好理解，争议性也不大，我们要考虑的是什么是人力所能及的范围，以及人自身的智能程度有没有高到可以创造人工智能的地步等。智能这个概念比较有争议，它涉及意识（consciousness）、思维（mind）等问题。由于人类对自身的智能认知非常有限，加上人类对构成人的智能的必要因素了解也有限，这就限制了人本身很难定义什么是人类创造的智能。表 1-1 为国内外机构/书籍对人工智能定义的不同解读。

表 1-1 人工智能定义的不同解读

书籍/机构	定义
《人工智能——一种现代方法》	人工智能定义分为四类：像人一样思考的系统、像人一样行动的系统、理性思考的系统、理性行动的系统
维基百科	人工智能就是机器展示出的智能，即只要是某种机器具有某种或某些“智能”的特征或表现，都应该算作“人工智能”
大英百科全书	人工智能是数字计算机或者数字计算机控制的机器人在执行智能生物体才有的一些任务上的能力
百度百科	人工智能是“研究、开发用于模拟、延伸和扩展人的智能的理论、方法、技术及应用系统的一门新的技术科学”，我们将其视为计算机科学的一个分支，其研究领域包括机器人、语言识别、图像识别、自然语言处理和专家系统等
《人工智能标准化白皮书》	人工智能是利用数字计算机或者由数字计算机控制的机器，模拟、延伸和扩展人类的智能，感知环境、获取知识并使用知识获得最佳结果的理论、方法、技术和应用系统

由表 1-1 可见人工智能这个名词的定义随着时代不断发展，人类一直追求的人工智能的终极目标就是使机器达到人类的智能水平。在这 5 个定义中，知识、人和智能这三个概念都尚未有明确的定义，其中，知识是这三个概念中被研究得比较多且最为透彻的，专业人士目前普遍偏向于认为知识是智能的基础，因此，本书对人工智能做了如下定义：人工智能是有关知识的科学。

因为从知识的角度来看，AI 的研究主要以知识的获取为出发点、知识表示及应用为目标。不同的学科致力于通过 AI 发现新的各自领域的知识。比如，医学研究通过 AI 发现新的医学领域知识，化学研究通过 AI 发现新的化学领域知识等。AI 的研究则希望发现可以找到不受领域限制且具有普适性的知识，包括通用的知识的获取、表示及知识的应用的普适规律、算法及实现方式。一般来说，将 AI 与某学科特定的领域知识结合，就形成了“AI”+学科的框架，也是 AI 未来的发展趋势之一。

1.1.2 人工智能的三个发展阶段

早在 1950 年，艾伦·图灵就提出了举世闻名的图灵测试：“如果一台机器能够与人类展开对话（通过电传设备）而不能被辨别出其机器身份，那么我们就称这台机器具有智能。”同一年，图灵还预言人类会创造出具有真正智能的机器。然而，直到英国皇家学会举行的“2014 图灵测试”大会上，聊天程序“尤金·古斯特曼”（Eugene Goostman）才首次通过了图灵测试，距图灵测试提出时间已经超过六十年。在过去七十多年时间里，人工智能技术主要经历了三个发展阶段，见图 1-2。接下来，我们仔细描述一下人工智能各个发展阶段的特点。

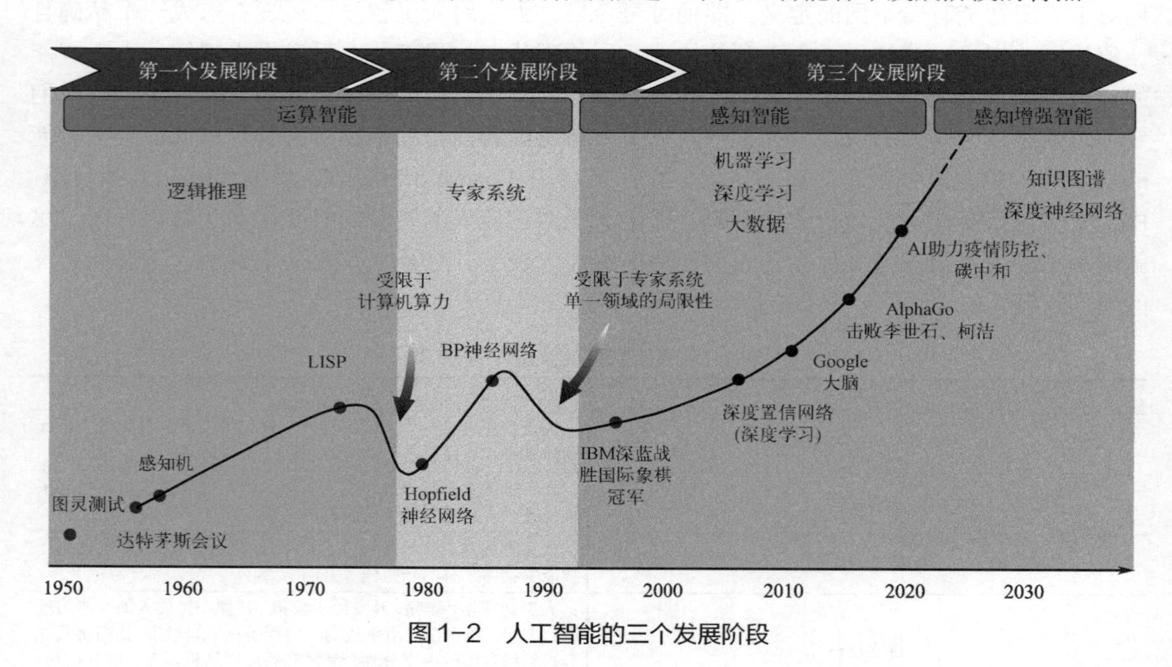

图 1-2 人工智能的三个发展阶段

1.1.2.1 人工智能的第一个发展阶段

人工智能的第一个发展阶段：**人工智能的逻辑推理阶段**。达特茅斯会议以后，人工智能迎来了第一个黄金发展**逻辑推理**阶段。在这一发展阶段，人工智能主要用于解决数学问题（代数和几何问题），以及用于英语学习和使用程序，研究人员主要是研发机器的逻辑推理能力相关技术。比如，1957 年，Frank Rosenblatt 在 Cornell 航空实验室设计的经典的人工智能算法——感知器（perceptron）；1958 年人工智能研究先驱约翰·麦卡锡（John McCarthy）研发了人工智能领域的应用计算机程序语言 LISP（list processing language）。

特别是 20 世纪 60 年代自然语言处理和人机对话技术的突破性发展，极大地提高了人们对 AI 的期望。其中，具有代表性的成果是 1964 年至 1966 年期间，美国麻省理工学院的计算机科学家 Joseph Weizenbaum 带领团队开发了世界上第一个聊天机器人伊莉莎（Eliza）。人们对早期的人工智能项目能改善他们的生活和工作方式抱有较高的期望，但研究学者对有关人工智能课题的研究难度未能做出合适的判断，并且由于当时计算机的算力不足，从而导致很多人工智能项目接二连三失败。1973 年，美国和英国政府停止向没有明确目标的人工智能研究项目拨款，人工智能研究由此进入第一个行业低谷期。

1.1.2.2 人工智能的第二个发展阶段

人工智能的第二个发展阶段：人工智能的专家系统阶段。DENDRAL 系统是世界上第一个投入使用的专家系统，1965 年在斯坦福大学开始研发，并于 1968 年研发成功。DENDRAL 系统研发团队的核心是人工智能科学家爱德华·费根鲍姆（Edward Feigenbaum）和遗传学家约书亚·莱德伯格（Joshua Lenderberg），该系统的作用是分析质谱仪的光谱，帮助化学家判断特定物质的分子结构。DENDRAL 系统首次对知识库进行了定义，这也为人工智能的第二个发展阶段：专家系统阶段做了**早期尝试和探索**。

20 世纪 80 年代起，特定领域的“专家系统”人工智能程序逐渐被广泛用于解决实际应用问题，并在医疗、化学、地质等领域取得了成功应用，专家系统能够根据领域内的专业知识，推理出专业问题的答案。在这一时期比较有名的专家系统项目有 XCON 专家系统，由 DEC 公司与卡内基梅隆大学合作开发。1980 年，汉斯·贝利纳（Hans Berliner）打造计算机战胜双陆棋世界冠军也是标志性事件。然而，随着 1990 年美国国防高级研究计划局（defense advanced research projects agency，DARPA）的人工智能项目失败，使得人工智能研究进入第二个行业低谷期。由于这一阶段的专家系统的实用性只局限于特定领域，同时其缺乏常识性知识、知识获取困难、推理方法单一、维护成本居高不下等问题逐渐暴露出来，这与当时专家系统主要的研究方向是知识库系统和知识工程有着密切关系。

从技术角度来看，在人工智能的专家系统阶段，研究学者在人工智能理论与算法方面也取得了巨大的进步。比如，1974 年，哈佛大学的 Paul Werbos 发明反向传播算法（back-propagation，BP），为神经网络发展奠定了理论基础。1983 年，物理学家 John Hopfield 提出了一种用于联想记忆（associative memory）的神经网络，称为 Hopfield 网络，并且在旅行商问题上取得了当时最好结果，并引起了轰动。1984 年，杰弗里·辛顿提出了一种随机化版本的 Hopfield 网络，即玻尔兹曼机（Boltzmann machine）。基于行为的机器人学也在罗德尼·布鲁克斯的推动下成为人工智能一个重要的发展分支。

1.1.2.3 人工智能的第三个发展阶段

人工智能的第三个发展阶段：人工智能的感知智能阶段。2006 年杰弗里·辛顿在国际顶

级期刊 *Science* 发表了《深度学习（deep learning）》；2007 年，旨在帮助视觉对象识别软件进行研究的大型注释图像数据库 ImageNet 成立；2012 年 AlexNet 在 ImageNet 数据集图像识别精度取得了重大突破，直接推动了新一轮人工智能发展。2016 年，AlphaGo 打败围棋世界职业选手李世石，使得人工智能再次获得了高度关注。

从技术发展角度来看，随着互联网、云计算、大数据技术的发展，尤其是图形处理器（graphics processing unit，GPU）的算力不断提高，人工智能逻辑推理能力不断增强，从而加速了人工智能技术的迭代，并且推动着人工智能进入感知智能阶段。目前语音识别、语音合成、机器翻译等人工智能技术的能力都已经逼近人类智能的水平，并且多个应用场景的人工智能项目已经成功落地，在商业化路线上焕发出新生机。

在人工智能的三个发展阶段中，人工智能的前两个发展阶段主要由学术界主导并且在市场层面上仅限于宣传，第三次是由企业实际需求主导的并在实际商业场景中落地，如人脸识别、机器翻译。技术实现方面，在前两次发展阶段中，人工智能理论与算法还处于发展阶段，且受限于当时计算机的算力。然而，在人工智能的第三个发展阶段中无论是在技术层面上还是在计算能力上都已经有了跨越性的提升，并且人工智能技术已经成功应用于多个领域。例如，AIGC（artificial intelligence generated content）是指利用人工智能技术来生成内容，已经广泛应用于图像和文本生成，代表性的人工智能应用是 ChatGPT；利用人工智能技术来编写代码，代表性的 AI 编程工具有 Copilot。

1.2 人工智能的三个主要研究方法

1950 年，人类首次使用 X 射线确认了蛋白质的完整结构。随后，美国生物化学家 Christian Anfinsen 在 1972 年的诺贝尔化学奖获奖演讲中提出了一个困扰人类半个世纪的猜想——蛋白质折叠问题。然而，氨基酸序列可能形成的蛋白质结构数量过于庞大，人工解析需要消耗大量的时间与人力。20 世纪 80 年代，随着计算机技术的兴起，人们尝试基于“专家系统”等人工智能算法与理论模拟蛋白质结构的折叠过程。2020 年，谷歌公司下的 DeepMind 团队研发人工智能程序 AlphaFold2 在国际蛋白质结构预测竞赛（critical assessment of techniques for protein structure prediction，CASP）中取得了划时代的突破，为持续 50 年的生化领域未解之谜提供了另一种高效解决方法。现代人工智能概念自 1956 年被提出以来，不同学科背景的研究学者基于自身专业知识对人工智能的发展提出了不同的理解与观点，其中对人工智能研究影响较大的主要有连接主义（connectionism）、符号主义（symbolism）和行为主义（actionism）三个主要研究方法，如图 1-3 所示。

人工智能的三个主要研究方法

符号主义	连接主义	行为主义
“逻辑理论家”程序 (Simon, 1956) 归结原理(Robinson, 1965) DENDRAL专家系统 (Feigenbaum, 1965) 知识工程 (Feigenbaum, 1977) “深蓝”电脑系统 (IBM, 1997)	形式化神经元模型 (McCulloch, 1943) 感知器(Rosenblatt, 1957) 反向传播法 (Rumelhart, 1986) 卷积神经网络 (Waibel, 1987) Transformer(Google,2017)	六足机器人(MIT, 1990) ATHLETE机器人 (NASA4, 2009) Atlas机器人 (Boston Dynamics, 2023)

图 1-3　人工智能的三个主要研究方法

1.2.1 基于符号主义的人工智能研究方法

符号主义是一种主张用公理与逻辑推理搭建人工智能系统的研究方法，也被称为逻辑主义、计算机学派、心理学派。其主要观点是利用物理符号系统及有限合理性原理来实现人工智能。具体来讲，符号主义认为人类思维的基本单元是符号，而基于符号的一系列运算构成了认知的过程，因此人和计算机都可以被看成具备逻辑推理能力的符号系统。换句话说，计算机可以通过各种符号运算来模拟人的“智能”。符号主义对于 AI 的解释和人们的认知是比较相近的，因此能较容易地为大家所接受，所以它在 AI 历史中的很长一段时间都处于主导地位。

1956 年符号主义研究领域的代表人物之一 Newell 发表了历史上第一个基于逻辑推理的 AI 系统“逻辑理论家”；随后，他又与人工智能研究学者 Simon 等人在 1963 年提出了“实体符号系统”，他们认为“符号处理”是人类和机器智能的本质，只要在符号计算上实现了相应功能，那么现实世界就实现了对应的功能。此后，符号主义走过了一条启发式算法——专家系统——知识工程的发展道路。

专家系统是 20 世纪 80 年代人工智能研究中广泛流行的一种程序，它依据从特定知识中推演出的一组逻辑规则来回答或解决某一特定领域的问题。1965 年美国斯坦福大学的费根鲍姆教授设计了一个名为 DENDRAL 的化学专家系统，它能根据化合物的分子式和质谱数据推断化合物的分子结构。专家系统的能力来自于它们存储的专业知识，AI 研究的主要方向是与之相对的知识库系统和知识工程。专家系统的成功开发与应用，对人工智能走向实际应用具有重要的意义，这也是基于逻辑的 AI 研究方法最辉煌的时候。然而，专家系统仅局限于某些特定的应用情景，且系统化专业知识的采集难度大、费用高、使用难度大，在如翻译、语音识别等领域基本上没有取得巨大突破。

20 世纪 80 年代末，基于符号主义的人工智能研究方法开始式微，一个主要的原因是研究学者试图使用如同数学定理般的算法规则将人的思维过程抽象为简洁深入且一应俱全的规则定理。但是，他们忽略了人类的思想过程高度复杂且难以预测，这也导致知识与智能也远非逻辑和推理所能囊括。所以，用符号和逻辑方法解决智能问题难度逐渐增加。另一个重要原因是人类抽象出的符号最初源于人类对物理世界的感知，而计算机因缺乏自主感知能力，并不能触及符号与逻辑定义下潜藏的“潜智能”。这一系列问题使得基于符号的人工智能研究方法在 20 世纪末迎来一波爆发后走向沉寂，但是科学家对于该研究领域的深入探究依然取得了一些突破性的成果。其中具有代表性的是名为“深蓝”的 IBM 超级计算机，1997 年 5 月，它打败了国际象棋世界冠军卡斯帕罗夫。这一事件在当时也曾轰动世界，展示了基于符号与逻辑的 AI 系统在博弈领域的成果。

1.2.2 基于连接主义的人工智能研究方法

连接主义，又称仿生学派或生理学派，是一种基于神经网络和网络间的连接机制的智能模拟方法。与符号主义学派强调对人类逻辑推理的模拟不同，连接主义强调对人类大脑的直接模拟，特别是神经元之间的连接机制模拟。

1943 年，美国心理学家 W. McCulloch 和数学家 W. Pitts 提出了形式化神经元模型（MP 模型），从此开启了基于连接主义的人工智能研究方法略显坎坷的发展道路。1957 年，Frank Rosenblatt 发明了感知器算法。然而，连接主义在“试错性”上的局限性在其具有很多参数和需要大量的运算，这使得其发展一度受限于计算机的算力。1986 年反向传播算法解决了多层感知机的训练问题，1987 年卷积神经网络开始被用于语音识别。随着互联网、大数据、计算机硬件技术的发展，基于连接主义的人工智能研究方法在人工智能的第三个发展阶段迎来一个发展高峰，特别是 2012 年 **Geoffrey Hinton 团队在国际著名的 ImageNet 比赛中以显著优势获得冠军，推动了学术界和工业界对基于连接主义的人工智能方法的研究热潮**。虽然，基于连接主义的人工智能研究方法发展的深度学习已经在成功应用于图像处理、机器翻译、语音识别等多个应用领域。2017 年，Google 提出了基于自注意力机制的 Transformer 模型，目前火热的各种大模型都源于这种架构。然而，其方法体系的基础神经生理学和认知科学的研究仍在起步阶段，人类到目前并不清楚大脑表示概念的具体机制。2016 年加州伯克利大学的 Jack Gallant 团队发表在 *Nature* 上的一篇学术论文揭示了大脑语义地图的存在性，填补了模拟神经元连接机制的研究方法的物理基础，这也为连接主义的未来发展提供了新的方向。

1.2.3 基于行为主义的人工智能研究方法

行为主义，又称进化主义或控制论学派，是一种基于“感知—行动”的行为智能模拟方法，其思想来源是进化论和控制论，基本原理为控制论以及感知—动作型控制系统。行为主义的研究学者认为：智能取决于感知和行为，取决于对外界复杂环境的适应，而不是表示和推理，不同的行为表现出不同的功能和不同的控制结构。生物智能是自然进化的产物，生物通过与环境及其他生物之间的相互作用，从而发展出越来越强的智能，人工智能也可以沿这个途径发展。

行为主义最早起源于 20 世纪初的一个心理学派，他们认为行为是有机体用以适应环境变化的各种身体反应组合，它的理论目标在于预见和控制行为。维纳（Wiener）和麦克洛克（McCulloch）等人提出的控制论和自组织系统以及钱学森等人提出的工程控制论和生物控制论，影响了许多领域。控制论把神经系统的工作原理与信息理论、控制理论、逻辑以及计算机联系起来。早期的研究工作重点是模拟人在控制过程中的智能行为和作用，如对自寻优、自适应、自镇定、自组织和自学习等控制论系统的研究，并进行“控制论动物”的研制。到 20 世纪 60～70 年代，上述这些控制论系统的研究取得一定进展，播下智能控制和智能机器人的种子，并在 20 世纪 80 年代诞生了智能控制和智能机器人系统这两个研究方向。行为主义是 20 世纪末才作为一个人工智能研究方法的新面孔出现，引起许多人的兴趣。

基于行为主义的代表性研究成果之一是基于仿生多足机器人衍生而来的六足行走机器人，这是一个基于感知-动作模式模拟昆虫行为的控制系统。最初的六足机器人在 1990 年由 MIT 的 Rodney Brook 教授的开发团队设计开发，具有行走、爬坡等功能。而最新的六足机器人包括以负重应对复杂地形为目的设计的月球探索机器人 ATHLETE，以完成灵活动作与维持平衡为目的研发的波士顿动力机器人和波士顿大狗。我国自主研发的六足滑雪机器人和冰壶机器人在 2022 年北京冬奥会中大放异彩。它们的智能并非来源于自上而下的大脑控制中枢，而是来源于自下而上的肢体与环境的互动。

与连接主义和符号主义相比，行为主义学派在诞生之初就具有很强的目的性，这也导致它的优劣都很明显。其主要优势在于行为主义重视结果，具有极强的实用性。不过也正是因为过于重视表现形式，行为主义侧重于应用技术的发展，无法如同其他两个学派一般，在某个重要理论获得突破后迎来爆发式发展。

经过以上对人工智能的三个主要研究方法介绍，可以总结如下：符号主义偏向于研究抽象思维和数学可解释性，通过解析物理符号系统假说和启发式搜索原理去寻找智能，它关心的是承载智能的心理结构和逻辑结构；连接主义偏向于研究形象思维和类脑模型，通过模拟生物体的脑部组织结构去寻找智能，它关心的是承载智能的生理结构；行为主义偏向研究感知思维、有机体行为模拟及应用，通过环境反馈和智能行为之间的因果联系去寻找智能，既不关心智能的载体和其内部的生理结构，也不关心智能的逻辑和心理结构，只关心智能的外部可观察到的行为表现。简而言之，连接主义学派在研究“大脑”（brain），符号主义学派在研究“心智”（mind），行为主义学派则在研究“行为”（action）。在第 2 章，本书会介绍这三种人工智能研究方法的有关理论基础。

1.3 人工智能的行业发展现状

人工智能作为新一轮科技革命和产业变革的重要驱动力量，它将会给经济、政治、社会等带来颠覆性的影响，或将成为世界未来的发展格局中最重要的不确定因素之一。在 21 世纪，人工智能已逐渐成为世界各国新一轮科技战和智力战的必争之地，围绕人工智能领域的布局抢位日趋激烈。这一小节主要从总体上介绍人工智能的行业发展现状，主要涉及世界各国人工智能发展支持政策、人工智能产业结构以及人工智能行业应用。

1.3.1 世界各国人工智能发展支持政策

人工智能作为改变未来的世界发展格局的前沿性与战略性技术，全球各国纷纷发布了支持人工智能未来发展的国家发展战略或政策规划。下面主要集中介绍美国、欧盟、中国以及其他国家的人工智能发展支持政策。图 1-4 为 2021 世界人工智能大会给出的全球各国人工智能竞争力排名，可以看出，中美两国目前处于领先地位。

1.3.1.1 美国人工智能发展支持政策

美国人工智能战略和政策的总体着力点在于保持其在人工智能的全球“领头羊”地位，并对人工智能的发展始终保持主动性与预见性，在立法、研发投资、人才培养等多个方面纷纷给予支持。美国早在 2013 年就发布了多项计划用于支持人工智能发展，并提及了人工智能在智慧城市、自动驾驶等众多领域的应用潜力。2016 年，美国出台了《国家人工智能研究与发展计划》，并将人工智能上升至国家战略层面。2019 年，美国白宫科学和技术政策办公室发布了《维持美国在人工智能领域领导地位的倡议》，从国家战略层面提出美国未来发展人工智能的指导原则，明确指出要求调配更多的联邦政府资金和资源来发展人工智能，增强国家和经济

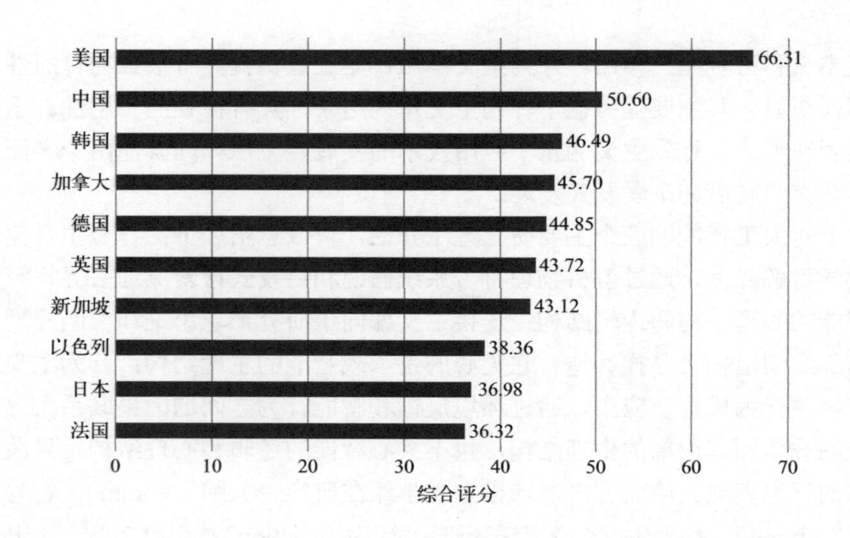

图 1-4　全球人工智能竞争力排名（2021 世界人工智能大会）

安全。随后发布了《2020 年国家人工智能倡议法案》，旨在确保美国在全球 AI 技术领域保持领先地位，将美国人工智能计划编入法典，保障增加研究投入、获取计算和数据资源、设置技术标准等内容。美联邦政府在 2021 年正式成立了国家人工智能研究资源工作组，研究建立国家人工智能研究资源的可行性，并制订路线图详细说明如何建立和维持这种资源，同时，美国参议院批准了 2500 亿美元的投资，用于支持从人工智能到量子通信等学科研究，人工智能作为战略重心在美国各届政府中罕见保持连续性。

1.3.1.2　欧盟人工智能发展支持政策

欧盟很早就将发展“智能化”经济作为其主要战略目标，注重在人工智能技术研发和人才上的投入，但由于缺乏投资，以及民众顾虑隐私保护等问题，使其人工智能的发展暂时不及预期。为改变这一现状，欧盟各国已经采取多种措施大力发展人工智能，重点着力研发可信人工智能，力争获取全球主导权。2018 年，欧盟 25 个国家共同发布了《欧盟人工智能战略》，从国家战略合作层面来推动人工智能发展，并一同面对人工智能在社会、经济、伦理及法律等方面的机遇和挑战。随后，欧盟又发布了《人工智能协调计划》，提出要进一步增加资金投入、深化人工智能技术创新与应用、完善人才培养和技能培训、构建欧洲数据空间、建立人工智能伦理道德框架、促进公共部门人工智能技术使用、加强国际合作等措施，推进欧洲人工智能的研发与应用，力争在伦理与治理领域处于全球领先地位。欧盟在 2020 年发布的《人工智能白皮书——欧洲追求卓越和信任的策略》，透露了欧盟人工智能将由“强监管”转向“发展和监管并重”，在促进人工智能广泛应用的同时，解决新技术使用所产生的风险问题。2021 年，欧盟发布的《人工智能协调计划》中提出欧盟人工智能必须在具有重大影响力的领域中占据战略领导地位，公共部门便是具有重大影响力的领域之一，并且公共部门要成为应用人工智能的探路者。

1.3.1.3　中国人工智能发展支持政策

党和国家高度重视 AI 发展，从政策、研发、产业发展、教育等各个方面支持人工智能的发展。2015 年，国务院印发《关于积极推进“互联网+”行动的指导意见》就提出人工智能核心技术突破，并促进人工智能在智能家居、智能终端、智能汽车、机器人等领域的推广应用。图 1-5 为我国近年来发布的一系列支持人工智能发展重要政策。

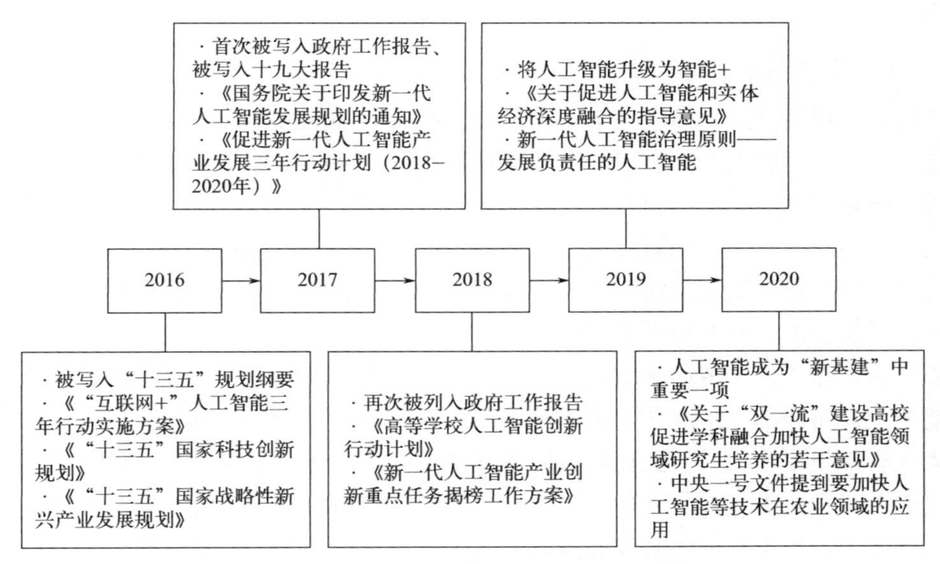

图 1-5 中国人工智能发展重要支持政策

2016 年，国务院发布《国民经济和社会发展第十三个五年规划纲要（草案）》，并将人工智能概念写入国民经济和社会发展"十三五"规划纲要。同年，国家发展改革委、科技部、工业和信息化部、中央网信办联合制定发布了《"互联网+"人工智能三年行动实施方案》，提出了总体思路和实施目标。

2017 年十二届全国人大五次会议上，"人工智能"首次被写入全国政府工作报告；7 月，国务院发布《新一代人工智能发展规划》，明确指出新一代人工智能发展分三步走的总体战略目标，到 2030 年使中国人工智能理论、技术与应用总体达到世界领先水平，成为世界主要人工智能创新中心；同年 10 月，人工智能被写入十九大报告，将推动互联网、大数据、人工智能和实体经济深度融合；工信部随后发布了《促进新一代人工智能产业发展三年行动计划（2018—2020 年）》，结合"中国制造 2025"，详细规划了人工智能在未来三年的重点发展方向和目标，每个方向的目标都做了非常细致的量化。

2018 年，政府工作报告中再次强调要加强新一代人工智能研发应用；在医疗、养老、教育等多领域推进"互联网+"；发展智能产业，拓展智能生活。教育部研究制定《高等学校人工智能创新行动计划》，并研究设立人工智能专业，进一步完善我国高校人工智能学科培养体系。

2019 年，政府工作报告中将人工智能升级为智能+，要推动传统产业改造提升，特别是要打造工业互联网平台，拓展"智能+"，为制造业转型升级赋能。同年，国家新一代人工智能治理专业委员会正式成立，并且发布了《新一代人工智能治理原则——发展负责任的人工智能》。教育部也印发了《教育部关于公布 2018 年度普通高等学校本科专业备案和审批结果的通知》。根据通知，全国共有 35 所高校获首批人工智能新专业建设资格。

2020 年，教育部、国家发展改革委、财政部联合发布了《关于"双一流"建设高校促进学科融合加快人工智能领域研究生培养的若干意见》，提出要构建基础理论人才与"人工智能

+X”复合型人才并重的培养体系，探索深度融合的学科建设和人才培养新模式。2020 年底，国家“十四五”规划又进一步将人工智能列为前沿科技发展领域中最高优先级并上升到国家发展战略层面高度。

1.3.1.4 其他国家人工智能发展支持政策

韩国拥有雄厚的信息与通信技术（information and communications technology，ICT）产业发展根基，这为其发展人工智能奠定了良好的研发与应用生态基础。2018 年，韩国第四次工业革命委员会审议并通过《人工智能研发战略》，旨在重点打造世界领先的人工智能研发生态，并加快人工智能在各领域的创新应用。韩国于 2019 年公布了《国家人工智能战略》，旨在凝聚国家力量、发挥自身优势，实现从“IT 强国”到“人工智能强国”的转变。

日本在国家层面积极布局人工智能发展战略和产业化路线图。2016 年成立了人工智能技术战略委员会，作为人工智能国家层面的综合管理机构，以制定人工智能研究和发展目标和人工智能产业化路线图。2017 年，日本发布《人工智能技术战略》，确定了政府、产业界和学术界在人工智能技术和成果商业化等方面的行动目标。2018 年，日本发布《综合创新战略》提出要培养人工智能领域技术人才，此外，还发布了《集成创新战略》，将人工智能指定为重点发展领域之一，提出要加大其发展力度，同时强调要加强人工智能领域人才培养。同年，日本内阁府发布《以人类为中心的人工智能社会原则》推进人工智能发展，从宏观和伦理角度表明了日本政府的态度，主张在推进人工智能技术研发时，综合考虑其对人类、社会系统、产业构造、创新系统、政府等带来的影响，构建能够使人工智能有效且安全应用的“AI-Ready 社会”。

加拿大政府在 2017 年发布了人工智能国家战略计划——《泛加拿大人工智能战略(Pan Canadian Artificial Intelligence Strategy)》，这一战略计划旨在增加加拿大的人工智能研究者与从业者人数，同时在埃德蒙顿、蒙特利尔和多伦多个城市建立科学卓越中心，支持人工智能发展。

印度在 2018 年发布了《人工智能国家战略》，提出了如何利用人工智能来促进经济增长和提升社会包容性，寻求一个适用于发展中国家的人工智能发展战略。该战略旨在提高印度人的工作技能，以及将印度提出的人工智能解决方案推广到其他发展中国家。

1.3.2 人工智能产业结构

参考计算机网络中的互联网传输控制协议/网际协议（transmission control protocol / internet protocol，TCP/IP）的分层体系结构，我们将人工智能产业分为三层：基础层、技术层和应用层，如图 1-6 所示。其中基础层是人工智能产业的基础，技术层是人工智能产业的核心，应用层是人工智能产业的延伸。

1.3.2.1 人工智能产业基础层

人工智能产业基础层主要涉及数据采集和算力支持，包括 AI 芯片、传感器、大数据与云计算等技术。其中，传感器及大数据主要负责数据的采集和存储，而 AI 芯片和云计算提供算力支持。目前，AI 芯片按照类型可分为四种：GPU、FPGA（现场可编辑门阵列）、ASIC（专用定制芯片）和类人脑芯片。按照技术发展方向又可分为功能模仿与结构逼近两个方向。其中，GPU、FPGA 及 ASIC 是从功能层面模仿大脑能力，而类脑芯片则是从结构层面去逼近大脑。虽然在结构上模仿人类大脑运算是 AI 芯片发展终极目标，但受制于现有技术发展程度，目前，AI 芯片研发主要集中在功能层面上的模仿。

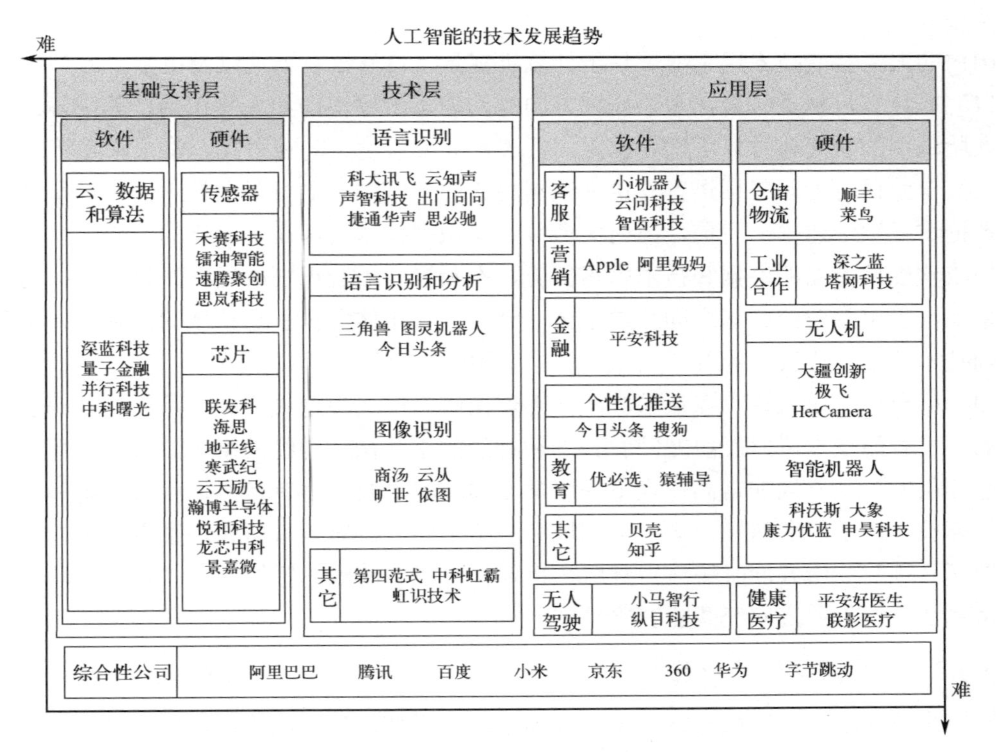

图 1-6 人工智能产业结构图

GPU 和 FPGA 等是人工智能领域的通用芯片，但由于它们并非针对深度学习算法而设计，在性能与功耗等方面存在缺陷与不足。因此，Intel、Google、英伟达等公司正在研发针对神经网络算法的专用芯片 ASIC，有望在今后数年内取代当前的通用芯片成为人工智能芯片主力军。相较于欧美发达国家，我国专注于人工智能芯片研发的公司较少且尚处于起步阶段，因此，总体技术水平与发达国家有较大差距，特别是高端芯片还主要依赖国外进口。但也涌现了寒武纪科技等一批独角兽人工智能芯片企业。国产人工智能芯片的崛起不仅证明我国自主研发能力增强，也有利于解决芯片领域“卡脖子”问题。

人工智能的计算平台和终端服务主要依赖云计算，例如百度公司把训练好的小度助手部署在云端为终端设备提供智能服务，例如语音翻译。根据部署模式或服务形式的不同，云计算可分为基础设施即服务、平台即服务、软件即服务三类。提供这些云计算服务的国内外著名公司有亚马逊、微软、谷歌、阿里巴巴、华为等。

在人工智能基础层领域，参与者一般是政府、研究机构、互联网和科技巨头，它们在数据、技术和资本方面具有优势。一般来说，芯片、大数据、云计算等基础层面的研究需要大量的资金、密集的技术和较多人才支撑，研发周期通常较长，这些特点决定了这一领域往往是政府和巨头企业投资居多。

1.3.2.2 人工智能产业技术层

技术层是人工智能产业发展的核心，以模拟人的智能相关特征为出发点，构建技术路径。其主要依托基础层的运算平台和海量数据资源进行数学建模，研发面向不同领域的人工智能理论算法与应用技术，包括算法理论、开发平台和应用技术（计算机视觉、自然语言处理、无人驾驶）。

国内的人工智能技术层主要聚焦于计算机视觉、自然语言处理以及机器学习领域。

（1）在计算机视觉领域，主要研究方向有动静态图像识别和人脸识别，其中静态图像识别与人脸识别的研究暂时处于领先位置，代表企业如百度、旷视科技、格灵深瞳等。

（2）自然语言处理包括语音与语义识别两方面。例如，语音识别技术的关键是基于大量样本数据进行数学建模，目前，国内大多数语音识别技术商都在平台化的方向上发力，通过平台集成软硬件方面的数据和技术积累优势，不断提高语音识别准确率。目前，在通用语音识别率上，各个企业的技术之间差异不大，真正差异化体现在垂直领域的定制化人工智能语音识别技术开发，代表企业有科大讯飞、思必驰等。

（3）机器学习研究重点在谋求算法基础理论研究实现跨越式突破，目前，以深度学习为代表的人工智能技术，如深度神经网络、卷积神经网络及循环神经网络等参数和计算量巨大，因此基础层的投入要求非常高，当下深度学习领域的主要参与者是科技巨头公司和著名研究机构及高校。由于著名科技公司业务领域和战略不同，机器学习研究侧重方向也有所不同，各公司在基础算法研究同时关注自身所在特定行业应用需求，例如京东 DNN 实验室研究神经网络算法，但主要方向在智能客服领域。

1.3.2.3 人工智能产业应用层

应用层是建立在基础层与技术层的基础上，实现与传统产业的融合发展以及针对不同场景应用进行加持与升级。随着深度学习、计算机视觉、自然语言处理等为代表的人工智能技术的快速发展，人工智能与终端和垂直行业的融合将持续加速，这有利于对传统的制造、机器人、医疗、教育、金融、农业等行业进行全面重塑。

1.3.3 人工智能行业应用

上一节对人工智能整体产业结构进行了概述，下面重点选择当前及未来几年较为火热的“AI+”的行业应用进行介绍，包括智能制造、智能安防、智能家居、智能金融、智能交通、智能医疗、智能物流、智能教育以及智能政务。

1.3.3.1 智能制造

智能制造（intelligent manufacturing，IM）是一种由智能机器和人类专家共同组成的人机一体化智能系统，贯穿于设计、生产、管理、服务等制造活动的各个环节，具有自感知、自学习、自决策、自执行、自适应等功能的新型生产方式。其技术包括自动化、信息化、互联网和智能化四个层次，本质是新一代信息通信技术与先进制造技术深度融合。我国将智能制造作为“中国制造 2025”的主攻方向，并强调智能制造是未来制造业发展的重大趋势和核心内容，也是解决我国制造业从做大到做强的根本路径。从智能制造业角度出发，人工智能技术正在深入改造制造行业，同时，其对人工智能的需求主要体现在以下三个方面：

一是智能装备，智能设备是具有感知、分析、推理、决策、控制功能的制造装备，其是先进制造技术、信息技术和智能技术的集成和深度融合，包括自动识别设备、人机交互系统、工业机器人以及数控机床等具体设备，涉及跨媒体分析、自然语言处理、虚拟现实智能建模及自主无人系统等关键技术。

二是智能工厂，智能工厂是实现智能制造的重要载体，其本质是以信息物理系统和工业互联网为核心，利用信息技术和智能装备对生产工艺、组织流程、管理服务模式以及产品全生命周期进行数字化、网络化、智能化改造，加强设备、制造单元、生产线、车间、工厂的互联互通，实现人、机、法、料、环高度协同融合，推动企业横纵向集成，为企业提供工厂级的端到端整体解决方案，实现产业转型升级，其中涉及跨媒体分析推理、大数据智能、机器学习等关键技术。

三是智能服务，智能服务是指能够自动辨识用户的显性和隐性需求，并且主动、高效、安全、绿色地满足其需求的服务。在智能制造中，智能服务涉及了大规模个性化定制、远程运维以及预测性维护等具体服务模式。

1.3.3.2 智能安防

人工智能在国家安全和民用安全方面都起到举足轻重的作用，它可以帮我们守卫边界、助力网络巡查、抓捕罪犯、监控预警恐怖事件，在国家安全基础设施方面有大量的应用。智能安防技术是一种利用人工智能技术对视频、图像进行传输、存储和分析，从中识别安全隐患并对其进行处理的技术。智能安防与传统安防的最大区别在于智能化，传统安防主要依赖人，而智能安防主要通过机器或软件来实现智能判断，从而尽可能实现实时安全防范和处理。随着高清视频、计算机视觉等技术快速发展，安防从传统的被动防御向主动判断和预警发展，行业也从单一的安全领域向多行业应用发展，进而提升生产效率并提高生活智能化程度。从技术方面来看，目前智能安防分析技术大体可分为两大类：一类是采用画面分割前景提取等方法对视频画面中的目标进行提取检测，并基于不同的规则来识别不同的事件，从而实现不同的判断和产生相应的报警联动等，例如：区域入侵分析、人员聚集分析、交通事件检测等；另一类是利用模式识别技术，对画面中特定的物体进行建模，并通过大量样本进行训练，从而达到对视频画面中的特定物体进行识别，如车辆检测、人脸检测、人流统计等应用。

1.3.3.3 智能家居

智能家居是以住宅为平台，利用综合布线技术、网络通信技术、安全防范技术、自动控制技术、音视频技术将家居生活有关的设施集成，构建高效的住宅设施与家庭日程事务的管理系统，提升家居安全性、便利性、舒适性、艺术性，并实现环保节能的居住环境。例如，借助智能语音技术，用户可以通过自然语言处理技术实现对家居系统中各设备进行操控，如开关窗帘（窗户）、操控家用电器、打扫卫生等操作；借助机器学习和深度学习技术，智能电视可以从用户观看的视频历史数据中分析其兴趣和爱好，并将相关的节目推荐给用户。通过应用声纹识别、脸部识别、指纹识别等技术开发智能门锁等安全设备。

智能家居的主要着力点在于智能设备和智能中控两个方面。其中，在智能设备方面，以海尔和美的为代表的传统家电企业依托自身渠道、技术和配套产品优势建立起了实体化智能家居产品生态。而在智能中控方面，以百度、腾讯、京东为代表的互联网企业则通过各自平台内的数据和终端资源提供不同的软硬件服务。

1.3.3.4 智能金融

人工智能的飞速发展将对金融业带来深刻影响，人工智能逐步成为决定金融业沟通客户、发现客户金融需求的重要因素。智能金融（AiFinance）是人工智能与金融的全面融合，以人工智能、大数据、云计算、区块链等高新科技为核心要素，全面赋能金融机构，提升金融机构的服务效率，拓展金融服务的广度和深度，使得全社会都能获得平等、高效、专业的金融服务，实现金融服务的智能化、个性化、定制化。

人工智能技术在金融业中可以用于服务客户，支持授信、各类金融交易和金融分析中的决策，并用于风险防控和监督，有助于改变现有金融格局，推进金融服务的个性化与智能化进程。智能金融对于金融机构的业务部门来说，可以帮助获客，精准服务客户，提高效率；对于金融机构的风控部门来说，可以辅助风险控制，增加安全性；对于用户来说，可以实现资产优化配置，体验到金融机构更加完美的服务。人工智能在金融领域的应用主要包括：智能获客、身份识别、大数据风控、智能投顾、金融云。

1.3.3.5 智能交通

在人工智能时代，交通系统以及与汽车相关的智能出行正在被重新定义，出行的三大元素“人”“车”“路”被赋予类人的决策行为，整个出行生态也会发生巨大的改变。智能交通系统（intelligent traffic system，ITS）是将计算机技术、数据通信技术、传感器技术、电子控制技术、自动控制理论、运筹学、人工智能技术综合运用于交通系统。

智能交通系统可以将交通核心元素联通，实现信息互通与共享以及各交通元素的彼此协调、优化配置和高效使用，形成人、车和交通的一个高效协同环境，建立安全、高效、便捷和低碳的交通。例如通过交通信息采集系统采集道路中的车辆流量、行车速度等信息，经系统分析处理后形成实时路况，决策系统据此调整道路红绿灯时长，调整可变车道或潮汐车道的通行方向等，并通过信息发布系统将路况推送到导航软件和广播中，让人们合理规划行驶路线。

1.3.3.6 智能医疗

人工智能的快速发展，为医疗健康领域向智能化方向发展提供了较好的技术基础。近几年，智能医疗在辅助诊疗、疾病预测、医疗影像辅助诊断、药物研发等方面发挥重要作用。在辅助诊疗方面，通过人工智能技术可以有效提高医护人员工作效率，提升医生的诊疗水平，例如利用智能影像识别技术，可以实现医学图像自动读片；利用机器学习和大数据技术，搭建疾病辅助诊疗系统，例如眼底疾病辅助诊断系统。在疾病预测方面，将人工智能与大数据技术结合可以用于疫情监测，及时有效地预测并防止疫情的进一步扩散和发展，如兰州大学研究团队发布的新冠肺炎疫情预测系统。在药物研发过程中，人工智能技术能加速药物研发过程，例如，在制药工业中，应用人工智能技术对有关数据集进行数学建模，可以帮助研究者充分理解疾病机制，缩短靶点发现周期。在临床验证阶段，将机器学习和认知计算等人工智能技术应用到研究设计、流程管理、数据统计分析等诸多方面，可提升临床试验的效率。

1.3.3.7 智能物流

智能物流就是基于信息处理和网络通信技术平台利用条形码技术、射频识别技术、数据通信技术、自动识别技术、数据挖掘技术、人工智能技术、传感器技术、全球定位系统等技术优化物流业运输、仓储、配送、包装、装卸等基本活动环节，实现货物运输过程的自动化运作和高效率管理，提高物流行业的服务水平，降低成本，减少自然资源和社会资源消耗。例如，在仓储环节，利用智能大数据技术分析大量历史库存数据，建立相关预测模型，实现物流库存商品的动态调整。目前，在物流行业实现应用的人工智能技术主要以深度学习、计算机视觉、自动驾驶及自然语言理解为主。其中，深度学习在运输路径规划、运力资源优化、配送智能调度等场景中发挥至关重要的作用；计算机视觉技术在物流领域应用很广，智能仓储机器人、无人配送车、无人配送机等智能设备都以视觉技术为基础，此外，计算机视觉还可以用于物流中运单识别、体积测量、分拣行为检测。

1.3.3.8 智能教育

智能教育（artificial intelligence in education, AIED），又称“AI+教育”，是指将人工智能和教育科学结合在一起，通过开发和使用具有灵活性、包容性、参与性和个性化的智能工具来赋能教育。智能教育的建设涵盖校园信息技术基础建设、教学硬件设备、信息化平台及教学软件、线上内容资源，通过软件硬件和内容的整合构成了智能教育行业。智能教育是建立在与学生充分的交互和数据获取的基础上，并在海量的教育数据中，匹配用户的学习需求，然后进行统计分析和评估反馈，可应用于教学过程中的“教、学、评、测、练”五大环节。目前，人工智能赋能教育领域的技术包括自然语言处理、计算机视觉、知识图谱和深度学习等。

1.3.3.9 智能政务

智能政务是指利用云计算、大数据、物联网、人工智能、模式识别等先进技术，通过检测、分析、整合、智能响应，综合各职能部门，对现有各种资源进行高效整合，提高政府业务办理和管理效率，同时加强监管，强化政务透明度，提供更好的服务、构建绿色的环境、和谐的社会。智慧政务能基于互联网围绕政府管理、社会保障、公共安全、社会信用、市场监管、食品药品安全、医疗卫生、国民教育、养老服务、公共交通等应用服务，建设互联网政务服务平台并利用人工智能技术提高应用成效。

1.4 人工智能的三个经典应用

这一小节主要介绍人工智能的三个经典应用：自然语言理解、眼科医学图像处理、智能棋类。它们与人工智能一样也经历了三个发展阶段，后续章节将这三个经典应用与人工智能理论与算法进行融合，以应用带理论的方式逐步深入对人工智能算法的理解与学习。

1.4.1 自然语言理解

2021年，基于“悟道2.0”诞生的中国原创虚拟学生，“华智冰”在北京正式亮相，并进入清华大学计算机科学与技术系知识工程实验室学习，一时备受媒体关注。“华智冰”使用多种人工智能技术，自然语言理解（natural language understanding，NLU）就是其中之一。

自然语言理解，它又称人机对话，其目的是让机器能够理解和运用人类社会的自然语言如汉语、英语等，实现人机之间的自然语言通信，以代替人的部分脑力劳动，包括查询资料、解答问题、摘录文献、汇编资料以及一切有关自然语言信息的加工处理。自然语言理解通常可分为三个研究层：***词法分析、句法分析、语义分析。***

词法分析是自然语言处理研究的基础，其性能直接影响句法分析和语义分析的效果。它的研究内容包括自动分词、词性标注、命名实体识别。

句法分析的目标是自动推导出句子的句法结构，实现这个目标首先需要确定语法体系，不同的语法体系会产生不同的句法结构。常见语法体系有短语结构语法、依存关系语法。依存关系语法：同样分为基于规则和基于统计的两种方法，在基本的自然语言处理技术中，很多都是基于“词典/规则”+“统计”的方法。

语义分析就是指分析话语中所包含的含义，根本目的是理解自然语言。分为词汇级语义分析、句子级语义分析、段落/篇章级语义分析，即分别理解词语、句子、段落的意义。

自然语言理解的发展进程与人工智能的发展历程总体类似，自然语言理解技术研究最早可以回溯到“**图灵测试**”问题，即19世纪50年代。截至目前，其发展历程经历了三个阶段：***基于规则的方法、基于统计的方法、基于深度学习的方法***，见图1-7。

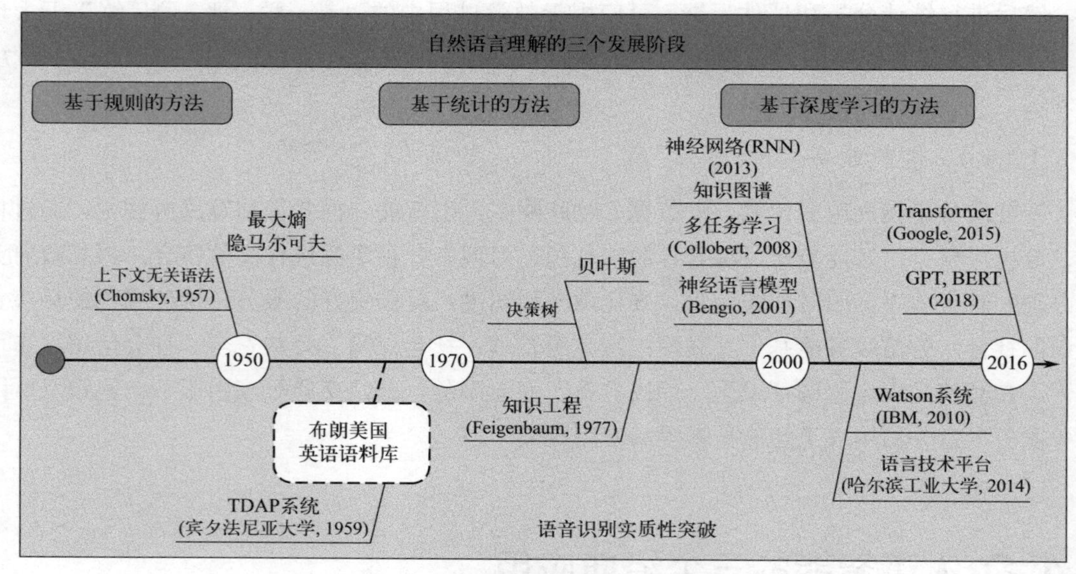

图1-7 自然语言理解的三个发展阶段

自然语言理解的第一个发展阶段：**基于规则的方法**。基于规则的方法是指语言专家按照语法体系构建规则模板，然后对每一个句子进行自动分析。它的好处是最大限度地接近自然语言的句法习惯，表达方式灵活多样，可以最大限度地表达研究人员的思想。不足之处是不同语言专家制定的规则所刻画的知识粒度难以确定，无法确保规则的一致性，如何制定规则也是一个繁琐的过程。基于规则的方法快速发展时期是 20 世纪 50 年代到 70 年代，这一阶段代表性成果有布朗美国英语语料库、艾弗拉姆·诺姆·乔姆斯基（Avram Noam Chomsky）于 1957 年提出的上下文无关语法、1959 年宾夕法尼亚大学研制的最早的英语自动剖析系统 TDAP（transformation and discourse analysis project）。在这一阶段，除了主流的基于规则的方法，其他诸如贝叶斯方法、隐马尔可夫、最大熵等经典人工智能算法也被相继提出。

自然语言理解的第二个发展阶段：**基于统计的方法**。20 世纪 70 年代以后，随着互联网的高速发展、语料库规模的不断扩大以及计算机硬件不断更新完善，基于统计的方法逐渐替代了基于规则的方法。这一阶段主要研究思路是采用带标注的数据，基于人工定义的特征建立机器学习系统，并利用数据经过学习确定机器学习系统的参数，不少经典的机器学习算法如逻辑回归、决策树、支持向量机等都被使用到。这一阶段代表性成果是 20 世纪 70 年代贾里尼克领导的 IBM 华生实验室利用基于统计的自然语言理解技术在语音识别领域取得了实质性的突破，从实验室走向实际工业应用。

自然语言理解的第三个发展阶段：**基于深度学习的方法**。进入 21 世纪以来，自然语言理解技术进入一个高速发展期，特别是将深度学习引入到自然语言理解研究中，由最初的词向量到 word2vec，将深度学习与自然语言理解结合研究带入一个高潮。这一发展阶段的代表性成果有 2001 年 Bengio 等人提出了自然语言神经网络模型、2010 年 IBM 研发的 Watson 系统参加综艺问答节目并战胜人类选手；2013 年开始各种深度神经网络模型被用于各种自然语言理解任务，其中第 4 章详细介绍的循环神经网络是最常用的方法之一，包括 RNN、GRU、LSTM 等；之后是第 4 章提及的注意力机制、Transformer 以及图卷积的引入；2018 年之后，各种预训练模型开始在自然语言理解任务崭露头角，比如 GPT、Bert、ELMo。预训练模型指的是首先在大规模无监督的语料库上进行长时间的无监督或者是自监督的预先训练（pre-training），获得通用的语言建模和表示能力。之后在应用到实际任务上时对模型不需要做大的改动，只需要在原有语言表示模型上增加针对特定任务获得输出结果的输出层，并使用任务语料对模型进行少许训练即可，这一步骤被称作微调（fine tuning）。2022 年，人工智能明星公司 OpenAI 基于 Transformer 神经网络架构研发的聊天机器人程序 ChatGPT 在自然语言处理领域取得了关键性突破，标志着基于深度学习的自然语言处理技术从实验室到商用迈出了关键一步。国内百度公司也推出类似于 ChatGPT 的聊天机器人程序文言一心，说明我国在自然语言处理领域的基础和应用技术研究都位于世界前列。

1.4.2 智能眼科医学图像处理

2020 年 8 月，国家药品监督管理局正式宣布，北京同仁医院、医学人工智能研究与验证工信部重点实验室、上海鹰瞳医疗科技有限公司（Airdoc）等合作研发成果糖尿病视网膜病变眼底图像辅助诊断软件获批上市，成为中国首个获批上市的眼底人工智能辅助诊断软件，这个事件标志着我国眼科人工智能算法由实验室走向实际应用迈出了关键一步。智能眼科医学图像处理总体上有三个发展阶段：***基于临床统计的方法、基于机器学习的方法、基于深度学习的方法***，见图 1-8。

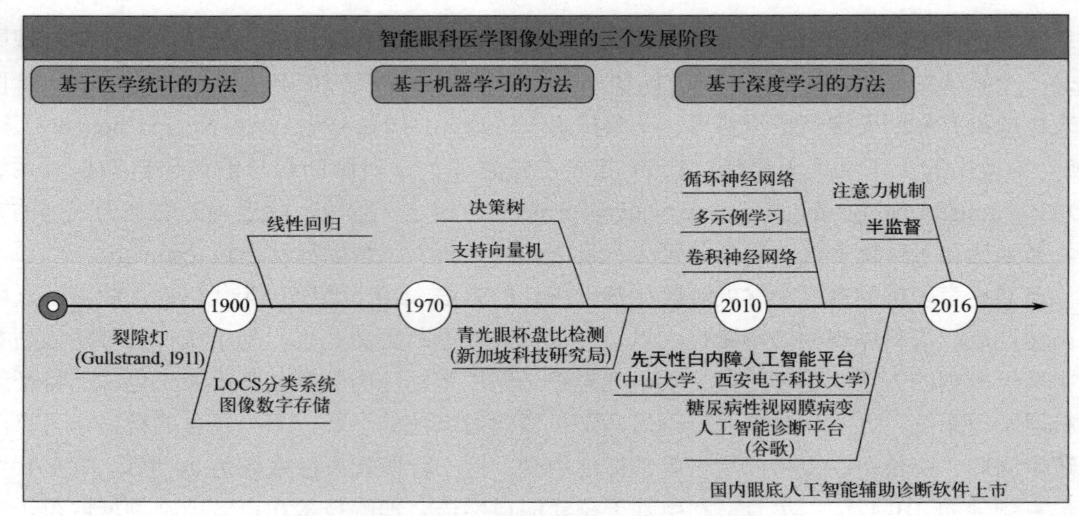

图 1-8　智能眼科医学图像处理的三个发展阶段

在详细介绍智能眼科医学图像处理的三个发展阶段之前，我们先介绍眼的结构和常见眼病，如图 1-9 所示。人的眼睛近似于球形，位于眼眶内，正常成年人眼球的前后径平均为 24mm，垂直径平均 23mm，重约 8g。眼是人类感官中最重要的器官之一，由两个眼球及其周围协助眼球运动和保护它的附属器、视路和视中枢组成。视觉器官（视器）可以视为大脑的延续部分，有很多神经元。引起人类视觉反应最适合的电磁波在 400～800nm，空间中不同物体发出的光波刺激视网膜不同部位视细胞，产生视觉。眼球主要由两部分组成，屈光传导系统和感光成像系统。屈光传导系统包括角膜、房水、晶状体和玻璃体，感光成像系统指的是视网膜。视神经，视路将视网膜感光后产生的神经冲动传导到视中枢，经大脑皮层整合完成视觉行为。

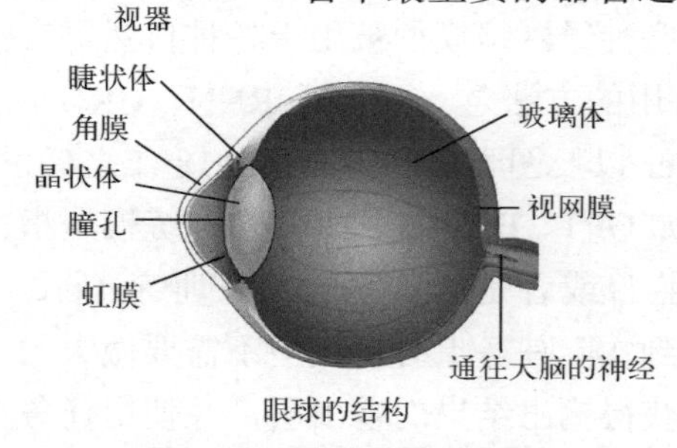

图 1-9　眼球结构示意图

根据世界卫生组织 2019 年发布的《世界视力报告》，全球至少有 22 亿人患有不同程度的视力损伤。在这些患者中至少有 10 亿例（近一半视力损伤患者）是本可以预防或尚有治愈的可能。这一数字包含老花眼导致的近视力受损者（18 亿人，包括已矫正和未矫正的老花眼），以及以下病因所致的中度至重度远视力受损者或盲症患者：未矫正的屈光不正（1.237 亿人，例如近视或远视）、白内障（6520 万人）、老年性黄斑变性（1040 万人）、青光眼（690 万人）、角膜混浊（420 万人）、糖尿病视网膜病变（300 万人）、沙眼（200 万人）和其他病因（3710 万人），还涵盖了那些在调查中没有进行分类或不属于上述任何类别的病因。在我国“十四五”规划中，眼健康问题已经上升到国家战略层面，眼健康与人们的生活质量息息相关。发展智能眼科医学图像处理有助于辅助眼科医生，帮助更多眼病患者改善眼健康和生活质量。智能眼科医学图像处理的相关进展将具有积极的社会价值和研究意义。

（1）智能眼科医学图像处理的第一个发展阶段：***基于临床统计的方法***

从 20 世纪 70 年代开始，研究学者逐渐采用常见的眼科医学图像如眼底照相和裂隙灯图像进行简单的临床统计分析。这与计算机技术发展和数字化仪器的出现，以及研究学者尝试将医学模拟图像转化为数字图像的努力有着密不可分的联系。智能眼科医学图像处理在这一阶段的代表性成果有美国国立眼科研究所提出的基于裂隙灯图像的晶状体混浊分类系统（lens opacities classification system，LOCS）。

眼底照相

（2）智能眼科医学图像处理的第二个发展阶段：***基于机器学习的方法***

随着眼科成像、计算机视觉、医学图像处理和机器学习技术发展，智能眼科医学图像处理迎来了真正意义上的一个高峰期，在各种眼科图像处理任务中，比如病理分割、眼病识别、图像配准都取得了不错的成就。这一时期标志性的研究成果有新加坡科技研究局研究团队基于眼底图像利用图像处理和分类算法（例如第 3 章详细介绍的支持向量机和线性回归算法）。例如，他们在自动检测青光眼及其杯盘比方面开展了一系列研究，推动了基于眼科图像的自动青光眼检测研究的进展。

（3）智能眼科医学图像处理的第三个发展阶段：***基于深度学习的方法***

自从 2008 年深度学习在计算机视觉和自然语言处理领域取得了实质性的突破，研究学者开始在智能眼科医学图像处理领域引入深度学习，包括第 4 章详细介绍的神经网络算法：卷积神经网络、循环神经网络、注意力机制、Transformer、多层感知机（MLP）。其中卷积神经网络模型是最常用的方法，已经被用于处理各种不同眼科任务。在基于深度学习的方法阶段，一个被大家所熟知的研究成果是 2016 年谷歌公司在 JAMA 期刊上发表的论文《用于检测视网膜眼底照片中糖尿病性视网膜病变的深度学习算法的开发和验证（*Development and Validation of a Deep Learning Algorithm for Detection of Diabetic Retinopathy in Retinal Fundus Photographs*），该论文相关成果并已经部署在印度和泰国医院。2017 年，中山大学与西安电子科技大学合作研发了全球首个“机器人眼科医生-先天性白内障人工智能平台”。2019 年中科院研究团队提出了用于视网膜血管分割的 CENet 模型，已经成为眼科图像分割领域广泛被应用的算法之一。

1.4.3 智能棋类

在 2021 世界人工智能围棋赛上，我国自主研发的人工智能程序“星阵围棋”再次获得世界人工智能围棋大赛冠军。人类一直在研发棋类人工智能技术征程上，不仅以战胜人类棋类大师为目标，同时也通过人工智能棋类程序之间的博弈来提升棋类程序自身的能力。目前，常见的智能棋类程序有围棋、象棋、五子棋等。人工智能棋类发展也经历了三个发展阶段：**自我对弈、专家系统、感知智能**，见图 1-10。

人工智能棋类的第一个发展阶段：**自我对弈**。这一阶段的主要突破是研发的西洋跳棋人工智能程序战胜人类顶尖选手。**西洋跳棋**是一种在 8×8 格的两色相间的棋盘上进行的技巧游戏，以吃掉或堵住对方所有棋子去路为胜利，棋子每次只能向斜对角方向移动，但如果斜对角有敌方棋子并可以跳过去，则把敌方这个棋子吃掉。1956 年“机器学习之父”塞缪尔在 IBM704 计算机上设计的西洋跳棋程序战胜了美国康涅狄格州的西洋跳棋冠军，到 1962 年西洋跳棋程序战胜北美最强西洋跳棋选手之一罗伯特·雷尼。赛后雷尼表示，计算机棋手走得极其出色，甚至没有一步失误，这是他自 1954 年以来 8 年中遇到的第一个击败他的“对手”。

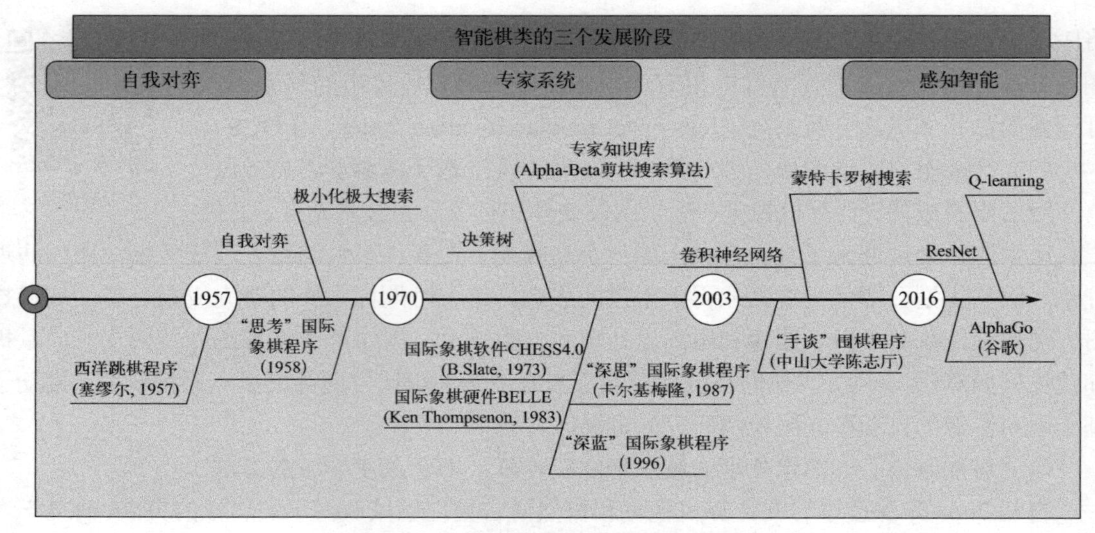

图1-10 智能棋类的三个发展阶段

西洋跳棋人工智能程序设计中用到**自我对弈**学习评价函数，是其战胜人类西洋跳棋大师的关键人工智能技术。自我对弈学习评价函数的基本原理是利用两个副本进行对弈，学习线性评价函数每个特征的权重，其中一个副本使用固定的评价函数来学习特征的权重，另一个副本则使用极小化极大搜索（mini-max tree search）算法作对比来学习特征的权重。现在的AlphaGo围棋程序以及深度学习领域的生成式对抗网络（generative adversarial network，GAN）都采用了类似的思想，在第4章将详细介绍生成对抗网络。

人工智能棋类的第二个发展阶段：**专家系统**。这一阶段人工智能棋类程序的一个关键亮点是国际象棋人工智能程序击败国际象棋世界冠军。国际象棋起源于亚洲，后由阿拉伯人传入欧洲，成为国际通行棋种，也是一项受到广泛喜爱的智力竞技运动。国际象棋棋盘由横纵各8格、颜色一深一浅交错排列的64个小方格组成，棋子共32个，分为黑、白两方，每方各16个。和8×8的西洋跳棋相比，国际象棋的状态复杂度（指从初始局面出发，产生的所有合法局面的总和）从10^{21}上升到10^{46}，博弈树复杂度（指从初始局面开始，其最小搜索树的所有叶子节点的总和）也从10^{31}上升到10^{123}。

人工智能研究者对国际象棋这场挑战赛持续了半个世纪。从1958年，名为“思考”的国际象棋计算机第一次与人对弈，被打得丢盔弃甲，到B.Slate和Atkin研发的国际象棋软件CHESS4.0，达到人类专家水平并为未来国际象棋人工智能程序打下基础，再到1987年，国际象棋人工智能程序“深思”击败丹麦特级国际象棋大师拉尔森；1996年，国际象棋人工智能程序“深蓝”战胜国际象棋世界冠军卡斯帕罗夫，带领这一阶段智能棋类走向一个高潮。

这一阶段，棋类人工智能程序取得巨大成功与两个因素有着密不可分的关系：硬件性能提升和专家系统。1996年“深蓝”计算机在硬件设计上采用混合决策的方法，将计算机处理器与象棋加速芯片相结合，即在自动处理器上执行运算分解任务，交给国际象棋加速芯片并行处理复杂的棋步自动推理，然后将推理得到的可能行棋方案结果返回通用处理器，最后由通用处理器决策出最终的行棋方案。硬件性能升级后的国际象棋人工智能程序能从棋局中抽取更多的特征，并在有限的时间内计算出当前盘面往后12步甚至20步的行棋方案，从而让

“深蓝”更准确地评估棋盘面整体情况。

“深蓝”本质是一个专家系统，设计上采用了超大规模知识库结合优化搜索的方法。一方面“深蓝”储存了国际象棋100多年来70万份国际特级大师的棋谱，能利用知识库在开局和残局阶段节省处理时间并得出更合理的行棋方案；另一方面，“深蓝”采用Alpha-Beta剪枝搜索算法和基于规则的方法对棋局进行评价，通过缩小搜索空间的上界和下界提高搜索效率，同时可根据棋子的重要程度、棋子的位置、棋子对的关系等特征对棋局进行更有效的评价。规则引擎是一种嵌入在应用程序中的组件，能够实现将业务决策从应用程序代码中分离出来，使用产生式规则“IF<conditions> THEN <actions>RULE”表达逻辑将知识应用到特定的数据上。除了国际象棋人工智能程序以外，格瑞•特索罗等人打造的自我学习双陆棋程序也为后来强化学习的发展奠定了基础。

人工智能棋类的第三个发展阶段：**感知智能。**在感知智能阶段，棋类人工智能程序的主要亮点是围棋人工智能程序战胜围棋世界顶级选手。在进入感知智能阶段之前，静态方法是主流研究方向，原中山大学化学系教授陈志行研发“手谈”程序和开源软件GNU Go在2003年以前能够在9×9围棋中达到人类5～7级水平。2006年，S. Gelly等人提出了上限置信区间算法（upper confidence bound apply tree，UCT），他们在蒙特卡罗树搜索中使用置信上限算法（upper confidence bound，UCB）解决了探索和利用的平衡，并采用随机模拟对围棋局面进行评价。该围棋人工智能程序仅仅能在9路围棋中战胜人类职业选手，在19路围棋中还远远不能与人类抗衡。真正改变这种局势发生在2015年10月，DeepMind公司研发的AlphaGo程序击败了欧洲围棋冠军**樊麾**，并在接下来的2年中在一系列博弈中势如破竹，击败世界各国围棋大师。

与专家系统阶段类似，这一阶段棋类人工智能程序巨大突破也离不开硬件性能的提升，特别是GPU在算力上的支持，其次还有最新人工智能算法的引入，如蒙特卡罗树搜索、第4章将详细介绍的深度学习、第5章将详细介绍的强化学习。例如，AlphaGo的策略网络就用到深度学习技术来学习不同围棋局面，因为深度神经网络有着强大的表征学习能力，使得AlphaGo程序不仅记住某个局面的下一步怎么走，还记住了相似局面的下一步步法。AlphaGo的价值网络使用了强化学习，通过多次线下自我对弈学习的结果为价值网络提供监督信息。价值网络的模型结构与策略网络类似，但学习目标不同，策略网络的目标是当前局面的下一步棋如何走，而价值网络学习的目标是走这一步后赢的概率，主要用于在线下下棋时得到平均的形势判断。

本章小结

本章从人工智能的起源及定义开始，简略介绍了什么是人工智能及现代人工智能的起源。紧接着，整体上讲解了人工智能的三个发展阶段以及三个主要研究方法。再接下来，从世界各国支持人工智能的发展规划与政策，人工智能的产业结构以及人工智能的行业应用出发，总体上向读者介绍了当前人工智能的发展现状。最后介绍了人工智能自然语言理解、智能眼科医学图像处理、智能棋类这三个经典应用，并在后续章节中，将这三个经典应用与介绍的人工智能算法相融合，以应用带理论的叙述方式，协助读者更好地理解人工智能的各种算法。

习题

1. 什么是图灵测试？第一个通过图灵测试的程序是什么？
2. 请简述人工智能的三个主要研究方法及特点。
3. 简述人工智能三个发展阶段的主要特点，及其代表性人工智能算法。
4. 列举近年来我国支持人工智能发展的政策（至少三个）。

本章参考文献

[1] 刘江，章晓庆. 面向非计算机专业的人工智能导论课程建设与探索[J]. 中国大学教学，2022(Z1)：46-51.

[2] 国家发展改革委，等. “互联网+”人工智能三年行动实施方案[J]. 信息技术与信息化，2016(6)：8-9.

[3] 教育部.《高等学校人工智能创新行动计划》确定人工智能发展任务[J]. 中国大学生就业，2018(9)：4-6.

[4] 章晓庆，肖尊杰，东田理沙，等. 多区域融合注意力网络模型下的核性白内障分类[J]. 中国图象图形学报，2022，27(03)：948-960.

[5] 刘全，翟建伟，章宗长，等. 深度强化学习综述[J]. 计算机学报，2018，41(01)：1-27.

[6] 赵乾，沈琳琳，赖铭莹. 基于机器学习的人工智能技术在眼科中的应用进展[J]. 国际眼科杂志，2018，18(09)：1630-1.

[7] 郑金武.《人工智能标准化白皮书（2021 版）》发布[N]. 中国科学报，2021-08-06(004). DOI:10.28514/n.cnki.nkxsb.2021. 002622.

[8] 刘玉书. 中美人工智能战略及政策的比较研究[J]. 云南行政学院学报，2022，24(01):101-124.DOI:10.16273/j.cnki.53-1134/d.2022.01.010.

[9] 章晓庆，方建生，肖尊杰，等. 基于眼前节相干光断层扫描成像的核性白内障分类算法[J]. 计算机科学，2022，49(03):204-210.

理论篇

人工智能基础理论与算法

第 2 章

人工智能之理论基础

本章导读

2021 年 12 月，中央网络安全和信息化委员会印发《“十四五”国家信息化规划》(以下简称规划),《规划》在“人工智能社会治理实验工程”专栏中进一步要求“开展教育社会实验。研究人工智能对教育模式和教育对象的影响，探索人工智能融入教育对社会的影响。”这是基于当前人工智能发展现状会给教育带来全方位影响与变化形势下作出的重要决策。这一国家级战略标志着人工智能发展进入了新阶段，我国要抢抓人工智能发展的重大战略机遇，构筑人工智能发展的先发优势，加快建设创新型国家和世界科技强国。

如图 2-1 所示，本章将从第 1 章提到的对人工智能研究影响较大的符号主义、连接主义、行为主义三大学派出发介绍人工智能算法的数学基础、最优化理论与信息论、神经生物学基础及控制论基础。首先，基于符号主义是一种源于数学逻辑的智能模拟方法，2.1 节和 2.2 节分别从线性代数、概率论、微积分、最优化理论和信息论五个方向介绍人工智能的数学基础。然后，根据连接主义学派把人的智能归结为受脑科学启发的研究，2.3 节介绍了人脑视觉与信息处理机制、生物神经元结构以及人工神经元。最后，基于行为主义是一种源于控制论的行为智能模拟方法，2.4 节介绍了动态系统与控制论基础。本章主要介绍人工智能的理论基础，读者觉得学习本章有困难，可先行跳过本章，在后面章节学习需要用到本章知识时，再来学习。

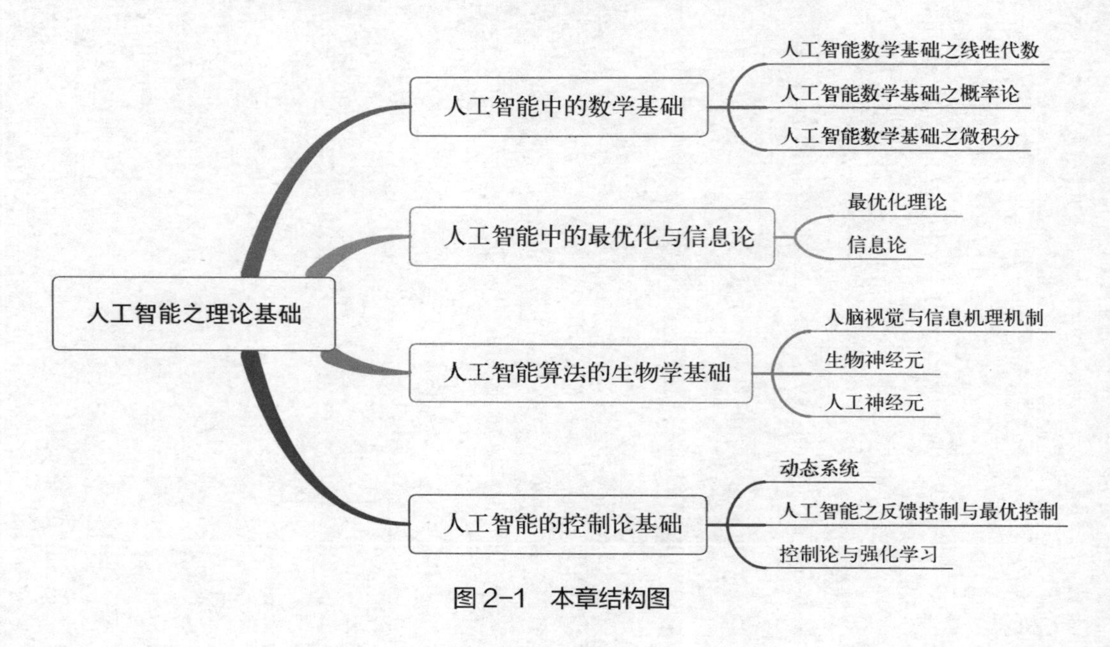

图 2-1　本章结构图

2.1 人工智能的数学基础

2.1.1 线性代数

线性代数是数学中的一个重要分支，掌握好线性代数对理解人工智能算法及从事相关工作是十分有必要的，很多人工智能算法都涉及线性代数知识，比如第 3 章详细介绍的主成分分析和第 4 章探讨的深度学习。这里我们集中介绍人工智能需要用到的线性代数中的基本知识点。

2.1.1.1 向量

（1）定义

向量是由一列实数或虚数组成的有序数组，它既有大小，又有方向，在数学上，通常把由n个数$a_1,a_2,\cdots,a_n$组成的有序数组称为n维向量。其中，$\boldsymbol{\alpha}=(a_1,a_2,\cdots,a_n)$称为$n$维行向量；$a_i$称为$\boldsymbol{\alpha}$的第$i$个分量；$\boldsymbol{\beta}=(b_1,b_2,\cdots,b_n)^{\mathrm{T}}$称为$n$维列向量。

（2）向量空间

向量空间，也称线性空间，是指由向量组成的集合，并满足两个向量的和向量属于向量空间，向量的数乘向量也属于向量空间。

① 向量的加减

设$\boldsymbol{\alpha}=(a_1,a_2,\cdots,a_n)$，$\boldsymbol{\beta}=(b_1,b_2,\cdots,b_n)$，则$\boldsymbol{\alpha}\pm\boldsymbol{\beta}=(a_1\pm b_1,a_2\pm b_2,\cdots,a_n\pm b_n)$属于向量空间。

② 向量的数乘

设$\boldsymbol{\alpha}=(a_1,a_2,\cdots,a_n)$，$k$为常数，则$k\boldsymbol{\alpha}=(ka_1,ka_2,\cdots,ka_n)$也属于向量空间。

2.1.1.2 矩阵

（1）定义

由$m\times n$个数$a_{ij}(i=1,2,\cdots,m;j=1,2,\cdots,n)$排成的$m$行$n$列的矩阵，简称$m\times n$矩阵，记作$\begin{bmatrix} a_{11} & \cdots & a_{1n} \\ \vdots & \ddots & \vdots \\ a_{m1} & \cdots & a_{mn} \end{bmatrix}$。这$m\times n$个数称为矩阵的元素，简称为元，数$a_{ij}$位于矩阵的第$i$行第$j$列。

如第 7 章介绍的人工智能图像处理中，数字图像数据可表示为矩阵，以灰度图像为例，矩阵的行高和列高可以对应像素的高和宽，矩阵的元素对应其索引的像素，矩阵元素的值就是像素的灰度值。

（2）线性映射与仿射变换

线性映射是指从一个向量空间$\boldsymbol{X}$到另一个向量空间$\boldsymbol{Y}$的映射且保持加法运算和数量乘法运算。而线性变换是线性空间$\boldsymbol{X}$到其自身的线性映射，并满足$\boldsymbol{X}$中任何两个元素$\boldsymbol{u}$和$\boldsymbol{v}$以及任何标量c都有：

$$\begin{aligned} f(\boldsymbol{u}+\boldsymbol{v})&=f(\boldsymbol{u})+f(\boldsymbol{v}) \\ f(c\boldsymbol{v})&=cf(\boldsymbol{v}) \end{aligned} \tag{2-1}$$

仿射变换是指通过一个线性变换和一个平移，将一个向量空间变换成另一个向量空间的过程。令 $\boldsymbol{A}\in\mathbf{R}^{n\times n}$ 为 $n\times n$ 的实数矩阵，$x\in\mathbf{R}^n$ 是 n 维向量空间中的点，仿射变换可以表示为：

$$\boldsymbol{y}=\boldsymbol{A}\boldsymbol{x}+\boldsymbol{b} \tag{2-2}$$

式中，$\boldsymbol{b}\in\mathbf{R}^n$ 为平移项，当 $b=0$ 时，仿射变换就退化为线性变换。

仿射变换可以实现线性空间中的旋转、平移、缩放变换。仿射变换不改变原始空间的相对位置关系，具有以下性质：①共线性不变：在同一条直线上的三个或三个以上的点，在变换后依然在一条直线上；②比例不变：不同点之间的距离比例在变换后不变；③平行性不变：两条平行线在转换后依然平行；④凸性不变：一个凸集在转换后依然是凸的。

（3）矩阵运算

人工智能中最流行的算法，深度神经网络计算的核心为超大规模矩阵运算。矩阵运算主要有矩阵加减法、矩阵数乘、矩阵乘法以及矩阵的转置。

① 矩阵的加、减法

设 $\boldsymbol{A}=(a_{ij})_{m\times n},\boldsymbol{B}=(b_{ij})_{m\times n},\boldsymbol{C}=(c_{ij})_{m\times n}$，其中 $c_{ij}=a_{ij}\pm b_{ij}(i=1,2,\cdots,m;j=1,2,\cdots,n)$；则称矩阵 $\boldsymbol{C}$ 为矩阵 $\boldsymbol{A}$ 和 $\boldsymbol{B}$ 的和（或差），记为 $\boldsymbol{C}=\boldsymbol{A}\pm\boldsymbol{B}$。

② 矩阵数乘

设 k 为一个常数，$\boldsymbol{A}=\left(a_{ij}\right)_{m\times n}$，$\boldsymbol{C}=\left(c_{ij}\right)_{m\times n}$ 其中 $c_{ij}=ka_{ij}(i=1,2,\cdots,m;j=1,2,\cdots,n)$，则称矩阵 $\boldsymbol{C}$ 为数 k 与矩阵 $\boldsymbol{A}$ 的数量乘积，简称数乘，记为 $\boldsymbol{C}=k\boldsymbol{A}$。

③ 矩阵乘法：设 $\boldsymbol{A}=(a_{ij})_{m\times s}$，$\boldsymbol{B}=(b_{ij})_{s\times n}$，$\boldsymbol{C}=(c_{ij})_{m\times n}$，其中 $c_{ij}=\sum_{l=1}^{s}a_{il}b_{lj}(i=1,2,\cdots,m;j=1,2,\cdots,n)$，则称矩阵 $\boldsymbol{C}$ 为矩阵 $\boldsymbol{A}$ 和矩阵 $\boldsymbol{B}$ 的乘积,即 $\boldsymbol{C}=\boldsymbol{A}\boldsymbol{B}$。

④ 矩阵的转置：把矩阵 $\boldsymbol{A}=(a_{ij})_{m\times n}$ 的行列互换而得到的矩阵 $(a_{ji})_{m\times n}$，称为 $\boldsymbol{A}$ 的转置矩阵，记为 $\boldsymbol{A}^{\mathrm{T}}$。

2.1.1.3　矩阵的秩

一个矩阵 $\boldsymbol{A}$ 的列秩是 $\boldsymbol{A}$ 的线性无关的列向量数量，行秩是 $\boldsymbol{A}$ 的线性无关的行向量数量。一个矩阵的列秩和行秩总是相等的，简称为矩阵 $\boldsymbol{A}$ 的秩，记为 $r(\boldsymbol{A})$。

2.1.1.4　逆矩阵

对于 n 阶方阵 $\boldsymbol{A}$,如果存在 n 阶方阵 $\boldsymbol{B}$ 使得 $\boldsymbol{AB}=\boldsymbol{BA}=\boldsymbol{E}$，其中 $\boldsymbol{E}$ 是单位矩阵，则称 $\boldsymbol{A}$ 是可逆的，并把 $\boldsymbol{B}$ 称为 $\boldsymbol{A}$ 的逆矩阵，记做 $\boldsymbol{A}^{-1}=\boldsymbol{B}$。

2.1.1.5　特征值与特征向量

设 $\boldsymbol{A}$ 是 n 阶矩阵，λ 是一个数，若存在一个 n 维非零列向量 $\boldsymbol{x}$ 使得 $\boldsymbol{A}\boldsymbol{x}=\lambda\boldsymbol{x}$ 成立，则称 λ 为 $\boldsymbol{A}$ 的一个特征值，相应的非零列向量 $\boldsymbol{x}$ 称为 $\boldsymbol{A}$ 的属于 λ 的特征向量。

$\lambda\boldsymbol{E}-\boldsymbol{A}$ 称为 $\boldsymbol{A}$ 的特征矩阵，$|\lambda\boldsymbol{E}-\boldsymbol{A}|$ 称为 $\boldsymbol{A}$ 的特征多项式，$|\lambda\boldsymbol{E}-\boldsymbol{A}|=0$ 称为 $\boldsymbol{A}$ 的特征方程。

2.1.1.6　特殊类型的矩阵和向量

在人工智能算法中，我们常常要用到特殊类型的矩阵和向量，如下：

对角矩阵（diagonal matrix）：只在主对角线上含有非零元素，其他位置都是零。形式上，如果矩阵 $\boldsymbol{D}$ 是对角矩阵，当且仅当对于所有的 $i\neq j,D_{ij}=0$。若对角元素全部是 1 则称为单位矩阵。单位矩阵是一种特殊的对角矩阵。

对称矩阵（symmetric matrix）：以主对角线为对称轴，各元素对应相等的矩阵。在线性代数中，对称矩阵是一个方形矩阵，其转置矩阵和自身相等：

$$\boldsymbol{A}=\boldsymbol{A}^{\mathrm{T}}$$

单位向量（unit vector）：具有单位范数（unit norm）的向量，即$\|\boldsymbol{\alpha}\|=1$。由于是非零向量，故单位向量具有确定的方向。单位向量有无数个，

如果$\boldsymbol{\alpha}^{\mathrm{T}}\boldsymbol{\beta}=0$，说明向量$\boldsymbol{\alpha}$和向量$\boldsymbol{\beta}$相互正交。当两个向量都有非零范数，它们之间的夹角为 90° 。如果向量$\boldsymbol{\alpha}$和向量$\boldsymbol{\beta}$不仅互相正交且范数都为 1，那么我们一般称它们为标准正交。

正交矩阵（orthogonal matrix）：行向量和列向量是分别标准正交的矩阵：

$$\boldsymbol{A}^{\mathrm{T}}\boldsymbol{A}=\boldsymbol{A}\boldsymbol{A}^{\mathrm{T}}=\boldsymbol{E}$$

这意味着

$$\boldsymbol{A}^{-1}=\boldsymbol{A}^{\mathrm{T}}$$

正定矩阵（positive-definite matrix）：对所有的非零向量$x\in\mathbf{R}^n$，对于对称矩阵A，都满足：

$$\boldsymbol{x}^{\mathrm{T}}\boldsymbol{A}\boldsymbol{x}>0$$

2.1.1.7　矩阵分解

一个矩阵通常可以用一些比较简单的矩阵的乘积来表示，称为矩阵分解。

特征分解：一个$n\times n$的方块矩阵$\boldsymbol{A}$的特征分解定义为：

$$\boldsymbol{A}=\boldsymbol{Q}\boldsymbol{\Lambda}\boldsymbol{Q}^{-1} \tag{2-3}$$

式中，$\boldsymbol{Q}$为$n\times n$的方块矩阵，其每一列都为$\boldsymbol{A}$的特征向量；$\boldsymbol{\Lambda}$为对角矩阵，其每一个对角元素分别为$\boldsymbol{A}$的一个特征值。

如果$\boldsymbol{A}$为实对称矩阵，那么其不同特征值对应的特征向量相互正交。$\boldsymbol{A}$可以被分解为：

$$\boldsymbol{A}=\boldsymbol{Q}\boldsymbol{\Lambda}\boldsymbol{Q}^{\mathrm{T}} \tag{2-4}$$

式中，$\boldsymbol{Q}$为正交矩阵。

奇异值分解：一个$m\times n$的矩阵$\boldsymbol{A}$的奇异值分解定义为：

$$\boldsymbol{A}=\boldsymbol{U}\boldsymbol{\Sigma}\boldsymbol{V}^{\mathrm{T}} \tag{2-5}$$

其中$\boldsymbol{U}$和$\boldsymbol{V}$分别为$m\times m$和$n\times n$的正交矩阵，$\boldsymbol{\Sigma}$为$m\times n$的矩形对角矩阵。$\boldsymbol{\Sigma}$对角线上的元素称为奇异值，一般从大到小排列。

奇异值分解（singular value decomposition，SVD）在图像压缩处理中具有重要意义。在本节前面提到过，将灰度图像表示为矩阵，矩阵的每个元素与之对应的是图像像素值。SVD 分解将图像矩阵分解为两组正交的特征矩阵和一个组对角线矩阵。对角矩阵是由降序排列的非负对角线元素组成，我们可以通过丢弃一些特征值来压缩数据。简单来说，使用奇异值压缩图像就是通过把一块大的数据分解为很多项，通过给数据的每个项的重要程度排序，挑选出最重要的保留，丢弃一部分最不重要的，来实现数据压缩。

2.1.2 人工智能数学基础之微积分

微积分是研究函数的微分、积分及其相关应用的数学分支。微积分知识在人工智能算法中可以说无处不在。求导是微积分的基本概念之一，导数是变化率的极限，其主要用来解决极值问题。人工智能算法的最终目标是得到最优化模型，其最后都可转化为求极大值或极小值的问题。比如，人工智能的基础算法梯度下降法和牛顿法，现在主流的求解代价函数最优解的方法都是基于这两种算法进化的，其底层运算都是基础的导数运算。级数也是微积分中非常重要的概念，常见的级数有泰勒级数、傅里叶级数等，泰勒级数在人工智能算法的底层运算中同样起到了至关重要的作用，掌握泰勒级数能理解很多基础算法的原理。例如，第4章介绍的梯度下降法，其数学原理涉及代价函数的一阶泰勒近似，牛顿法的推导过程中应用了目标函数的二阶泰勒近似。本小节我们着重介绍人工智能中常见的微积分知识。

2.1.2.1 导数

导数是微积分学中重要的基础概念，对于定义域和值域都是实数域的函数 $f:\mathbf{R}\to\mathbf{R}$, 若 $f(x)$ 在点 x_0 的某个邻域 Δx 内，极限 $f'(x_0)=\lim\limits_{\Delta x\to 0}\dfrac{f(x_0+\Delta x)-f(x_0)}{\Delta x}$ 存在，则称函数 $f(x)$ 在点 x_0 处可导，$f'(x_0)$ 称为其导数，或导函数，也可以记为 $\dfrac{\mathrm{d}f(x_0)}{\mathrm{d}x}$。

高阶导数：对一个函数的导数继续求导，可以得到高阶导数，函数 $f(x)$ 的导数 $f'(x)$ 称为一阶导数，$f'(x)$ 的导数称为二阶导数，记为 $f''(x)$。

偏导数：对于一个多元变量函数 $f:\mathbf{R^D}\to\mathbf{R}$,它的偏导数是关于其中一个变量 x_i 的导数，而保持其他变量固定，可以记为 $f'_{x_i}(x)$。

2.1.2.2 微分

给定一个连续函数，计算其导数的过程称为微分，若函数 $f(x)$ 在其定义域包含的某区间内每一个点都可导，那么也可以说函数 $f(x)$ 在这个区间内可导。如果一个函数 $f(x)$ 在定义域中的所有点都存在导数，则 $f(x)$ 为可微函数。可微函数一定连续，但连续函数不一定可微。

泰勒公式是一个函数 $f(x)$ 在已知某一点的各阶导数值的情况之下，可以用这些导数值做系数构建一个多项式来近似函数在这一点的邻域中的值。

如果函数 $f(x)$ 在 a 点处 n 次可导($n\geqslant 1$),在一个包含点 a 的区间上的任意 x，都有

$$\begin{aligned} f(x)=f(a)+\frac{1}{1!}f'(a)(x-a)+\frac{1}{2!}f^{(2)}(a)(x-a)^2+\cdots \\ +\frac{1}{n!}f^{(n)}(a)(x-a)^n+R_n(x) \end{aligned} \tag{2-6}$$

式中，$f^{(n)}(a)$ 表示函数 $f(x)$ 在点 a 的 n 阶导数，公式中的多项式部分称为函数 $f(x)$ 在 a 处的 n 阶泰勒展开式，剩余的 $R_n(x)$ 是泰勒公式的余项，是 $(x-a)^n$ 的高阶无穷小。

2.1.2.3 积分

积分是微分的逆过程，即如何从导数推算出原函数，积分通常可以分为定积分和不定积分。

定积分是求函数 $f(x)$ 在区间 $[a,b]$ 上积分和的极限，其几何意义是被积函数与坐标轴围成区域的面积。而 $f(x)$ 的不定积分则可以表示为：

$$F(x)=\int f(x)\mathrm{d}x, \tag{2-7}$$

式中，$F(x)$ 称为 $f(x)$ 的原函数或反导函数；$\mathrm{d}x$ 表示积分变量为 x。当 $f(x)$ 是 $F(x)$ 的导数时，$F(x)$ 是 $f(x)$ 的不定积分。根据导数的性质，一个函数 $f(x)$ 的不定积分是不唯一的。若 $F(x)$ 是 $f(x)$ 的不定积分，$F(x)+C$ 也是 $f(x)$ 的不定积分，其中 C 为一个常数。

2.1.2.4　导数法则

由基本函数的和、差、积、商或相互复合构成的函数的导函数，可以通过函数的求导法则来推导。复合函数的求导法则主要有加(减)法则和链式法则。加(减)法则：若 $x\in\mathbf{R}^M$，$y=f(x)\in\mathbf{R}^N, z=g(x)\in\mathbf{R}^N$，则 $\frac{\partial(y\pm z)}{\partial x}=\frac{\partial y}{\partial x}\pm\frac{\partial z}{\partial x}\in\mathbf{R}^{M\times N}$。链式法则是在微积分中求复合函数导数的一种常用方法。主要有以下三种情形：

① 若 $x\in\mathbf{R}, y=g(x)\in\mathbf{R}^M, z=f(y)\in\mathbf{R}^N$，则 $\frac{\partial z}{\partial x}=\frac{\partial y}{\partial x}\frac{\partial z}{\partial y}\in\mathbf{R}^{1\times N}$；

② 若 $x\in\mathbf{R}^M, y=g(x)\in\mathbf{R}^K, z=f(y)\in\mathbf{R}^N$，则 $\frac{\partial z}{\partial x}=\frac{\partial y}{\partial x}\frac{\partial z}{\partial y}\in\mathbf{R}^{M\times N}$；

③ 若 $x\in\mathbf{R}^{M\times N}$ 为矩阵，$y=g(x)\in\mathbf{R}^K$，$z=f(y)\in\mathbf{R}$，则 $\frac{\partial z}{\partial x_{ij}}=\frac{\partial y}{\partial x_{ij}}\frac{\partial z}{\partial y}\in\mathbf{R}$。

2.1.3　人工智能数学基础之概率论

概率论是研究人工智能的理论基础，其主要研究随机现象中的数量规律，是数学的一个分支。传统机器学习模型采用的大都是基于概率论的方法，对概率分布的参数进行估计是机器学习的核心任务。在人工智能神经网络算法中，基于贝叶斯定理的算法与人类认知机制吻合度极高。因此概率论知识在人工智能领域中也扮演着重要的角色。本小节我们集中介绍人工智能中常见的概率论知识。

自然界现象一般可分为必然现象和随机现象。必然现象是在具备一定条件下必定出现的现象。随机现象则是指在一定条件下，个别试验呈现不确定性，但大量重复试验中其结果呈现出规律性的现象。

对随机现象所做的观察、测量等试验统称为随机试验。随机试验具有三大特点：

① 可以在相同条件下重复进行；

② 所有可能结果不止一个，且事先已知；

③ 每次试验总是出现可能结果之一，但具体出现哪一个，试验前不能确定。

随机试验中可能出现的每一个结果称为样本点，样本点的全体构成的集合则称为样本空间。

（1）随机事件与概率

随机事件指的是一个被赋予概率的事物集合，也就是样本空间中的一个子集。概率则表示一个随机事件发生的可能性大小，为 0 到 1 之间的实数。比如，一个 0.5 的概率事件表示该事件发生的可能性为 50%。常见的概率模型主要有古典概率、几何概率以及条件概率。

① 古典概率：$P(A)=A$所包含的样本点数/样本空间中的样本点数。

② 几何概率：几何概率是可以用几何方法求得的概率，向某一可度量的区域内投一质点，如果所投的点落在任意区域 g 内的可能性大小与 g 的度量成正比，而与 g 的位置和形状无关，则称这个随机试验概率为几何概率。

③ 条件概率：某个事件在给定其他事件发生时出现的概率称为条件概率，表示为 $P(A|B)$，即：在 B 条件下 A 发生的概率。条件概率有关于独立性的基本定理：设 A、B 为随机事件，当且仅当两个随机事件 A 和 B 满足 $P(A\cap B)=P(A)P(B)$ 的时候，它们才是统计独立的，这时联合概率可以表示为事件各自概率的简单乘积。当且仅当 A 与 B 满足 $P(A\cap B)=0$ 且 $P(A)\neq 0$，$P(B)\neq 0$ 的时候，A 与 B 是互斥事件，即 A 与 B 在不可能在同一场合下发生。

（2）随机变量

随机变量是表示随机试验各种结果的实值单值函数。根据变量的域不同，可以将随机变量分为连续随机变量和离散随机变量。

① 离散型随机变量：随机变量在一定区间内取值为有限个数时称作离散型随机变量。其又可根据变量个数细分为一维和二维离散型随机变量。

一维离散型随机变量：设 X 为离散型随机变量，它的一切取值可能为 $x_k(k=1,2,\cdots,n)$，其概率取值为 $P(x_k)=P(X=x_k)$。

二维离散型随机变量：若二维随机变量 (X,Y) 全部可能取到的不同值是有限对，则称 (X,Y) 是离散型随机变量。

二维离散型随机变量的联合概率分布为：设二维随机变量 (X,Y) 所有可能的取值为 $(x_i,y_j),\ i,j=1,2,\cdots,$ 记为 $P\{X=x_i,Y=y_j\}=P(x_i,y_j)=p_{ij},\ i,j=1,2,\cdots$。

对于离散型随机变量 (X,Y)，X,Y 的边缘分布律分别为：

$$P\{X=x_i\}=P\{X=x_i,Y<+\infty\}=\sum_{j=1}^{\infty}p_{ij} \tag{2-8}$$

$$P\{Y=y_j\}=P\{X<+\infty,Y=y_j\}=\sum_{i=1}^{\infty}p_{ij} \tag{2-9}$$

② 连续型随机变量：随机变量在一定区间内取值有无限个时称作连续型随机变量。其又可根据变量维度细分为一维和二维连续型随机变量。

一维连续型随机变量：因为不能给出变量每一个值的概率，因此用概率密度来表示其概率分布。对于随机变量 X 的分布函数 $F(x)$，使得对任意实数 x 有 $F(x)=P(X\leqslant x)$。

二维连续性随机变量 (X,Y) 的分布函数 $F(x,y)$，如果存在非负函数 $f(x,y)$，则对于任意 x,y 有 $F(x,y)=\int_{-\infty}^{y}\int_{-\infty}^{x}f(u,v)\,\mathrm{d}u\mathrm{d}v$，则称 (X,Y) 为连续的二维随机变量，$f(x,y)$ 为其概率密度。

边缘分布函数：二维随机变量 (X,Y) 作为整体，有分布函数 $F(x,y)$，其中 X 和 Y 都是随机变量，它们的分布函数记为 $F_x(x),F_y(y)$，也称边缘分布函数。在分布函数 $F(x,y)$ 中，令 $y\to\infty$，就能得到 $F_x(x)$；令 $x\to\infty$，就能得到 $F_y(y)$：

$$F_x(x)=P\{X\leqslant x,Y<+\infty\}=F(x,+\infty) \tag{2-10}$$

$$F_y(y)=P\{X<+\infty,Y\leqslant y\}=F(+\infty,y) \tag{2-11}$$

（3）期望与方差

假设 X 是一个离散随机变量，其可能的取值有：$x_1,x_2,\cdots,x_n$，各个取值对应的概率取值为 $P(x_k)$，$k=1,2,\cdots,n$，则其数学期望被定义为：$E(X)=\sum_{k=1}^{n}x_kP(x_k)$。

假设 X 是一个连续型随机变量，其概率密度函数为 $f(x)$，则其数学期望被定义为

$$E(X)=\int_{-\infty}^{+\infty}xf(x)\mathrm{d}x \tag{2-12}$$

在概率论当中，方差用来衡量随机变量与其数学期望之间的偏离程度，统计中的方差为样本方差，是各个样本数据分别与样本数学期望求差的平方值的数学期望 $\mathrm{Var}(x)=E[x-E(x)]^2=E^2(x)-E(x^2)$。

（4）常用概率分布

均匀分布：若随机变量 X 密度函数：

$$f(x)=\begin{cases}\dfrac{1}{b-a}, & a\leqslant x\leqslant b\\ 0, & x<a或x>b\end{cases} \tag{2-13}$$

式中，a，b 为常数。则称 X 为服从区间 $[a，b]$ 上的均匀分布。

正态分布：正态分布，又名高斯分布，是自然界最常见的一种分布，并且具有很多良好的性质，在很多领域都有非常重要的应用，其概率密度函数为：

$$f(x)=\frac{1}{\sqrt{2\pi}\sigma}\exp[-\frac{(x-u)^2}{2\sigma^2}] \tag{2-14}$$

其中，$\sigma>0$, u 和 σ 均为常数。

2.2 人工智能的最优化与信息论基础

最优化和信息论是应用数学的重要分支，其中，最优化主要研究在一定条件下，选取某种研究方案使目标达到最优的一种方法；信息论主要研究怎么对信号信息进行量化、存储和通信。人工智能算法设计中已经广泛应用了最优化和信息论理论，本小节集中介绍它们在人工智能中常用的知识。

2.2.1 最优化理论

人工智能在本质上是一个最优化问题，通过求得最优解实现智能目标，不管是本书中介绍的第 3 章的机器学习还是第 4 章的深度学习，或是大有潜力的第 5 章强化学习内容，它们的基础核心思想都是求解最优化问题，几乎所有的人工智能问题最后都可归结为一个优化问

题的求解，因而最优化理论是人工智能必备的基础知识。本小节我们将着重介绍人工智能中的最优化理论基础。

2.2.1.1 最优化问题

最优化问题是指在一定约束条件下，求解一个目标函数的最值问题。要实现最值化的函数被称为目标函数，大多数最优化问题都可以通过使目标函数 $f(x)$ 最小化解决，最大化问题则可以通过最小化 $-f(x)$ 实现。也就是说，最优化问题主要研究以下形式的问题：给定一个函数 $f: A \to \mathbf{R}$，寻找一个元素 $x^* \in D \subset A$，使得对于所有 D 中的 x，都满足 $f(x_n) \leqslant f(x)$（最小化）。

优化问题一般都可以通过迭代的方式来求解：通过给定一个初始的估计值，然后不断迭代产生新的估计值，直到估计值能够收敛到期望的最优解 x^*。常见的优化迭代方法有线性搜索和置信域方法。线性搜索的策略是寻找方向和步长，具体算法有梯度下降法、牛顿法、共轭梯度法等；置信域算法在每次迭代时都需要进行参数更新，因此计算量较大，但从实际应用出发，这类算法的表现更加稳定和更容易收敛。

2.2.1.2 全局最小解和局部最小解

对于很多非线性优化问题，会存在很多个局部最小解。局部最小解 x^* 定义为：存在一个 $\delta > 0$，对所有满足 $\|x - x^*\| \leqslant \delta$ 的 x，都有 $f(x^*) \leqslant f(x)$ 成立，这就是说，在 x^* 周围的一些闭球上，所有的函数值都大于或等于在该点的函数值。

对于所有的 $x \in D$，都有 $f(x^*) \leqslant f(x)$ 成立，则称 x^* 为全局最小值。一般而言，求解局部极小值是容易的，但是要确保其为全局性的最小值，则需要一些附加性的条件，例如，该函数必须是线性规划函数或凸函数。即可以将优化问题转化为有约束优化：一般形式 $\min f(x)$，且有 $x \in \boldsymbol{X}$， $\boldsymbol{X}$ 是 $\mathbf{R}^n$ 空间的真子集。

实际的最优化算法既可能找到目标函数的全局最小值，也可能找到局部极小值，两者的区别在于全局最小值比定义域内所有其他点的函数值都小；而局部极小值只是比所有邻近点的函数值都小。

2.2.2 信息论

熵最早是物理学的概念，用于表示一个热力学系统的无序程度。在信息论中，熵用来衡量一个随机事件的不确定性。人工智能领域中最热门的图像识别、语音识别以及自动驾驶，都是在有序状态提取出秩序的过程，从而实现人工智能。因此，本小节将着重介绍信息论中熵的定义及其相关内容的基础介绍。

2.2.2.1 自信息和熵

自信息表示一个随机事件所包含的信息量，一个随机事件发生的概率越高，其自信息越低。如果一个事件必然发生，其自信息为 0。

对于一个随机变量 X，当 $X = x$ 时的自信息 $I(x)$ 定义为 $I(x) = -\log p(x)$ 。

在自信息的定义中，对数的底可以使用 2，自然常数 e 或是 10。当底为 2 时，自信息的单位为 bit；当底为 e 时，自信息的单位为 nat。

对于分布为 $p(x)$ 的随机变量 X，其自信息的数学期望，即熵 $H(X)$ 定义为：

$$H(X)=E_X[I(x)]=E_X[-\log p(x)]=-\sum_{x\in\mathscr{X}}p(x)\log p(x) \tag{2-15}$$

熵越高，则随机变量的信息越多；熵越低，则随机变量的信息越少。如果变量 X 当且仅当在 x 时 $p(x)=1$，则熵为 0。也就是说，对于一个确定的信息，其熵为 0，信息量也为 0。如果随机变量的概率分布为一个均匀分布，则熵最大。

2.2.2.2 熵编码

信息论的研究目标之一是如何用最少的编码表示传达信息。假设我们传递一段文本信息，这段文本中包含的符号都来自于一个字母表 A，我们就需要对字母表 A 中的每个符号进行编码。以二进制编码为例，我们常用的 ASCII 码就是用固定的 8bits 来编码每个字母，但这种固定长度的编码方案不是最优的。一种高效的编码原则是字母的出现概率越高，其编码长度越短。比如对 a,b,c 分别编码 0,10,110。

给定一串要传输的文本信息，其中字母 x 的出现概率为 $p(x)$，其最佳编码长度 $-\log_2 p(x)$，整段文本的平均编码长度为 $-\sum_x p(x)\log_2 p(x)$，即底为 2 的熵。

在对分布 $p(x)$ 的符号进行编码时，熵 $H(p)$ 也是理论熵最优的平均编码长度，这种编码方式称为熵编码。

由于每个符号的自信息通常都不是整数，因此在实际编码中很难达到理论上的最优解。霍夫曼编码和算术编码是两种最常见的熵编码技术。

2.2.2.3 联合熵和条件熵

对于两个离散随机变量 X 和 Y，假设 X 取值集合为 $\boldsymbol{X}$；Y 取值集合为 $\boldsymbol{Y}$，其联合概率分布满足为 $p(x,y)$，则：

X 和 Y 的联合熵为：$H(X,Y)=-\sum_{x\in\boldsymbol{x}}\sum_{y\in\boldsymbol{y}}p(x,y)\log p(x,y)$

X 和 Y 的条件熵为：$H(X|Y)=-\sum_{x\in\boldsymbol{x}}\sum_{y\in\boldsymbol{y}}p(x,y)\log p(x|y)$

2.2.2.4 交叉熵

对于分布为 $p(x)$ 的随机变量，熵 $H(p)$ 表示其最优编码长度。交叉熵是按照概率分布 q 的最优编码对真实分布 p 的信息进行编码的长度，定位为：

$$H(p,q)=E_p[-\log q(x)]=-\sum_x p(x)\log q(x) \tag{2-16}$$

在给定 p 的情况下，如果 q 和 p 越接近，交叉熵越小；如果 q 和 p 越远，交叉熵就越大。一般而言，交叉熵常用作分类任务的损失函数，本书第 4 章将作详细介绍。

2.2.2.5 KL 散度和 JS 散度

KL 散度(Kullback-Leibler Divergence)也叫 KL 距离或相对熵，是用概率分布 q 来近似 p 时所造成的信息损失量。KL 散度是按照概率分布 q 的最优编码对真实分布为 p 的信息进行编码，其平均编码长度 $H(p,q)$ 和 p 的最优平均编码长度 $H(p)$ 之间的差异。对于离散概率分布 p 和 q，从 q 到 p 的 KL 散度定义为：

$$\mathrm{KL}(p,q)=H(p,q)-H(p)=\sum_{x} p(x)\log\frac{p(x)}{q(x)} \tag{2-17}$$

KL 散度总是非负的，即 $\mathrm{KL}(p,q)\geqslant 0$，可以衡量两个概率分布之间的距离。只有当 $p=q$ 时，$\mathrm{KL}(p,q)=0$。如果两个分布越接近，KL 散度越小；如果两个分布越远，KL 散度就越大。但 KL 散度并不是一个真正的度量或距离，一是 KL 散度不满足距离的对称性，二是 KL 散度不满足距离的三角不等式性质。

JS 散度(Jensen-Shannon divergence)是一种对称的衡量两个分布相似度的度量方式，定义为：

$$\mathrm{JS}(p,q)=\frac{1}{2}\mathrm{KL}(p,m)+\frac{1}{2}\mathrm{KL}(q,m) \tag{2-18}$$

其中，$m=\frac{1}{2}(p+q)$，JS 散度是对 KL 散度一种改进。但两种散度都存在一个问题，即如果两个分布 p,q 没有重叠或者重叠非常少时，KL 散度和 JS 散度都很难衡量两个分布的距离。

2.3 人工智能的生物学基础

人类大脑是一部极其高效的“计算机”。人脑中每秒进行着 10 万种不同的化学反应，其反应环境、反应速度以及反应产物控制等十分精确，出错率极低。人脑体积虽小，但内部结构精细，大脑的整体结构和神经元个体的活动之间的关系以及大脑智能的产生都非常复杂，通过学习探索其中的奥秘能够对人脑智能生成与人工智能的开发之间的关系有一定初步认识。了解人脑的生物学基础知识有助于我们更好地了解和掌握人工智能算法的基本原理和发展趋势。

2.3.1 生物神经元

2.3.1.1 生物神经元组成

人脑大约由 140 亿个生物神经元组成，生物神经元互相连接构成神经网络。生物神经元是大脑处理信息的基本单元，形状很像一棵枯树的枝干，主要由细胞体、树突、轴突和突触（又称神经键）等组成，如图 2-2 所示下面简单介绍它们的功能。

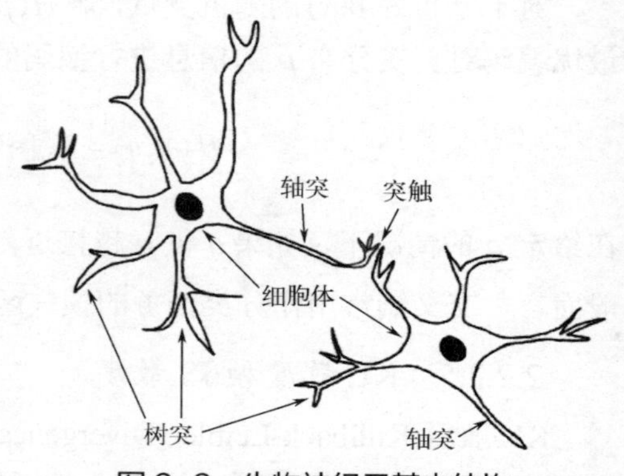

图 2-2 生物神经元基本结构

细胞体：神经元主体，由细胞核、细胞质、细胞膜等组成，细胞膜对细胞液中的不同离子通透性不同，使得产生离子浓度差，从而出现内负外正的静息电位，产生相应的生理活动：兴奋或抑制。

树突：可以接收来自其他生物神经元的输入信号，每个生物神经元都有一个或多个树突。

轴突：把生物神经元自身产生的信号传送到另一个生物神经元或其他组织，每个生物神经元都只有一个轴突。

突触：生物神经元间通过一个轴突末梢和其他神经元的细胞体或者树突进行通信连接，相当于生物神经元之间的输入与输出接口。突触有两种：兴奋性突触和抑制性突触。前者产生正突触后电位，后者产生负突触后电位。

经过以上对生物神经元的组成介绍，我们可以对它们功能总结如下：突触是生物神经元的输入和输出接口；树突和细胞体作为输入端，接收突触的输入信号；细胞体相当于一个处理器，对各树突和细胞体各部位收到的来自其他神经元的输入信号进行组合，并在一定条件下触发，产生一个输出信号，输出信号沿轴突传至末梢；轴突末梢作为输出端通过突触将这一输出信号传向其他神经元或其他组织，这为人工智能学者设计人工神经元提供了重要生理学基础。

2.3.1.2 生物神经元信息处理机制

生物神经元的信息产生、传递和处理是一种电化学活动，其机制如下：

信息产生：在某一给定时刻，生物神经元总是处于静息、兴奋和抑制三种状态中的一种。在外界的刺激下，当生物神经元的兴奋程度大于某个阈电位时，神经元被激发而发出脉冲信号。

传递与接收：脉冲信号沿轴突传向其末端的各个分支，通过突触完成传递与接收。突触有兴奋性突触和抑制性突触两种，当前一个神经元的兴奋性突触的电位超过某个阈电位时，后一个生物神经元就会接收到脉冲信号，从而把前一个生物神经元的信息传递给后一个生物神经元。

信息整合：接收各个轴突传来的脉冲信号输入，根据输入可到达神经元的不同部位，输入部位不同，对神经元影响的权重也不同。在同一时刻产生的刺激所引起的电位变化大致等于各单独刺激引起的电位变化的代数和。神经元在空间和时间上对输入进行积累和整合加工，从而决定输出的时机和强弱。

2.3.2 人脑视觉与信息机理机制

视觉系统是这个世界上最为神奇的系统之一，其是神经系统的一个组成部分。它使用可见光信息构筑机体对周围世界的感知，使得生物体具有了视觉能力，同时它还具有将外部世界的二维投射重构为三维世界的能力。人类视觉系统的信息处理机制是一个高度复杂的过程，神经生物学家 David H.Hubel 和 Torsten Wiesel 在 1958 年发现视觉系统的信息处理在视觉皮层是分级的，并且凭着这个发现在 1981 年获得诺贝尔医学奖。此外，他们的发现对思考未来发展有重大影响。该研究基于记录猫的单个神经元活动，发现了处于视觉系统较为前面的神经元对非常特定的光模式（例如精确定向的条纹）反应较为活跃，但对其他模式几乎完全没有反应。这激发了许多研究者们对于神经系统的进一步思考与研究兴趣。以下分别介绍感受野、视觉皮层和视觉信息传递路径。

2.3.2.1 感受野

感受野是指能够引起视觉神经元反应的刺激区域。视觉体系中不同区域的感受野有所不同。以下简略介绍三种常见的感受野。

① 视网膜神经节细胞感受野：视网膜上神经节细胞的感受野的范围和形状随位置变化而变化，通常外围部分比黄斑区域的感受野更大，且邻近细胞之间存在感受野重叠的现象。对于视网膜上的神经节细胞而言，最佳刺激是闪烁的小光点。

② 侧膝体感受野：侧膝体处于视觉信息处理通路中的中间环节，它综合来自于左、右眼的各种信息，包括颜色、视差和频率等信息。侧膝体区域感受野特性与视网膜神经节细胞相似，同样为同心圆形式，但侧膝体细胞具有一定程度的方向选择性，由许多视网膜神经节细胞叠加而成。最后，视觉信息在侧膝体感受野中进一步被压缩和收敛。

③ 初级视觉皮层神经元感受野：初级视觉皮层上感受野的情况更为复杂。大多数的视觉皮层细胞不再对光点刺激反应，是对具有一定形状的刺激十分敏感。它们通常被用作特征检测器，在第 4 章中介绍的卷积神经网络中所采用卷积层就是用来模拟初级视觉皮层神经元的感受野功能。

2.3.2.2 视觉皮层

人类大脑的视觉皮层（visual cortex）主要负责处理视觉信息，位于大脑后部的枕叶，它包括初级视觉皮层（V1），即纹状皮层，以及纹外皮层，如 V2,V3,V4,V5。关于视觉皮层的研究大多集中在初级视觉皮层区域，在过去几十年时间里，人们对初级视觉皮层的理解不断加深，并提出了许多模拟初级视觉皮层中信息处理过程的数学模型。在初级视觉皮层中有两类细胞：简单细胞和复杂细胞。简单细胞有着长条形的感受野，其可用于接收方向信息。复杂细胞类似于简单细胞，但其感受野在视网膜上所覆盖的区域范围有所增大因而复杂细胞对位置有一定的不变性。由于初级视觉皮层区域的细胞对刺激的反应表现为条状和栅格的形式，可用各种线性滤波器来模拟，例如 Gabor 滤波器。

V2 区域相比 V1 区域显得更为神秘，因此研究它的难度比 V1 区域更大，然而 V2 区却是视觉处理中不可缺少的一部分。V2 区域中的神经细胞对于方向性刺激的选择性与 V1 区域类似，它们相互合作完成了低级视觉特征抽取。V4 区域接收来自 V1 和 V2 区域的较为强烈的反应，该区域的神经元细胞对具有一定的位置、长度和宽度的条状刺激能产生响应。但与 V1、V2 区域相比，V4 区域的神经元细胞适应于更加复杂的形状刺激以及不同程度的弯曲，其与早期的视觉皮层处理中识别能力的形成相关。

2.3.2.3 视觉信息传递路径

大脑中的视觉信息是依照一定的路径进行传递的，其首先通过视网膜（见图 2-3）上的视锥细胞和视杆细胞去接受外界视觉信息，其中视锥细胞负责感受物体的细节和颜色，视杆细胞负责感受物体的明暗或轮廓信息。之后将所接收到的视觉信息通过视网膜双级细胞和视神经节细胞传递到侧膝体，最后从侧膝体传入大脑的视觉皮层。

在视觉皮层中，视觉信息进行加工处理过程是一个从简单到复杂，从低级到高级的过程，按照简单细胞→复杂细胞→超复杂细胞→更高级的超复杂细胞的处理顺序。这种视觉信息传递路径具有以下特点：

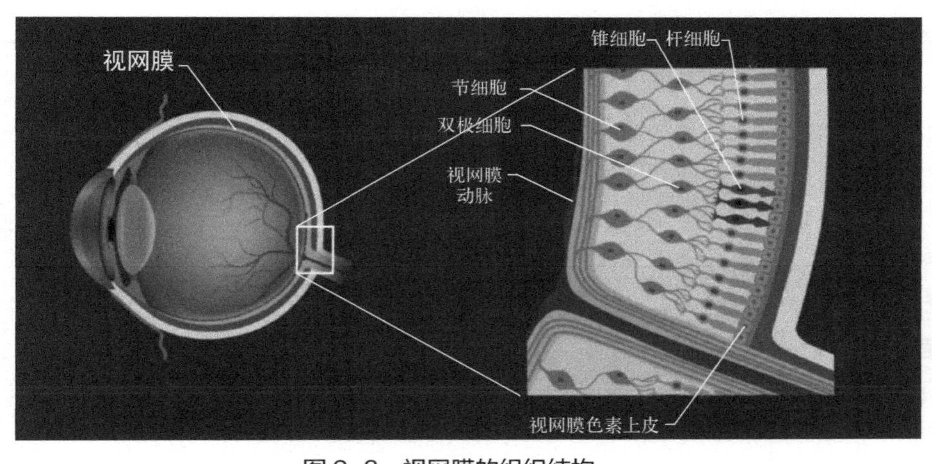

彩图

图 2-3 视网膜的组织结构

（1）视觉信息的传递沿着两条通路，分别为腹侧视觉通路和背侧视觉通路。其中腹侧视觉通路负责对象识别与感受形成；背侧视觉通路参与处理空间信息，以及相关运动控制，如眼跳（saccade）与伸取（reaching）。

（2）视觉系统具有明显的层次结构。腹侧视觉通路和背侧视觉通路对信息的处理都是从低级到高级分层进行的，其功能相对独立，但仍存在相互影响。

（3）视觉系统中的大部分连接都是双向连接，前向连接与反馈连接都将发生。由于在大脑中的高级区域中存在着大量的反馈连接与初级视觉皮层和区域相连，因而对视觉行为可以进行有意识的控制。

（4）感受野具有等级特性。视觉通路中各个层次的生物神经细胞具有不同的复杂程度。随着层次等级的增加，所处理的信息在视网膜上对应的局部区域范围也越大，响应刺激的复杂程度也进一步增加，这也促进了卷积神经网络模型采用大卷积核研究。

（5）人的视网膜接收了海量的视觉信息，然而大脑皮层细胞数量有限，其能存储和处理的信息量远低于感受系统所接收的信息量，大脑在对于外界信息进行处理时并不是平等对待，而是有选择地处理重要的视觉信息，注意力机制方法研究就是受其启发而提出的，在第 4 章会详细介绍。

（6）大脑作为视觉系统的高级管理者，不断对外界的各种视觉信息进行学习，从而能够分辩和认识出物体的本质特征。

2.3.3 人工神经元

前面已介绍了生物神经元的组成及信息处理机制，美国心理学家 W. McCulloch 和数学家 W. Pitts 基于生物神经元的特点，于 1943 年在论文《神经活动中所蕴含思想的逻辑活动》中首次提出了 McCulloch-Pitts（M-P）人工神经元模型，本小节将从最基础的 M-P 人工神经元模型开始介绍并对比其与生物神经元的异同点，从而加深读者的理解，随后简略介绍人工神经元模型一般形式。

2.3.3.1 M-P 模型

图 2-4 为人工神经元的 M-P 模型的简单示意图，这个人工神经元模型对生物神经元信息

处理过程进行了简化和概括，模拟了生物神经元的工作机制如下：

① M-P 人工神经元模型是一个多输入单输出的信息处理单元；

② 人工神经元的输入可分为兴奋性输入和抑制性输入这两种类型；

③ 人工神经元具有空间整合特性和阈值特性；

④ 人工神经元输入与输出间有固定的时间延迟；

⑤ 在人工神经元模型设计中通常忽略时间整合作用以及兴奋期后的不应期；

⑥ 人工神经元本身是非时变的，即其突触时延和突触强度均为常数。

为了便于读者了解生物神经元与人工神经元之间的异同点，表 2-1 对人工神经元的 M-P 模型和生物神经元之间进行了对比。结合图 2-4 中人工神经元的 M-P 模型的示意图来看，对于某个人工神经元 j 来说(这里 j 是指人工神经网络中某个人工神经元，起标识作用)，其与多个人工神经元相连，可以接收多个输入信号，用 x_i $(i=1,2,\cdots,n)$ 表示。同时，鉴于生物神经元具有不同的突触性质和突触强度，对接收信号的生物神经元的影响不同。在人工神经元中我们用权值 w_{ij} 来表示，其正负模拟了生物神经元中突触的兴奋和抑制，其大小则代表了突触的不同连接强度。θ_j 代表阈值（threshold），又可称为偏置（bias）。

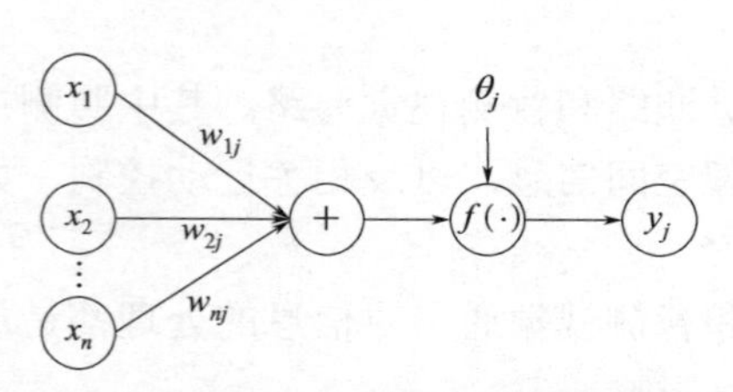

图 2-4　M-P 人工神经元模型的示意图

表 2-1　M-P 模型与生物神经元模型的特性对比

生物神经元	神经元	输入信号	权值	输出	总和	膜电位	阈值
M-P 模型	j	x_i	w_{ij}	y_j	Σ	$\sum_{i=1}^{n} w_{ij}x_i$	θ_j

类似生物神经元，人工神经元可以对输入信号进行累加整合，相当于生物神经元中的膜电位。

$$z_j = \sum_{i=1}^{n} w_{ij}x_i - \theta_j$$

式中，z_j 表示累加整合值。

生物神经元是否被激活取决于某一阈值电平，即只有当输入总和超过阈值 θ_j 时，生物神经元才会被激活从而释放脉冲信号，否则生物神经元不会发生输出脉冲信号。M-P 人工神经元也采用类似处理机制，即：

$$y_j = f\left(z_j\right)$$

其中，y_j 表示人工神经元 j 的输出“0”或“1”；函数 $f(\cdot)$ 称作激活函数、转移函数或非线性函数。

在人工神经元的 M-P 模型中权值和阈值是人为设置且固定的，并没有给出相应的学习算法来对权值进行调整，因此 M-P 模型不具备学习能力。为了使人工神经网络能调整人工神经元之间的连接权值，使其具备学习能力，人工智能研究学者做出了许多相关研究。1949 年，Hebb 在《行为的组织》一书中对生物神经元的连接强度的变化规则进行了分析，并基于此提出了著名的 Hebb 学习规则。受启发于巴甫洛夫的条件反射实验，Hebb 认为如果两个生物神经元在同一时刻被激活，则它们之间的联系应该被强化，Hebb 基于此提出的 Hebb 学习规则如下所示：

$$w_{ij}(t+1)=w_{ij}(t)+\alpha y_j(t)y_i(t)$$

其中，α 表示学习率，$w_{ij}(t+1)$ 和 $w_{ij}(t)$ 分别表示在 t+1 和 t 时刻，人工神经元 j 到人工神经元 i 的连接强度，而 y_i 和 y_j 为人工神经元 i 和 j 的输出。Hebb 学习规则隶属于无监督学习算法的范畴，其主要思想是根据两个人工神经元的激发状态来调整其连接关系，以此实现对简单生物神经活动的模拟。

继 Hebb 学习规则之后，人工神经元的有监督 Delta 学习规则被提出，用以解决在输入输出已知的情况下神经元权值的学习问题。该算法通过对连接权值进行不断调整以使神经元的实际输出和期望输出到达一致，其学习修正公式如下：

$$w_{ij}(t+1)=w_{ij}(t)+\alpha(d_i-y_i)y_j(t)$$

其中，α 表示学习率，d_i 和 y_i 为人工神经元 i 的期望输出和实际输出，$y_j(t)$ 表示人工神经元 j 在 t 时刻的状态（激活或抑制）。从直观上来说，当人工神经元 i 的实际输出比期望输出大，则减小与已激活神经元的连接权重，同时增加与已抑制神经元的连接权重；当人工神经元 i 的实际输出比期望输出小，则增加与已激活神经元的连接权重，同时减小与已抑制神经元的连接权重。通过这样的调节过程，人工神经元会将输入和输出之间的正确映射关系存储在权值中，从而具备了对数据的表示能力。Hebb 学习规则和 Delta 学习规则都是针对单个人工神经元而提出的。在第 4 章我们会介绍深层神经网络的学习规则。

2.3.3.2 人工神经元模型一般形式

上一节介绍的 M-P 人工神经元模型是整个人工神经网络的基础，其在多个方面都表现出生物神经元所具有的基本特性，研究学者基于它提出了不少改进的人工神经元模型，主要分为五个研究改进方向：①人工神经元的内部改进一般是指设计不同的非线性函数；②对人工神经元的输入和输出做不同的限制，比如是离散的（某些离散点）还是连续的（整个实数域）；③人工神经网络的结构上的改进体现在人工神经元之间的连接形式上；④学习规则：人工神经元或人工神经网络采用不同的权值和阈值求取的方法；⑤其他。

为了让读者更好地了解人工神经元模型，图 2-5 给出了一个相对统一标准的神经元的数学模型，其主要由三部分组成，即加权、线性求和以及非线性函数映射。

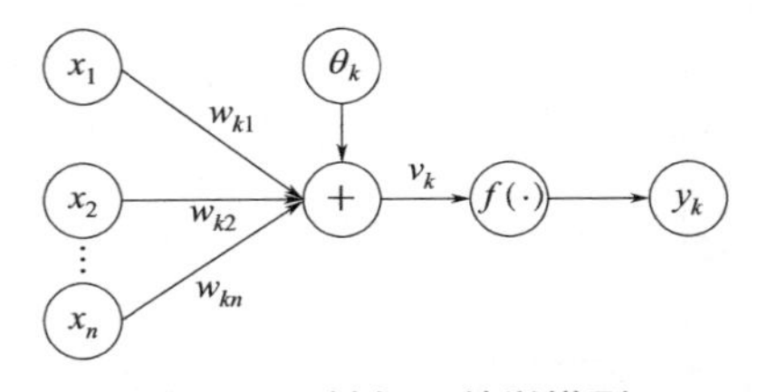

图 2-5 神经元数学模型

（1）加权

使用 $x_j\ (j=1,\cdots,n)$ 代表人工神经元 i 的输入，w_{ji} 表示输入人工神经元节点 j 与人工神经元节点 i 之间的连接权重值，每个输入与其对应的权重进行加权操作 $w_{ji}x_j$ 可以得到 u_i；

（2）线性求和

对所有 $u_i(i=1,2,\cdots,n)$ 求和并加上偏置 θ_j，得到调整后的加权求和值 v_k，

$$v_k = \sum_{i=1}^{n} w_{ki} x_j + \theta_k$$

（3）非线性函数映射

又称激活函数，其作用模拟的是生物神经元在接受一定的刺激之后产生兴奋信号，而如果刺激不够，神经元则保持抑制状态的现象，相关内容将在第 4 章中进行详细介绍。在 M-P 人工神经元模型中，其采用阶跃函数作为激活函数。阶跃函数是一种特殊的连续函数，其值呈阶梯式变化，所以称为阶跃函数。其常见的形式有两种：

$$f(x_j) = \begin{cases} 1, & x_j \geqslant 0 \\ 0, & x_j < 0 \end{cases} \tag{2-19}$$

$$f(x_j) = \begin{cases} 1, & x_j \geqslant 0 \\ -1, & x_j < 0 \end{cases} \tag{2-20}$$

现代人工神经元中的激活函数通常要求是连续可导的函数，S 型函数就是一种比较常用的激活函数。S 型函数具有连续、平滑、渐进的特点，且保持单调性，是最常用的非线性函数。最常用的 S 型函数为 sigmoid 函数：

$$f(x) = \frac{1}{1 + \mathrm{e}^{-x}} \tag{2-21}$$

通过图 2-6 发现，sigmoid 函数值域在 0～1 之间。而另外一种激活函数 tanh 函数将值域定义在（–1,1）与 sigmoid 函数不同，tanh 函数分布是 0 均值的，见式（2-22）和图 2-7。

$$\tanh x = \frac{\sinh x}{\cosh x} = \frac{\mathrm{e}^{x} - \mathrm{e}^{-x}}{\mathrm{e}^{x} + \mathrm{e}^{-x}} \tag{2-22}$$

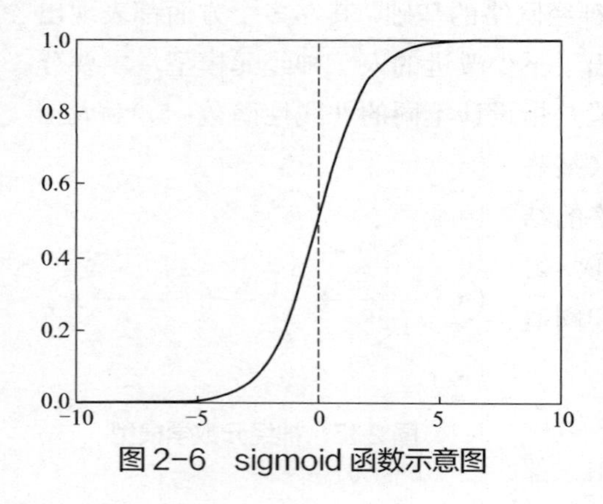

图 2-6　sigmoid 函数示意图

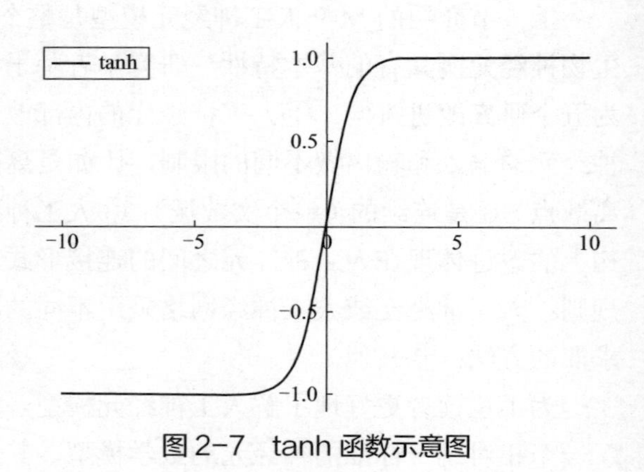

图 2-7　tanh 函数示意图

2.4 人工智能的控制论基础

1948 年，美国数学家诺波特·维纳发表了《控制论——或关于在动物和机器控制和通讯的科学》一书，被认为是控制论的诞生标志。在书中，维纳把控制论看作是一门研究机器、生命社会中控制和通讯的一般规律的科学，是研究动态系统如何在动态变化的环境下保持平衡状态或稳定状态的科学。根据维纳的定义，控制论是关于动物和机器中控制和通讯的科学，或是关于机器、机器人和人的科学。同年，图灵提交给英国科学院的论文《智能机器》里面将研究智能的方向划分成了“具身智能”（embodied intelligence）和“非具身智能”（disembodied intelligence）两类。其中，“具身智能”观点认为智能、认知都是与具体的身体、环境密切相关的，它们之间存在内在的和本质的关联，智能和认知两者必须在环境中以一个具体的身体结构和身体活动为基础，这恰好与控制论的观点一致。因此，基于“具身智能”研究方向形成的人工智能行为主义研究方法，又被称为人工智能控制论研究方法。鉴于控制论涉及研究领域较多，本小节仅集中介绍与人工智能有关的控制论基础知识：动态系统、反馈控制与最优控制；最后，我们分析控制论与强化学习之间关系。

2.4.1 动态系统

动态系统是指状态随时间而变化的系统。其具有这样的特点：系统的状态变量随时间有明显的变化，是时间的函数，系统状况可以由其状态变量随时间变化的信息（数据）来描述。

如图 2-8 所示，系统 $S(\theta_t)$ 在 t 的输入量 $u_1(t),\cdots,u_n(t)$ 被称为控制变量，而系统的输出量 $y_1(t),\cdots,y_n(t)$ 被称为观测变量。θ_t 是与系统状态相关的状态变量。假设系统为连续时变的线性系统，系统的行为，即输出量，由描述系统的函数通过输入量在时域上唯一确定。系统的行为可以分为静态和动态两类。其中动态系统的状态受过去影响，随时间变化，把动态系统当成一个黑匣子，仅考虑输入 $u(t)$ 和输出 $y(t)$ 的关系，可分为无记忆系统、因果系统、非因果系统。

无记忆系统在任意 t 时刻的输出，仅依赖于当前时刻，$y(t)=S\big(u(t),\theta_t\big)$。

因果系统在任意 t 时刻的输出不仅依赖于当前时刻 t 的输入，而且也依赖于到 t 时刻为止的历史时刻的输入，$y(t)=S\big(u(\tau),\theta_\tau\big),\tau\leqslant t$。

非因果系统在任意时刻 t 的输出不仅依赖于到 t 时刻为止的历史时刻的输入，而且依赖于未来时刻的输入。

动态系统与人工智能的序列模型存在紧密联系，比如循环神经网络中不同时间序列可以当作动态系统中不同状态。上述因果系统可以通过循环形式进行展开：

$$y(t)=S\big(y(t-1),\theta_t\big)=S\Big(S\big(y(t-2),\theta_{t-1}\big),\theta_t\Big) \tag{2-23}$$

我们也可以使用有向无环图呈现这样的表达，如图 2-9 所示。循环神经网络可以通过许多不同的方式建立，本质上任何涉及循环的函数都可以被认为是一个循环神经网络。因果动态系统表示为循环展开的计算图，每个节点表示在每个时刻的系统状态，每个箭头传递相应时刻的输出。

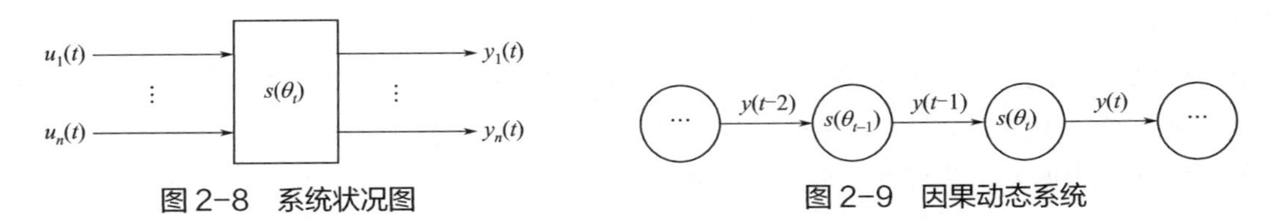

图 2-8　系统状况图　　图 2-9　因果动态系统

2.4.2 人工智能之反馈控制与最优控制

控制理论主要研究机器和工程过程中连续运行的动态系统的控制。控制理论旨在开发一种以最优动作控制此类系统的控制模型，避免出现系统延迟或超调情况，并确保控制的稳定性。控制理论两个主题都与人工智能存在紧密联系：反馈控制和最优控制。比如，神经网络中人工神经元之间信号信息传输机制就可以认为是一种反馈控制范式；强化学习中智能体与环境进行交互，选择最合适的动作过程可以看作一种最优控制。下面就介绍什么是反馈控制和最优控制。

2.4.2.1 反馈控制

反馈，是指基于测量得到实时的系统输出与目标输出之间的误差来减少系统误差。

如图 2-10 所示，输入信号 $r_{\text{in}}(t)$ 通过系统后产生了输出响应 $r_{\text{out}}(t)$，测量元件用于测量输出响应并反馈到输入端。为简化起见，假设理论上该系统的目标输出响应 $r_{\text{out}}(t)=r_{\text{in}}(t)$，则通过测量元件得到输出信号，与输入信号进行比较可以得到误差 $e(t)=r_{\text{in}}(t)-r_{\text{out}}(t)$。

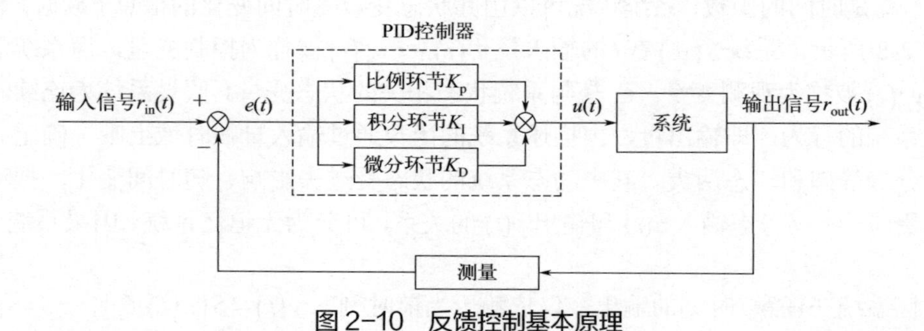

图 2-10 反馈控制基本原理

以 PID 控制算法为例来了解反馈控制的基本框架。PID 算法是一种典型的线性控制方法，通过偏差信号 $e(t)$ 的比例（P）、积分（I）和微分（D）来实现对被控对象的控制。其控制规律可以用以下公式表达：

$$u(t)=K_{\text{P}}\left[e(t)+\frac{1}{K_{\text{I}}}\int_0^t e(t)\,\mathrm{d}t+K_{\text{D}}\frac{\mathrm{d}\big(e(t)\big)}{\mathrm{d}t}\right] \tag{2-24}$$

式中，K_{P} 为比例系数；K_{I} 为积分时间常数；K_{D} 为微分时间常数；$u(t)$ 表示 PID 控制器的输出；$e(t)$ 表示输入控制器的误差信号。或写成传递函数形式：

$$G(s)=\frac{U(s)}{E(s)}=K_{\text{P}}\left(1+\frac{1}{K_{\text{I}}s}+K_{\text{D}}s\right) \tag{2-25}$$

比例环节负责成比例地反映控制系统的偏差信号，能迅速反映偏差，从而减少偏差，但是不能完全消除静差。静差是指系统控制过程趋于稳定时，给定值与输出量的实测值之间的差值。比例系数 K_{P} 越小，控制作用越小，系统响应越慢；反之，控制作用越强。积分环节的主要作用就是用于消除静差，提高系统的无差度。积分控制作用与误差 $e(t)$ 的存在时间有关，只要系统存在着偏差，积分环节就会不断起作用，对输入的误差进行积分。在积分时间足够的情况下，可以完全消除静差。积分作用的强弱取决于积分时间常数K_1，常数越大积分作用越弱，反之则越强。须注意的是，积分作用过强会使系统超调加大，甚至出现振荡。微分环节能反映偏差信号的变化速率，有助于减少超调，克服振荡。上述各环节分别从不同角度考虑了对于误差的控制，比例环节仅考虑常量误差的控制，积分环节考虑了误差以恒定速率的累积量，而微分误差进一步考虑了误差的变化速率的影响。

上述控制过程，实现由输入信号、系统、输出、测量、比较、误差，以及误差反馈所构成的经典闭环反馈控制框架。PID 控制器基于比例环节、积分环节以及微分环节对误差反馈进行处理得到最终的校正量，并将该校正量输入系统用于调节系统的输出。

2.4.2.2 最优控制

最优控制，是指在给定的约束条件下，寻求一个控制，使给定的系统性能指标达到极大值(或极小值)。相比常规的反馈控制，最优控制要求在给定条件下，寻找最优的控制方案。研究确定性系统的最优控制，主要包括以下几个部分。

（1）给出受控系统的动态描述，即状态方程

对于连续时间系统有$\boldsymbol{x}(t)=f\left[\boldsymbol{x}(t),\boldsymbol{u}(t),t\right]$，对于离散时间系统

$$\boldsymbol{x}(k+1)=f[\,\boldsymbol{x}(k),\ \boldsymbol{u}(k),k\,],k=0,1,\cdots,N-1$$

（2）明确控制作用域

在工程实际问题中，控制矢量$\boldsymbol{u}(t)$往往不能在实数空间中取任意值，而必须受到某些物理限制。设$\boldsymbol{u}(t)\in U$，把U称为控制集，$\boldsymbol{u}(t)$称为容许控制。

（3）明确初始条件

通常最优系统的初始时刻t_0是给定的，如果初始状态$\boldsymbol{x}(t_0)$也是给定的，则称固定始端。如果$\boldsymbol{x}(t_0)$是任意的，则称自由始端。如果$\boldsymbol{x}(t_0)$必须满足某些约束条件$\boldsymbol{C}\left[\boldsymbol{x}(t_0)\right]=0$，则相应的始端集为：$\boldsymbol{\Omega}_0=\{x_0\mid \boldsymbol{C}\left[\boldsymbol{x}(t_0)\right]=0\}$，此时$x_0\in\boldsymbol{\Omega}_0$称为可变始端。

（4）明确终端条件

终端条件$\boldsymbol{x}(t_\mathrm{f})$的情况与始端条件$\boldsymbol{x}(t_0)$类似。

（5）给出目标泛函数，即性能指标

对于连续时间系统，一般表示为：

$$J=\boldsymbol{\phi}\left[x(t_\mathrm{f})\right]+\int_{t_0}^{t_f}L\left[\boldsymbol{x}(t),\boldsymbol{u}(t),t\right]\mathrm{d}t \tag{2-26}$$

对于离散时间系统，一般表示为：

$$J=\boldsymbol{\phi}\left[x(N)\right]+\sum_{k=k_0}^{N-1}L\left[\boldsymbol{x}(k),\boldsymbol{u}(k),k\right] \tag{2-27}$$

上述形式的性能指标，由两部分组成，等式右边第一项反映对目标性能的要求，例如对目标的允许偏差等，成为终端目标函数。第二项中L为状态控制过程中的其它约束条件，例如时间、资源开销等，称为动态指标函数。

最优控制问题，就是从可供选择的容许控制集U中，寻求一个控制矢量$\boldsymbol{u}(t)$，使受控系统在时间域$\left[t_0,t_\mathrm{f}\right]$内，从初态$x(t_0)$转移到终态$x(t_\mathrm{f})$时，性能指标$J$取最小（大）值。满足上述条件的控制$\boldsymbol{u}(t)$称为最优控制$\boldsymbol{u}(t)^*$。在$\boldsymbol{u}(t)^*$作用下状态方程的解，称为最优轨迹$\boldsymbol{x}(t)^*$，

使性能指标 J 所达到的最优值，称为最优指标 J^*。常用于最优控制问题的求解方法有变分法以及动态规划法等。

2.4.3 控制论与强化学习

控制论与第 5 章强化学习内容既存在一致性，又存在区别。强化学习与最优控制和自适应控制有着密切的联系。更具体地说，它是指一类能够设计自适应控制器的方法，这些控制器可以在线实时学习用户指定的最优控制问题的解决方案。

在图 2-11 和图 2-12 中，我们分别给出了控制论和强化学习的抽象逻辑框图。控制论逻辑框图 2-11 主要包括参考输入、控制器、动作、系统、结果测量以及误差等组成部分。当优化后的输入信号 O_t 给到控制器之后，控制器做出响应，产生动作 A_t 作用于平台得到系统输出。测量系统输出，并将其与目标输出进行比较得到观测误差，进一步，观测误差被反馈回输入端优化系统控制，以期最小化系统输出与目标输出之间的差距，这是一个典型的输出反馈控制系统的逻辑框图。

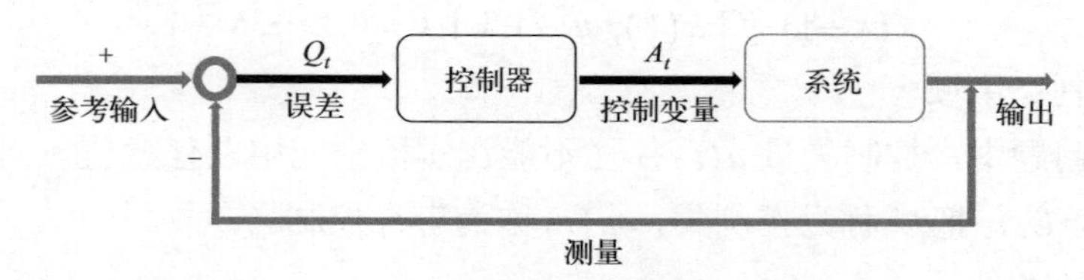

图 2-11 控制理论逻辑框图

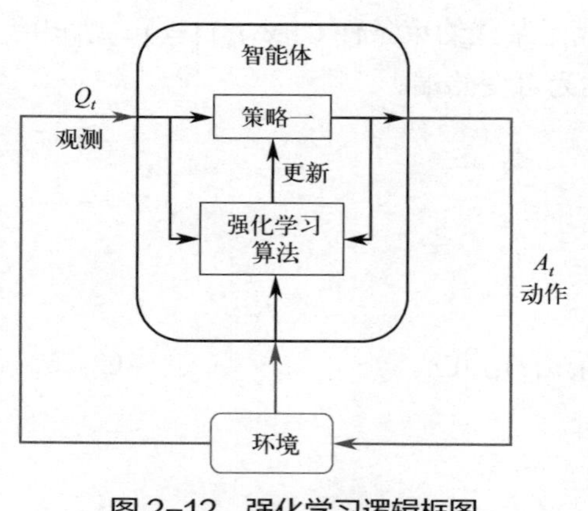

图 2-12 强化学习逻辑框图

在强化学习逻辑框图 2-12 中，智能体基于对环境的观测 Q_t，基于策略函数 $\pi(a|s)=P[A_t=a\,|\,S_t=s]$ 产生动作 A_t，S_t 表示智能体所处状态。动作 A_t 作用于环境，使得智能体状态发生改变，基于该动作以及动作的结果，智能体获得的奖励为 R_t。此外，智能体基于 t 时刻的观测、动作以及奖励 $[Q_t,A_t,R_t]$ 进一步更新策略，以期在下一时刻获得最优的奖励。

对两者进行对比分析，如表 2-2 所示。我们可以发现强化学习与控制理论有着相同的基本构件，对应两幅图中相应灰色线条所表示的部分。基于输出反馈控制的系统，其关键在于反馈和控制器的设计，为实现最优控制，通常需要控制工程师具备丰富的专业领域知识。例如，增益和参数很难调整。由此产生的控制器可能会带来实施挑战，例如非线性 MPC 的计算强度。而强化学习是目标导向型，关键在于行动与奖励或惩罚之间存在因果关系，一旦策略函数和回报函数设计完成之后，该方法可以较为鲁棒地适应各种情形。强化学习基于来自环境的实时评估信息，可以称为基于行动的学习。尤其近来随着深度强化学习的发展，可以使用经过强化学习训练的深度神经网络来实现此类复杂的控制器。这些系统可以在没有专家控制工程师干预的情况下自学。

表 2-2　强化学习与控制系统的组成部分

强化学习	控制系统
策略	控制器
环境	除了控制器之外都是环境
观测	从环境中得到的观测量，包括参考信号以及比较误差等
动作	操作变量或控制动作
奖励	性能指标或误差等
学习算法	自适应控制器的自适应机制

本章小结

本章主要围绕人工智能算法的理论基础展开介绍，概述了基于连接主义、符号主义以及行为主义的人工智能研究方法以及分别与之对应的人工智能的数学理论基础、生物学基础以及控制论基础。其中数学基础部分主要介绍了人工智能算法中常用的线性代数、概率论、微积分定理知识以及涉及人工智能优化算法的优化和信息理论，为本书机器学习、深度学习以及强化学习算法的学习准则和优化过程提供理论基础；生物学基础部分主要介绍了人脑视觉机理、生物神经元和人工神经元模型，为深度学习中的神经网络模型提供启发式引导；控制论基础部分主要介绍了动态系统、反馈控制与最优控制以及和强化学习之间的紧密联系，旨在帮助读者更好地理解强化学习。

习题

答案

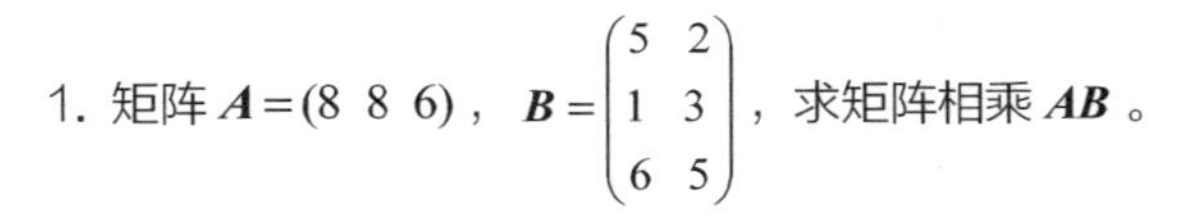
1. 矩阵 $\boldsymbol{A}=(8\ \ 8\ \ 6)$， $\boldsymbol{B}=\begin{pmatrix}5 & 2\\1 & 3\\6 & 5\end{pmatrix}$ ，求矩阵相乘 $\boldsymbol{AB}$ 。

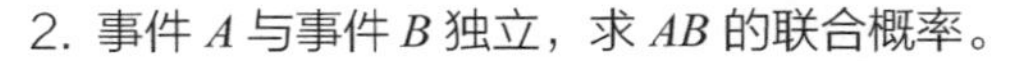
2. 事件 A 与事件 B 独立，求 AB 的联合概率。

3. 函数 $z=f(y^2,xy)$ ，其中 f 具有一阶连续偏导数，求 $\frac{\partial z}{\partial x},\frac{\partial z}{\partial y}$ 。

4. KL 散度和 JS 散度有什么异同?

5. 简述生物神经元与人工神经元的相似与不同点。

6. 简述经典 PID 控制器比例（P）、积分（I）以及微分（D）环节的优缺点?

本章参考文献

[1]　邱锡鹏. 神经网络与深度学习. 北京：机械工业出版社, 2020.

[2]　寿天德. 视觉信息处理的脑机制. 上海：上海科技教育出版社，1997.

[3]　[美]Thomas M.Cover Joy A. Thomas. 信息论基础. 2 版. 阮吉寿，张华，译. 北京：机械工业出版社，2007.

[4]　刘豹，唐万生. 现代控制理论. 3 版. 北京：机械工业出版社，2011.

[5]　徐心和,么健石. 有关行为主义人工智能研究综述[J]. 控制与决策，2004(03):241-246.DOI:10.13195/j.cd.2004.03.2.xuxh.001.

[6]　Fu H, Xu D, Lin S, et al. Object-based RGBD image co-segmentation with mutex constraint[C]//Proceedings of the IEEE conference on computer vision and pattern recognition. 2015: 4428-4436.

[7]　Zhang Z, Srivastava R, Liu H, et al. A survey on computer aided diagnosis for ocular diseases[J]. BMC medical informatics and decision making, 2014, 14(1): 1-29.

第3章

人工智能之机器学习

本章导读

正如《中国人工智能系列白皮书》指出，国内外科技企业巨头如谷歌、微软、亚马逊、华为、百度等纷纷成立以机器学习技术为核心的研究院，可以预见，在未来相当长的一段时间，机器学习领域的研究将以更广泛、更紧密的方式与工业界深度耦合，推动信息技术及产业的快速发展。

如图 3-1 所示，本章先从什么是机器学习这个基本概念出发，然后根据训练样本提供的信息以及反馈方式的不同，我们分别介绍监督学习（supervised learning）、无监督学习（unsupervised learning, UL）、弱监督学习（weakly-supervised learning）这 3 类典型的机器学习算法。

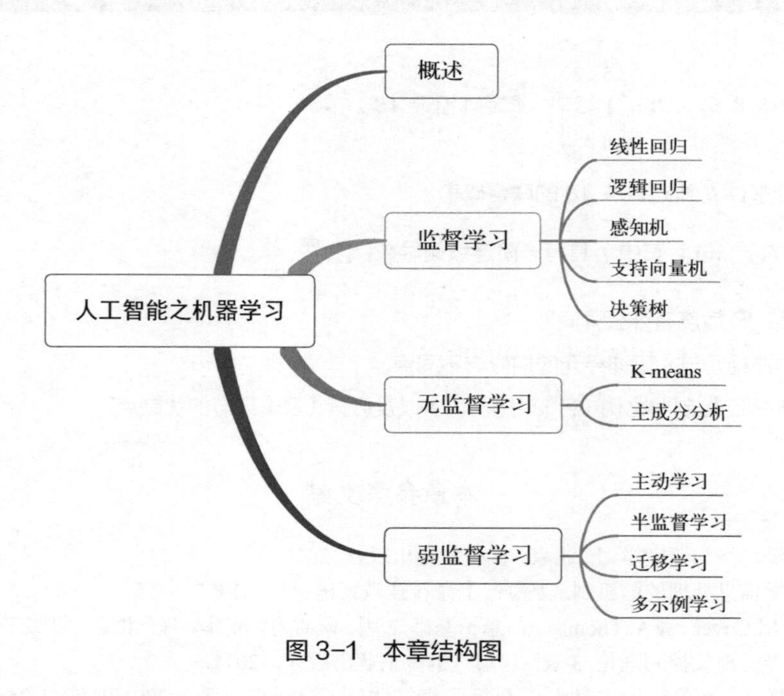

图 3-1　本章结构图

3.1 机器学习概述

机器学习（machine learning，ML）这一概念最早出现在 1956 年，由被誉为“机器学习之父”的亚瑟·塞缪尔（Arthur Samuel）提出，他认为“机器学习是在不直接针对问题进行编程的情况下，赋予计算机学习能力的一个研究领域”。这个定义比较抽象，随着时代的发展，机器学习的定义也一直在发生变化。从学科角度来看，机器学习是一门多领域交叉学科，涵盖概率论、统计学、微积分、计算机科学等。它致力于研究如何通过计算的手段使机器模拟或实现人类的学习方式，以获取新的知识或技能，同时对已有的知识结构进行重组，以此来不断提高自身的学习效率和性能。图 3-2 给出了机器学习的学习过程，即计算机通过输入大量的数据（训练集）进行训练建模，模型学习到数据的潜在分布规律，再对新输入的数据集（测试集）进行分类或预测。其中，训练集（training dataset）是指用于构建模型的数据样本；测试集（testing dataset）是用来评估模模型的泛化能力的数据样本；在机器学习算法的训练过程中还用到验证集（validation dataset），其作用是用于调整模型的超参数或对模型的泛化能力进行初步评估。为了大家便于了解训练集、验证集以及测试集之间的区别，以下通过学生的课程学习、课程作业和课程考试为例来比喻：

训练集——课程课本和老师课堂授课内容，学生根据课本和老师授课内容来掌握知识。

验证集——课程作业，通过作业可以知道学生学习情况和课程知识掌握程度。

测试集——课程考试，考试题型涵盖学生平时学习的知识点但题目学生此前并未接触过，考查学生举一反三的能力。

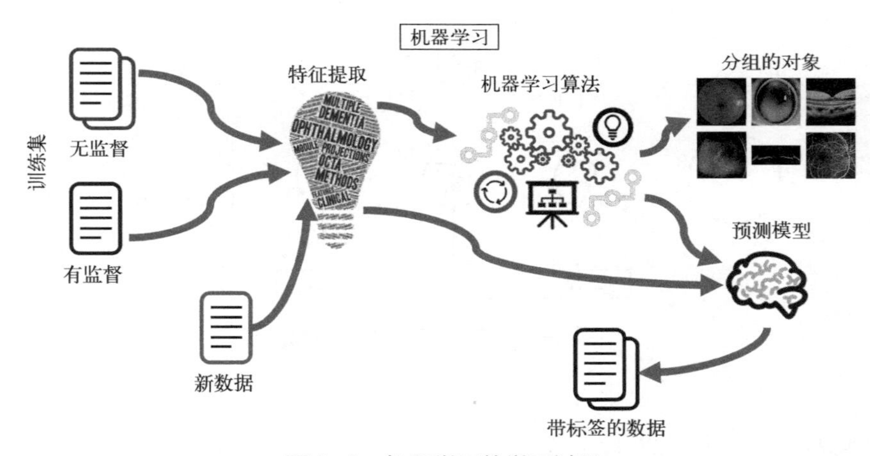

图 3-2　机器学习的学习过程

机器学习算法有多种分类，比如线性模型与非线性模型、统计学习和非统计学习方法。本章机器学习算法的类型分为三大类：监督学习（supervised learning）、无监督学习（unsupervised learning, UL）、弱监督学习（weakly supervised learning）。后面小节中，监督学习会重点介绍线性回归、逻辑回归、感知机、支持向量机、决策树、集成学习 6 种经典机器学习算法；无监督学习集中讲解 K-means 和主成分分析；弱监督学习主要介绍主动学习、半监督学习、迁移学习以及多示例学习。

3.2 监督学习

监督学习，顾名思义，需要学习的数据集是有标签的，是指利用已知标签的样本去调整

学习算法的参数，使之达到所要求性能的过程，这一过程又称有监督训练。从数学角度来看，

白内障

机器学习的目标是对数据样本的特征 x 和标签 y 之间的关系进行数学建模：$f(x,\theta)$或 $p(y|x,\theta)$，其中用于训练的样本都有标签，这类机器学习过程称为监督学习。在这里我们以眼科实例来介绍什么是样本（数据）的特征和标签（又称标记），比如眼科医生基于裂隙灯影像对白内障患者进行检查，会给出患者的白内障严重程度，比如轻度、中度、重度，其中，每个白内障患者的裂隙灯影像可视为数据集的样本，白内障严重程度可视为标签。

根据数据集的标签是连续的还是离散的，又可分为回归问题或分类问题两大类。前者是预测一个样本所对应的实数输出（连续的：0～4.2），比如给定一个人的裸眼视力、等效球镜度数和眼轴长度，来预测该人的近视严重程度；后者是预测一个样本所对应的类别（离散的：0,1,2,…,6,7），比如通过一个人的年龄、视力情况、散光与否以及泪液变化来判断其适合佩戴的隐形眼镜类别。经典的监督学习的基本流程如图 3-3 所示。

在本小节中，线性回归（linear regression）、逻辑回归（logistic regression）、感知机（perception）、支持向量机（support vector machine, SVM）、决策树（decision tree）、集成学习 6 种监督学习算法将会与第 1 章提及的经典应用——近视相结合对监督学习展开详细介绍。

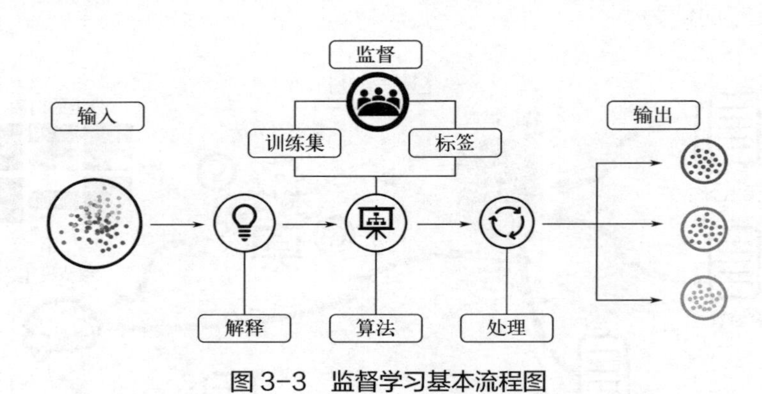

图 3-3　监督学习基本流程图

3.2.1　经典算法 1：线性回归

线性回归（linear regression，LR）模型是应用最广泛的监督学习算法之一，它通过对样本特征进行线性组合从而预测，能够直观地体现数据样本中各个特征对于预测结果的影响，具有较好的可解释性。给定一个具有 d 个特征的样本 $\boldsymbol{x}=[x_1,x_2,\cdots,x_d]$，其线性组合函数可通过以下公式表达：

$$f(\boldsymbol{x},\boldsymbol{w})=w_1x_1+w_2x_2+\cdots+w_dx_d+b=\boldsymbol{w}^{\mathrm{T}}\boldsymbol{x}+b \tag{3-1}$$

其中，$\boldsymbol{w}=[w_1,w_2,\cdots,w_d]$ 为特征对应的权重；b 为偏置。$\boldsymbol{w}$ 和 b 为线性回归模型在有监督训练过程中需要学习的参数，一旦确定，线性回归模型也随之确定。

线性回归模型通常用于解决回归问题，无法直接用于解决分类问题。解决分类问题需要引入一个非线性的决策函数或符号函数来实现连续变量输出到离散变量输出的转换。决策函

数 $g(\cdot)$ 的形式如下：

$$y=g\left(f\left(\boldsymbol{x},\boldsymbol{w}\right)\right) \tag{3-2}$$

式中，$f\left(\boldsymbol{x},\boldsymbol{w}\right)$ 是式（3-1）的线性回归方程，也称作判别函数。

对简单的二分类问题，决策函数 $g(\cdot)$ 可定义为

$$\begin{aligned} g\left(f\left(\boldsymbol{x},\boldsymbol{w}\right)\right)&=\operatorname{sgn}\left(f\left(\boldsymbol{x},\boldsymbol{w}\right)\right) \\ &\triangleq \begin{cases} +1, & f\left(\boldsymbol{x},\boldsymbol{w}\right)>0 \\ -1, & f\left(\boldsymbol{x},\boldsymbol{w}\right)\leqslant 0 \end{cases} \end{aligned} \tag{3-3}$$

这里将 $f\left(\boldsymbol{x},\boldsymbol{w}\right)=0$ 时，$g(\cdot)$ 的判断值规定为 -1。我们可以将上述简单的二分类模型的结构用图 3-4 表示。

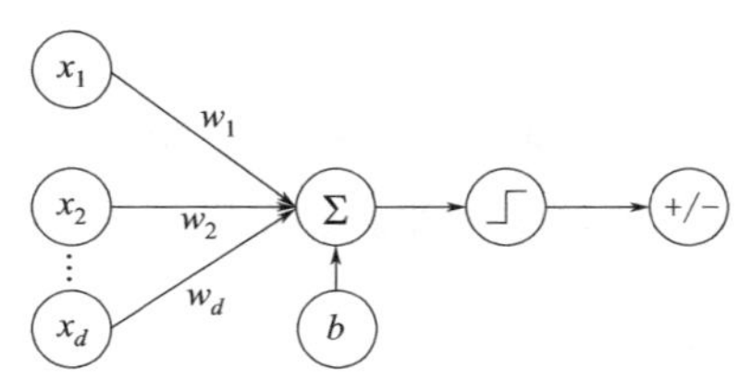

图 3-4　简单的二分类线性模型

使用线性回归模型解决实际回归或分类预测问题时，目标是尽可能准确地预测真实标签。我们这里通过一个常见的眼科问题——近视严重程度预测来介绍怎么训练线性回归模型来实现以上目标。

近视是一种常见的屈光不正类型。当眼在调节放松状态下，平行光线进入眼内，其聚焦在视网膜之前，从而导致视网膜上不能形成清晰像，称为近视。近年来，我国近视发生率呈明显上升趋势，近视已成为影响我国国民尤其是青少年眼健康的重大公共卫生问题。近视严重程度与许多临床特征有关，其中裸眼视力、等效球镜度数和眼轴长度是三个重要特征。在本例中，我们可以把第 i 个样本表示为 $\boldsymbol{x}_i=\left[x_{i1},x_{i2},x_{i3}\right]$。给定 5 个近视患者样本，每个样本都有以上三个特征，见表 3-1。

表 3-1　近视患者信息

样本编号 i	裸眼视力 x_{i1}	等效球镜度数 x_{i2}	眼轴长度 x_{i3}	近视程度 $y=f(x,w)$
1	4.5	−3	25	12.5
2	4	−4	25	12.6
3	4.5	−2.5	25	12.4
4	4.5	−2	20	10.3
5	3.5	−10.5	30	15.8

利用式（3-1）的线性回归模型，可以将样本的特征与近视严重程度之间的关系建模为如下形式：

$$f\left(\boldsymbol{x}_i,\boldsymbol{w}\right)=w_1x_{i1}+w_2x_{i2}+w_3x_{i3}+b=\boldsymbol{w}^{\mathrm{T}}\boldsymbol{x}_i+b \tag{3-4}$$

线性回归的目标就是学习上式中的参数 $\boldsymbol{w}=\left[w_1,w_2,w_3\right]$ 和 b。在机器学习任务中，通常使用损失函数来引导参数的学习或更新。损失函数是用于衡量预测值与真实值之间的误差的函数，是评估模型预测结果好坏的重要指标。线性回归中最常用的损失函数为均方误差。任务优化的目标是驱动模型学习到一组期望的参数，使样本的均方误差最小，即

近视相关知识

$$
\begin{aligned}
\left(\boldsymbol{w}^{*}, b^{*}\right) &= \underset{(\boldsymbol{w},b)}{\arg\min} \frac{1}{m} \sum_{i=1}^{m} \left(f\left(\boldsymbol{x}_i, \boldsymbol{w}\right) - y_i\right)^2 \\
&= \underset{(\boldsymbol{w},b)}{\arg\min} \frac{1}{m} \sum_{i=1}^{m} \left(y_i - \boldsymbol{w}\boldsymbol{x}_i - b\right)^2
\end{aligned} \tag{3-5}
$$

式中，m 为样本的数量。学习参数 $\boldsymbol{w}$ 和 b 的过程，就是最小化均方误差 $L = \frac{1}{m} \sum_{i=1}^{m} \left(y_i - \boldsymbol{w}^{\mathrm{T}}\boldsymbol{x}_i - b\right)^2$ 的过程，常用的方法有最小二乘法和第 4 章详细介绍的梯度下降法。这里，我们以梯度下降法为例来求解上述例子。我们基于均方误差 L 分别对参数 $\boldsymbol{w}$ 和 b 求导，得到

$$
\frac{\partial L}{\partial w_j} = -\frac{2}{m} \sum_{i=1}^{m} \left(y_i - \boldsymbol{w}^{\mathrm{T}}\boldsymbol{x}_i - b\right) x_{ij} \tag{3-6}
$$

$$
\frac{\partial L}{\partial b} = \frac{2}{m} \left(mb - \sum_{i=1}^{m} \left(y_i - \boldsymbol{w}^{\mathrm{T}}\boldsymbol{x}_i\right)\right) \tag{3-7}
$$

在本例中，我们将前三个样本作为训练集，剩余的两个样本作为验证集。设置随机初始化初值为 $\boldsymbol{w} = \left[w_1, w_2, w_3\right] = \left[0.3, -0.1, 0.5\right]$，$b = 1$。学习率的设置需根据实际训练情况调整，此处任意设置学习率 $\eta = 0.0001$。因此，可以计算得到训练集和验证集上的初始误差为

$$
L_{\text{train}} = \frac{1}{3} \sum_{i=1}^{3} \left(y_i - \boldsymbol{w}^{\mathrm{T}}\boldsymbol{x}_i - b\right)^2 \approx 6.8542
$$

$$
L_{\text{val}} = \frac{1}{2} \sum_{i=4}^{5} \left(y_i - \boldsymbol{w}^{\mathrm{T}}\boldsymbol{x}_i - b\right)^2 \approx 5.1763
$$

初值下各个参数的梯度为

$$
\frac{\partial L}{\partial w_1} = -\frac{2}{3} \sum_{i=1}^{3} \left(y_i - \boldsymbol{w}^{\mathrm{T}}\boldsymbol{x}_i - b\right) x_{i1} \approx 22.7167
$$

$$
\frac{\partial L}{\partial w_2} = -\frac{2}{3} \sum_{i=1}^{3} \left(y_i - \boldsymbol{w}^{\mathrm{T}}\boldsymbol{x}_i - b\right) x_{i2} \approx -16.4667
$$

$$
\frac{\partial L}{\partial w_3} = -\frac{2}{3} \sum_{i=1}^{3} \left(y_i - \boldsymbol{w}^{\mathrm{T}}\boldsymbol{x}_i - b\right) x_{i3} \approx 130.8333
$$

$$
\frac{\partial L}{\partial b} = \frac{2}{3} \left(3b - \sum_{i=1}^{3} \left(y_i - \boldsymbol{w}^{\mathrm{T}}\boldsymbol{x}_i\right)\right) \approx 5.2333
$$

经过一次迭代，各个参数更新为

$$
w_1' = w_1 - \eta \frac{\partial L}{\partial w_1} \approx 0.2977
$$

$$
w_2' = w_2 - \eta \frac{\partial L}{\partial w_2} \approx -0.0984
$$

$$
w_3' = w_3 - \eta \frac{\partial L}{\partial w_3} \approx 0.4869
$$

$$
b' = b - \eta \frac{\partial L}{\partial b} \approx 0.9995
$$

可更新 $w_1 = w_1' = 0.2977$，$w_2 = w_2' = -0.0984$，$w_3 = w_3' = 0.4869$，$b = b' = 0.9995$。从而可以计算经过一次迭代后的误差为

$$L_{\text{train}} = \frac{1}{3}\sum_{i=1}^{3}\left(y_i - \boldsymbol{w}^{\mathrm{T}}\boldsymbol{x}_i - b\right)^2 \approx 5.1767$$

$$L_{\text{val}} = \frac{1}{2}\sum_{i=4}^{5}\left(y_i - \boldsymbol{w}^{\mathrm{T}}\boldsymbol{x}_i - b\right)^2 \approx 3.7186$$

从上述结果我们可以看到经过一次迭代后，训练集和验证集的误差都有所下降。接下来按照上述过程继续迭代，直到模型收敛。

线性回归模型虽然简单，但通过在其基础上引入一些非线性操作或映射，我们可以将线性模型用于诸如分类这样的任务中，使线性模型不再局限于解决回归任务。

3.2.2 经典算法 2：逻辑回归

逻辑回归（logistic regression）是用于解决分类问题的线性模型。本书前面提到，由于线性回归的输出是一个连续值，它无法直接用于分类问题，因此需要引入一个非线性的决策函数来构建模型的连续实数输出与分类标签的离散值联系。

在二分类问题中，分类标签y常表述为$y \in \{0,1\}$，负类用0表示，正类用1表示。在二分类问题中，通常引入一个非线性函数$g(\cdot)$（也称激活函数）来预测类别为1时的后验概率$p(y=1|\boldsymbol{x})$。这里用$f(\boldsymbol{x},\boldsymbol{w})=\boldsymbol{w}^{\mathrm{T}}\boldsymbol{x}+b$表示线性模型，因此逻辑回归模型可以表示为

$$p(y=1|\boldsymbol{x}) = g\left(f(\boldsymbol{x},\boldsymbol{w})\right) \tag{3-8}$$

逻辑回归中常用的非线性函数是 sigmoid 函数，它可以将线性函数的输出映射到$(0,1)$区间内的，即这里的$g(\cdot)=\text{sigmoid}(\cdot)$。从而，类别为1时的后验概率$p(y=1|\boldsymbol{x})$可以表示为

$$p(y=1|\boldsymbol{x}) = \frac{1}{1+\mathrm{e}^{-\left(\boldsymbol{w}^{\mathrm{T}}\boldsymbol{x}+b\right)}} \tag{3-9}$$

则二分类问题中类别为0的后验概率为

$$p(y=0|\boldsymbol{x}) = 1 - p(y=1|\boldsymbol{x}) = \frac{1}{1+\mathrm{e}^{\boldsymbol{w}^{\mathrm{T}}\boldsymbol{x}+b}} \tag{3-10}$$

进一步对式（3-10）进行变换可得

$$\boldsymbol{w}^{\mathrm{T}}\boldsymbol{x}+b = \ln\frac{p(y=1|\boldsymbol{x})}{1-p(y=1|\boldsymbol{x})} = \ln\frac{p(y=1|\boldsymbol{x})}{p(y=0|\boldsymbol{x})} \tag{3-11}$$

上式中$\frac{p(y=1|\boldsymbol{x})}{p(y=0|\boldsymbol{x})}$即为概率，即样本$\boldsymbol{x}$为类别 1 与类别 0 后验概率的比值。$\ln\frac{p(y=1|\boldsymbol{x})}{p(y=0|\boldsymbol{x})}$则称为对数概率。根据式(3-11)，可以将逻辑回归理解为对样本的对数概率进行预测的线性模型，其结构如图 3-5 所示。

这里我们通过一个判断近视与非近视的二分类问题来进一步理解逻辑回归模型如何应用。这里，我们采用近视严重程度预测问题中裸眼视力、等效球镜度数和眼轴长度这三个特征来判断是否近视，同样用$\boldsymbol{x}_i=[x_{i1},x_{i2},x_{i3}]$表示它们。样本标签$y \in \{0,1\}$，0 表示非近视，1 表示近视。

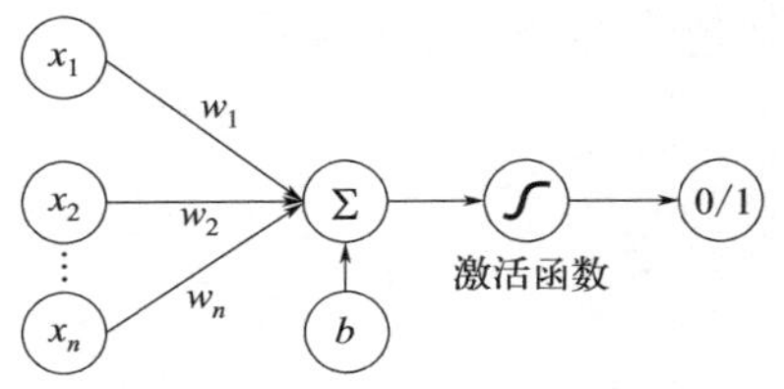

图 3-5 逻辑回归模型

给定 5 个样本，见表 3-2。

表 3-2　近视与非近视样本信息

样本编号 i	裸眼视力 x_{i1}	等效球镜度数 x_{i2}	眼轴长度 x_{i3}	是否近视 $y=f(x,w)$
1	5.1	−1.25	23.06	0
2	4.6	−1.13	23.24	1
3	4.6	−1.13	24.62	1
4	5	−1.13	23.06	0
5	4.9	−0.88	23.67	1

逻辑回归同样是使用特征的线性组合来进行建模，形式如下

$$f(\boldsymbol{x},\boldsymbol{w}) = w_1 x_{i1} + w_2 x_{i2} + w_3 x_{i3} + b \tag{3-12}$$

模型输出类别为1的预测概率，这里使用 p_i 来简化表示，形式如下

$$p_i = \sigma\left(f(\boldsymbol{x},\boldsymbol{w})\right)$$

$$\sigma\left(f(\boldsymbol{x},\boldsymbol{w})\right) = \frac{1}{1+\mathrm{e}^{-f(x_i)}} \tag{3-13}$$

则模型将样本类别预测为0的概率为$1-p_i$。

在分类任务中，通常使用交叉熵损失函数来对参数进行优化。优化的目标是找到一组参数，使样本的交叉熵损失最小，即

$$\left(\boldsymbol{w}^*, b^*\right) = \arg\min_{(w,b)} \frac{1}{n}\sum_{i=1}^{n} -\left[y_i \cdot \log(p_i) + (1-y_i)\cdot \log(1-p_i)\right] \tag{3-14}$$

交叉熵损失L对各个参数进行求导，可得

$$\begin{aligned} \frac{\partial L}{\partial w_j} &= -\frac{1}{n}\sum_{i=1}^{n} x_{ij}(y_i - p_i) \\ \frac{\partial L}{\partial b} &= -\frac{1}{n}\sum_{i=1}^{n}(y_i - p_i) \end{aligned} \tag{3-15}$$

在本例中，我们将前三个样本作为训练集，剩余两个样本作为验证集。设置随机初始化初值为 $\boldsymbol{w} = [w_1, w_2, w_3] = [1,1,1]$，$b=1$。此处任意设置学习率 $\eta = 0.1$（通常根据实际训练情况选择）。因此，可以计算得到训练集和验证集上的初始误差为

$$L_{\text{train}} = \frac{1}{3}\sum_{i=1}^{3} -\left[y_i \log(p_i) + (1-y_i)\log(1-p_i)\right] = 9.3034$$

$$L_{\text{val}} = \frac{1}{2}\sum_{i=4}^{5} -\left[y_i \log(p_i) + (1-y_i)\log(1-p_i)\right] = 13.9650$$

初值下各个参数的梯度为

$$\frac{\partial L}{\partial w_1} = -\frac{1}{3}\sum_{i=1}^{3} x_{i1}(y_i - p_i) = 1.7000$$

$$\frac{\partial L}{\partial w_2} = -\frac{1}{3}\sum_{i=1}^{3} x_{i2}(y_i - p_i) = -0.4167$$

$$\frac{\partial L}{\partial w_3}=-\frac{1}{3}\sum_{i=1}^{3}x_{i3}(y_i-p_i)=7.6867$$

$$\frac{\partial L}{\partial b}=-\frac{1}{3}\sum_{i=1}^{3}(y_i-p_i)=0.3333$$

经过一次迭代，各个参数更新为

$$w_1'=w_1-\eta\frac{\partial L}{\partial w_1}=0.8300$$

$$w_2'=w_2-\eta\frac{\partial L}{\partial w_2}=1.04167$$

$$w_3'=w_3-\eta\frac{\partial L}{\partial w_3}=0.23133$$

$$b'=b-\eta\frac{\partial L}{\partial b}=0.96667$$

可得 $w_1=w_1'=0.8300$，$w_2=w_2'=1.04167$，$w_3=w_3'=0.23133$，$b=b'=0.96667$。从而可以计算经过一次迭代后的误差为

$$L_{\text{train}}=\frac{1}{3}\sum_{i=1}^{3}-\left[y_i\log(p_i)+(1-y_i)\log(1-p_i)\right]=3.0775$$

$$L_{\text{val}}=\frac{1}{2}\sum_{i=4}^{5}-\left[y_i\log(p_i)+(1-y_i)\log(1-p_i)\right]=4.6371$$

上述过程即为使用梯度下降法求解近视与非近视二分类问题迭代一次的计算过程。经过一次迭代后，训练集和验证集的误差都有一定程度的下降。在实际应用中，模型将根据上述过程继续迭代优化参数，直至模型收敛。

逻辑回归模型不仅可用于二分类问题，还可用于解决多分类问题。逻辑回归在多分类问题上的推广称为 softmax 回归，通过引入非线性激活函数 softmax 实现。

解决多分类问题

从上述讨论中不难看出，逻辑回归实际上是在线性回归模型的基础上引入非线性函数，将预测结果转换为对应类别的概率预测，这对于一些需要利用概率进行辅助决策的任务很有帮助。

除了线性回归和逻辑回归外，还有许多其他常用的回归模型，用于解决不同类型的实际问题。本书简单列举了其他常用的回归模型，见表 3-3。

表 3-3　其他常见的回归模型

模型	形式	特点
多项式回归	一元 m 次多项式回归方程：$f(\boldsymbol{x},\boldsymbol{w})=w_0+w_1x+w_2x^2+\cdots+w_mx^m$	通过增加 x 的幂次数对数据进行拟合逼近，但容易出现过拟合。适用于对非线性关系建模
逐步回归		当处理多个独立变量时，逐步回归模型提供了一种线性回归模型自变量的选择方法。在每一步中剔除模型中经检验不显著的变量或引入新变量。适用于研究多个变量之间的依赖关系

续表

模型	形式	特点
岭回归	岭系数最小化惩罚残差平方和： $\min_{w}\lVert xw-y\rVert_2^2+\alpha\lVert w\rVert_2^2$	改良的最小二乘估计法。通过对线性回归模型的系数施加惩罚，以损失最小二乘法的无偏性为代价，换取数值的稳定性。适用于数据存在多重共线性（自变量高度相关）的情形
套索回归	最小化目标函数： $\min_{w}\frac{1}{2n}\lVert xw-y\rVert_2^2+\alpha\lVert w\rVert_1$	惩罚线性回归模型系数的绝对值，用于产生稀疏的线性模型，有效地减少了模型所依赖的特征数量。适用于特征选择
弹性网络回归	最小化目标函数： $\min_{w}\frac{1}{2n}\lVert xw-y\rVert_2^2+\alpha\lVert w\rVert_1+\frac{\alpha(1-\rho)}{2}\lVert w\rVert_2^2$	套索回归与岭回归的结合，在保留套索回归用于特征选择的性质同时，兼顾岭回归的稳定性。适用于存在多个相关特征的情形

3.2.3 经典算法 3：感知机

感知机（perceptron）算法由 Frank Rosenblatt 于 1957 年发明，是一种经典的神经网络架构，也是一种广泛使用的线性分类器，其结构见图 3-6。感知机是对生物神经元的一种简单数学模拟，它与第 2 章介绍的生物神经元相对应，其中输入对应树突，权重对应突触，偏置对应阈值，激活函数对应细胞体，输出对应轴突。感知机也是一种简单二分类线性模型，其表达式如式（3-16）所示：

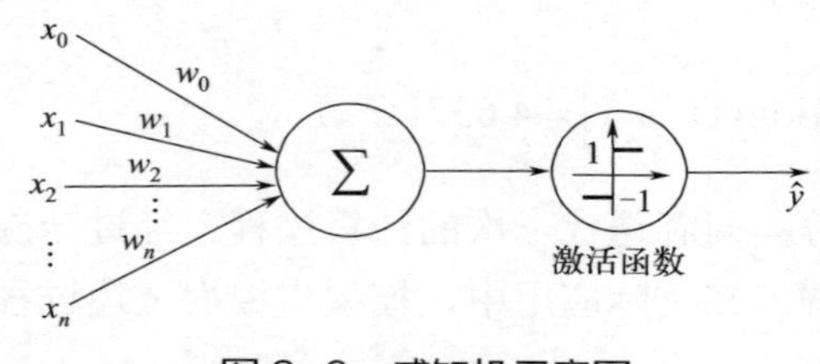

图 3-6　感知机示意图

$$\hat{y}=\mathrm{sgn}(\boldsymbol{w}^{\mathrm{T}}\boldsymbol{x}) \tag{3-16}$$

其中，$\hat{y}$ 表示预测的目标值；$\boldsymbol{w}$ 为可学习的权重向量；$\boldsymbol{x}$ 为输入特征，sgn()为符号函数，在这里用作激活函数。

感知机训练算法是一种基于错误驱动的在线学习算法，首先初始化一个权重向量 $\boldsymbol{w}$，通常将其初始化为全零向量（也可以从正态分布中采样），然后每次错分一个样本时，即 $y\hat{y}\leqslant 0$，则用该样本更新权重，权重更新规则可如式（3-17），

$$\boldsymbol{w}\xleftarrow{\text{更新}}\boldsymbol{w}+y\boldsymbol{x} \tag{3-17}$$

具体感知机算法训练过程可见算法 3.1。

算法 3.1：感知机训练算法

输入：数据集 $D=\{(x_1,y_1),(x_2,y_2),\cdots,(x_n,y_n)\}$

1: 初始化：$w\leftarrow 0$

2: repeat

3:　　$\hat{y}_i=\mathrm{sgn}(w^{\mathrm{T}}x_i)$

4:　　if　$\hat{y}_i y_i\leqslant 0$　then

5:　　　　$w\leftarrow w+y_i x_i$

6:　until　所有样本均被分类正确

为了能够使读者更加直观地理解感知机算法，我们仍用近视样本数据集的患者的近视程度进行是否属于严重近视的自动诊断算法开发为例讲解感知机算法的整个训练流程。假设患有严重近视为+1，而未患有严重近视为–1，以 5 个近视患者样本为例，每一个样本有裸眼视力、等效球镜度数和眼轴长度三个特征，并包含是否为严重近视的标签(+1 或者–1)，数据可见表 3-4。

表 3-4 近视样本数据集

样本编号（i）	裸眼视力（x_{i1}）	等效球镜度数（x_{i2}）	眼轴长度（x_{i3}）	是否为严重近视（y）
1	3.7	–10.5	27.49	+1
2	4.8	0.13	21.75	–1
3	4.9	1.25	22.31	–1
4	3.8	–6.38	24.71	+1
5	5.0	–0.38	22.79	–1

选取前三个样本作为训练集样本，后两个样本作为测试集样本，并设定最大训练次数 E=4。在此为方便展示，利用迭代(iteration)次数表示当前状态，根据算法 3.1 进行迭代训练，训练过程如表 3-5 所示。

表 3-5 感知机训练过程

迭代次数	$\boldsymbol{x}$	y	$\hat{y}$	$\boldsymbol{w}$
0	(3.7, –10.5, 27.49)	+1	0	(0, 0, 0)
1	(4.8, 0.13, 21.75)	–1	+1	(3.7, –10.5, 27.49)
2	(4.9, 1.25, 22.31)	–1	+1	(–1.1, –10.63, 5.74)
3	(4.8, 0.13, 21.75)	–1	–1	(–6., –11.88, –16.57)
4	(3.7, –10.5, 27.49)	+1	–1	(–6., –11.88, –16.57)
5	(4.9, 1.25, 22.31)	–1	+1	(–2.3, –22.38, 10.92)
6	(3.7, –10.5, 27.49)	+1	–1	(–7.2, –23.63, –11.39)
7	(4.9, 1.25, 22.31)	–1	+1	(–3.5, –34.13, 16.1)
8	(4.8, 0.13, 21.75)	–1	–1	(–8.4, –35.38, –6.21)
9	(3.7, –10.5, 27.49)	+1	+1	(–8.4, –35.38, –6.21)
10	(4.9, 1.25, 22.31)	–1	–1	(–8.4, –35.38, –6.21)
11	(4.8, 0.13, 21.75)	–1	–1	(–8.4, –35.38, –6.21)

从表 3-5 可以看出，当模型的输出与标签不一致时就会更新权重 $\boldsymbol{w}$，如果更新的权重能够准确地预测数据集中的点时，$\boldsymbol{w}$ 会停止更新（在迭代步为 7 时更新权重，得到了一组可以准确预测整个数据集中样本点的参数，从迭代步为 8 之后便停止了更新）。因此对于上述的数据集我们得到了一组权重参数 $\boldsymbol{w}=(-8.4,-35.38,-6.21)$，将这组参数代入到测试集的两个样本中得到的预测结果如表 3-6 所示，可以看出这组参数能够很好地区分测试集中的样本，因此

这组参数是用于预测是否严重近视的较优参数。

表 3-6 训练得到的参数在测试集中的预测结果

x	$\hat{y}$	y
(3.8, −6.38, 24.71)	+1	+1
(5.0, −0.38, 22.79)	−1	−1

3.2.4 经典算法 4：支持向量机

支持向量机（support vector machine, SVM）最初是由 Vladimir N. Vapnik 和 Alexey Ya. Chervonenkis 在 1963 年提出来的一种用于解决二分类问题的算法，经过不断的改进，现在 SVM 已经成为了一种通用的机器学习算法，并且成功应用于很多领域。例如利用 SVM 处理邮件信息，可以判断一封邮件是否为垃圾邮件。SVM 的核心概念是最大化分类间隔。经过几十年的发展，研究学者提出了不少 SVM 的变体。为了让读者较好地理解 SVM 算法的基本思想，本节除了介绍硬间隔 SVM 和软间隔 SVM 这两种 SVM 算法，同时简略介绍基于核技巧的 SVM 算法。在介绍 SVM 之前，我们先简单介绍一下什么是线性可分问题以及最大间隔超平面与支持向量，这有助于更好地理解 SVM 算法。

3.2.4.1 线性可分问题

在二维坐标空间中，线性可分问题是指可以用一条直线将两个类别完全分开，如图 3-7 所示，其中灰色点代表某一种类别的样本，而黑色点代表另一种类别的样本，这两个类别的样本可以由直线完全区分开，即这两个类别是线性可分的。

从数学角度来分析，线性可分的定义：假设 D_0 与 D_1 是欧氏空间中两个点集，如果存在 n 维向量 $\boldsymbol{w}$ 和实数 b，使得所有属于 D_0 的点 $\boldsymbol{x}_i$ 都有 $\boldsymbol{w}\boldsymbol{x}_i + b > 0$，而对于所有属于 D_1 的点 $\boldsymbol{x}_j$ 则有 $\boldsymbol{w}\boldsymbol{x}_i + b < 0$，则称 D_0 和 D_1 线性可分。

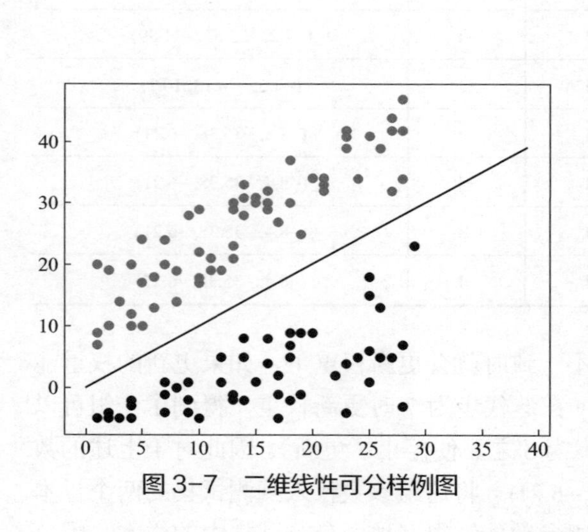

图 3-7 二维线性可分样例图

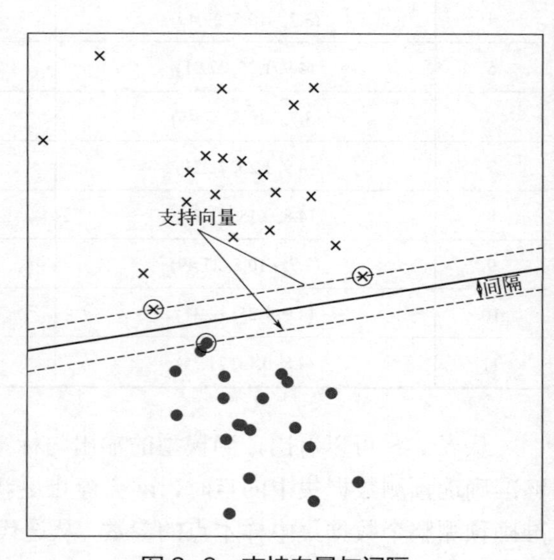

图 3-8 支持向量与间隔

3.2.4.2 最大间隔超平面与支持向量

我们一般将线性可分的两个集合分开的线所在的平面被称为超平面，而最大间隔超平面是指当两个点集 D_0 与 D_1 可以完全被线 $\boldsymbol{w}\boldsymbol{x}_i+b=0$ 分开时，两个点集中的所有点距离该线的距离都最大，这时候该线所在的平面被称为最大间隔超平面。其中，支持向量则是点集 D_0 与 D_1 中距离线最近的点构成的向量。如图 3-8 所示，图中的两条灰色虚线则表示支持向量，灰色实线则是决策函数的可视化，实线和虚线的距离则称为间隔。

3.2.4.3 硬间隔支持向量机

SVM 的基本思想就是使各类样本点到超平面的距离最远，即找到最大间隔超平面。任意超平面可以用以下公式来描述:

$$\boldsymbol{w}^{\mathrm{T}}\boldsymbol{x}+b=0 \tag{3-18}$$

在二维空间中点 (x,y) 到直线 $Ax+By+C=0$ 的距离可由式（3-19）计算:

$$\frac{|Ax+By+C|}{\sqrt{A^2+B^2}} \tag{3-19}$$

将其扩展到 n 维空间即可得到点 $\boldsymbol{x}=(x_1,x_2,\cdots,x_n)$ 到直线 $\boldsymbol{w}^{\mathrm{T}}\boldsymbol{x}+b=0$ 的距离为

$$\frac{|\boldsymbol{w}^{\mathrm{T}}\boldsymbol{x}+b|}{\|\boldsymbol{w}\|} \tag{3-20}$$

其中，$\|\boldsymbol{w}\|=\sqrt{w_1^2+w_2^2+\cdots+w_n^2}$ 。如果图 3-8 中“×”代表 $y=1$，“●”代表 $y=-1$，那么图中所示的支持向量到超平面的距离 d 可表示为:

$$d=\frac{|\boldsymbol{w}^{\mathrm{T}}\boldsymbol{x}+b|}{\|\boldsymbol{w}\|} \tag{3-21}$$

支持向量机的目标是最大化支持向量到超平面的距离，因此可得到如式（3-22）的方程:

$$\begin{cases}\dfrac{|\boldsymbol{w}^{\mathrm{T}}\boldsymbol{x}+b|}{\|\boldsymbol{w}\|}\geqslant d,y=1\\[2ex]\dfrac{|\boldsymbol{w}^{\mathrm{T}}\boldsymbol{x}+b|}{\|\boldsymbol{w}\|}\leqslant -d,y=-1\end{cases} \tag{3-22}$$

合并以上方程可得到:

$$y\frac{|\boldsymbol{w}^{\mathrm{T}}\boldsymbol{x}+b|}{\|\boldsymbol{w}\|}\geqslant d \tag{3-23}$$

而 $y\in\{-1,1\}$，因此可以直接令 $d=1$（归一化距离为 1），得到如式（3-24）所示的方程:

$$y\frac{(\boldsymbol{w}^{\mathrm{T}}\boldsymbol{x}+b)}{\|\boldsymbol{w}\|}\geqslant 1 \tag{3-24}$$

如要保证点集中任何一点都满足该条件，需要在点集中找到距离最小的点，并最大化这个点到超平面的距离，那么需要优化的目标函数:

$$\max\frac{1}{\|\boldsymbol{w}\|}\min y(\boldsymbol{w}^{\mathrm{T}}\boldsymbol{x}+b) \tag{3-25}$$

根据式（3-24）又可以得到 $y(\boldsymbol{w}^{\mathrm{T}}\boldsymbol{x}+b)\geqslant 1$，因此可以将式（3-25）转换为:

$$\begin{cases} \max \dfrac{1}{\| \boldsymbol{w} \|} \\ \text{s.t.} \quad y(\boldsymbol{w}^{\mathrm{T}} \boldsymbol{x}+b) \geqslant 1 \end{cases} \tag{3-26}$$

由于一般不做最大值优化，通常将式（3-26）转换为式（3-27）（此处添加 1/2 是为了方便后续推导，且乘上 1/2 并不影响优化）：

$$\min \frac{1}{2} \boldsymbol{w}^{\mathrm{T}} \boldsymbol{w} \quad \text{s.t.}\ y(\boldsymbol{w}^{\mathrm{T}} \boldsymbol{x}+b) \geqslant 1 \tag{3-27}$$

上式在样本较少且维度较低时可以直接用于 SVM 的优化，但是当样本数量很大或者维度很高时将则需要优化该公式。对式（3-27）进行拉格朗日乘子展开可以得到:

$$L(\boldsymbol{w}, b, \lambda) = \frac{1}{2} \boldsymbol{w}^{\mathrm{T}} \boldsymbol{w} + \sum_{i=1}^{N} \lambda_i [1 - y_i (\boldsymbol{w}^{\mathrm{T}} \boldsymbol{x}_i + b)] \tag{3-28}$$

其中 λ_i 是拉格朗日乘子。那么，优化的目标函数转变为:

$$\begin{cases} \min\limits_{w,b} \max\limits_{\lambda} \ L(\boldsymbol{w}, b, \lambda) \\ \text{s.t.} \ \ \lambda_i \geqslant 0 \end{cases} \tag{3-29}$$

利用强对偶性（这里是因为函数本身满足 KKT（Karush-Kuhn-Tucker）条件，所以存在强对偶关系，有兴趣的读者可以查阅相关资料了解 KKT 条件与对偶问题）可将式（3-29）转换为:

参考资料

$$\begin{cases} \max\limits_{\lambda} \min\limits_{w,b} \ L(\boldsymbol{w}, b, \lambda) \\ \text{s.t.} \ \ \lambda_i \geqslant 0 \end{cases} \tag{3-30}$$

对 $\boldsymbol{w}$ 和 b 分别求偏导可得:

$$\begin{aligned} \frac{\partial L}{\partial \boldsymbol{w}} &= \boldsymbol{w} - \sum_{i=1}^{n} \lambda_i x_i y_i = 0 \\ \frac{\partial L}{\partial b} &= \sum_{i=1}^{n} \lambda_i y_i = 0 \end{aligned} \tag{3-31}$$

将结果代入式（3-28）可得：

$$L(\boldsymbol{w}, b, \lambda) = \sum_{i=1}^{N} \lambda_i - \frac{1}{2} \sum_{i=1}^{N} \sum_{j=1}^{N} \lambda_i \lambda_j y_i y_j (x_i \cdot x_j) \tag{3-32}$$

也就是:

$$\min_{w,b} L(\boldsymbol{w}, b, \lambda) = \sum_{i=1}^{N} \lambda_i - \frac{1}{2} \sum_{i=1}^{N} \sum_{j=1}^{N} \lambda_i \lambda_j y_i y_j (x_i \cdot x_j)$$

此时便得到了 $\boldsymbol{w}$，将其代入式中（3-22）中即可求得 b，求得 $\boldsymbol{w}$ 和 b 后硬间隔支持向量机的超平面的函数便确定了。有了超平面函数，便可利用符号函数等作为激活函数预测样本所属的类别。

3.2.4.4 软间隔支持向量机

在实际应用中完全线性可分的场景很少，大部分场景中都会存在如图 3-9 所示的有一部分样本点分布在间隔内的情况，如果按照上一小节中的硬间隔支持向量机去寻找的支持向量则找不到所需的支持向量。这时需要通过放松间隔标准的方法去解决这一类问题，即允许部分点在分类间隔内（如图 3-9 所示），符合这种情况的支持向量机被称为软间隔支持向量机。为达到这个目标，通常引入松弛变量（slack variable）ξ_i，加上松弛变量后的 SVM 的目标函数则变成如式（3-33）所示：

$$\max \frac{1}{\|\boldsymbol{w}\|} \min y(\boldsymbol{w}^{\mathrm{T}}\boldsymbol{x}+b)+\sum_{i=1}^{m}\xi_i \tag{3-33}$$

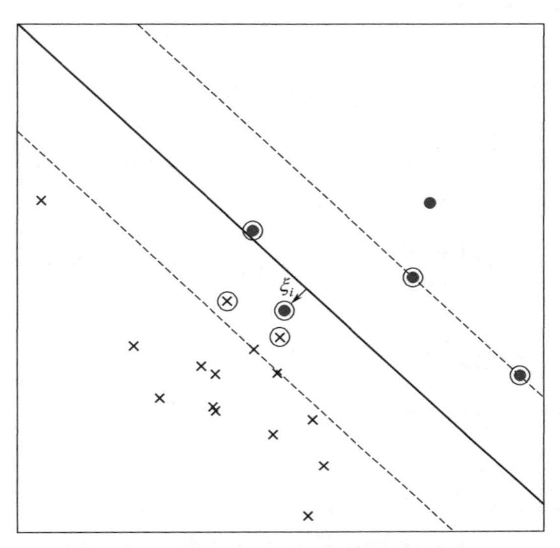

图 3-9　无法获得最佳决策面场景示例

同样利用拉格朗日乘子展开，得到：

$$L(\boldsymbol{w},\boldsymbol{b},\xi,\lambda,\mu) = \frac{1}{2}\boldsymbol{w}^{\mathrm{T}}\boldsymbol{w} + C\sum_{i=1}^{m}\xi_i+\sum_{i=1}^{N}\lambda_i[1-\xi_i-y_i(\boldsymbol{w}^{\mathrm{T}}x_i+b)]-\sum_{i=1}^{n}\mu_i\xi_i \tag{3-34}$$

式中，μ 和 λ 为拉格朗日乘子，对式（3-34）求偏导并令偏导值为 0，即可得到：

$$\boldsymbol{w}=\sum_{i=1}^{m}\lambda_i y_i x_i,\ \sum_{i}^{m}\lambda_i y_i=0,\ C=\lambda_i+\mu_i \tag{3-35}$$

随后，将得到的值 $\boldsymbol{w}$ 代回式（3-34）中即可得到：

$$\begin{gathered}\min_{\lambda}\left[\frac{1}{2}\sum_{i=1}^{n}\sum_{j=1}^{n}\lambda_i\lambda_j y_i y_j(x_i\cdot x_j)-\sum_{i=1}^{n}\lambda_i\right]\\ \text{s.t}\sum_{i=0}^{n}\lambda_i y_i=0,\ \lambda_i\geqslant 0,\ C-\lambda_i-\mu_i=0\end{gathered} \tag{3-36}$$

通过对比软间隔支持向量机的表达式与硬间隔支持向量机的表达式可知，这两种支持向量机算法的基本思想相同，只是软间隔支持向量机多出了一个约束条件。在解决现实世界应用问题时，可根据已得的条件求出超平面函数，并通过激活函数决定点所属的类别。

3.2.4.5　核函数

前文已经介绍的支持向量机算法都是以线性可分为前提条件，但是在实际应用中存在一些线性不可分的场景，如图 3-10（a）所示。这时候就可以将点映射到高维空间，构建一个高维的线性可分场景，如图 3-10（b）所示。

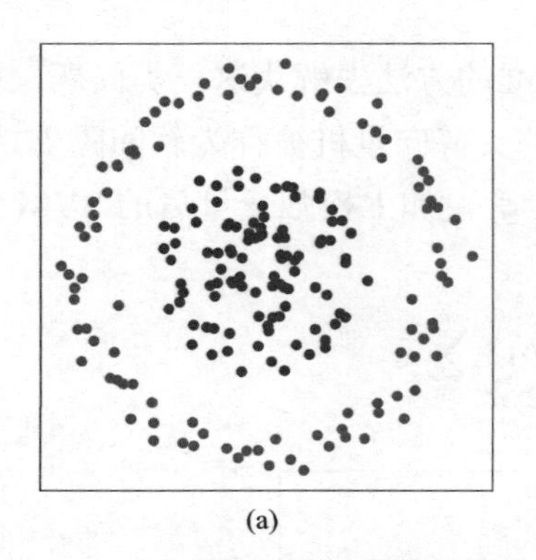
(a)

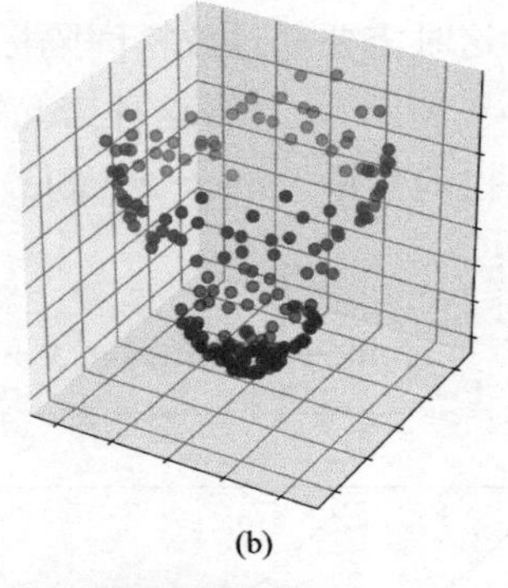
(b)

彩图

图 3-10　线性不可分场景及其高维映射

如果用$\phi(\boldsymbol{x})$（用于映射的函数）表示$\boldsymbol{x}$映射到新的空间中的新向量，则超平面函数便转换为$f(\boldsymbol{x})=\boldsymbol{w}\phi(\boldsymbol{x})+b$，同时 SVM 的表达式则变为：

$$\min_{\lambda}[\frac{1}{2}\sum_{i=1}^{n}\sum_{j=1}^{n}\lambda_i\lambda_j y_i y_j(\phi(\boldsymbol{x}_i)\cdot\phi(\boldsymbol{x}_j)) - \sum_{i=1}^{n}\lambda_i]$$
$$\text{s.t}\sum_{i=0}^{n}\lambda_i y_i=0,\ \lambda_i\geqslant 0,\ C-\lambda_i-\mu_i=0 \tag{3-37}$$

观察式（3-32）和式（3-37）的区别，可以发现$x_i\cdot x_j$变成了$\phi(x_i)\cdot\phi(x_j)$，这相当于增加了一个内积项。由于在维数较高时内积的计算量很大，因此可以引入核技巧来降低计算量。核技巧利用核函数直接通过x_i和x_j计算$\phi(x_i)\cdot\phi(x_j)$，以避免分别计算$\phi(x_i)$和$\phi(x_j)$再计算二者的内积，从而减少计算开销。其中核函数$k(x_i,x_j)$输入两个向量x_i和x_j，它返回的值跟两个向量分别作ϕ映射然后再计算点积的结果相同。换句话说，核技巧的目的就是在不需要显式地定义特征空间和映射函数的条件下，计算映射之后的内积。由于篇幅限制，本书在这里仅简单介绍以下三类比较常用的核函数：

线性核函数：

$$k(\boldsymbol{x}_i,\boldsymbol{x}_j)=\boldsymbol{x}_i^{\mathrm{T}}\boldsymbol{x}_j \tag{3-38}$$

多项式核函数：

$$k(\boldsymbol{x}_i,\boldsymbol{x}_j)=(\boldsymbol{x}_i^{\mathrm{T}}\boldsymbol{x}_j)^d \tag{3-39}$$

式中，d用于控制模型复杂度。当d较大时模型复杂度高，对简单数据集容易过拟合，导致泛化性较差；当d较小时模型比较简单，SVM 难以有效地拟合数据，导致结果较差。在实际应用中，需要根据任务和数据复杂度确定d的取值。

高斯核函数（径向基核函数）：

$$k(\boldsymbol{x}_i,\boldsymbol{x}_j)=\exp(-\frac{\|\boldsymbol{x}_i-\boldsymbol{x}_j\|}{2\delta^2}) \tag{3-40}$$

式中，δ为自定义参数。

高斯核函数相对于其它两类核函数来说应用更加广泛，一般情况下利用高斯核函数便可得到比较好的效果，但需要结合实际情况进行具体分析。

3.2.4.6　支持向量机算法的优缺点

（1）优点

① SVM 有严格的数学理论支持，可解释性强，不依靠统计方法，从而简化了常见的分

类和回归问题；

② 其能找出对任务至关重要的关键样本（即支持向量）；

③ 其采用核技巧之后，可以处理非线性分类/回归任务；

④ 其最终决策函数只由少数的支持向量所确定，计算的复杂性取决于支持向量的数目，而不是样本空间的维数，这在某种意义上避免了“维数灾难”（维数灾难是一种当维数增加时计算量呈指数级增长的现象）。

（2）缺点

① 训练时间长，如采用序列最小化优化（sequential minmal optimization, SMO）算法时，由于每次都需要挑选一对参数，因此时间复杂度为$O(N^2)$，其中N为样本数量；

② 当采用核技巧时，如果需要存储核矩阵，则空间复杂度为$O(N^2)$；

③ 模型预测时，预测时间与支持向量的个数成正比。当支持向量的数量较大时，预测的计算复杂度高。

由于存在上述缺点，目前支持向量机算法对样本数量比较大的应用场景不适用。

关于 SMO 算法的介绍由于篇幅限制在此省略，感兴趣的同学可以自行查阅论文 Sequential Minimal Optimization: A Fast Algorithm for Training Support Vector Machines。同时为了让大家更加直观地理解 SVM 的核心概念（最大化分类间隔），在此继续使用上一节用到的近视数据集作为样例，并利用第 6 章将会介绍的 Scikit-Learn 机器学习开发库构建了一个二分类支持向量机，通过训练得到式（3-18）的 $\boldsymbol{w}$ 与 $\boldsymbol{b}$ 分别为（–0.0150,–0.1445,0.0780）和–2.60。利用式（3-21）计算数据集中样本到超平面的距离，为方便对比，我们计算了数据集中样本点到上一节利用的感知机得到的超平面的距离，将两者整合至表 3-7。从表 3-7 中可以看出，如果采用支持向量机作为分类器，那么位于支持向量上的点到超平面的距离将会是一致的（存在两个距离相同的样本点）。而如果采用感知机作为分类器，所有样本点到超平面的距离可能都不一样。这是因为在 SVM 中需要找到最佳的分类间隔，并且这个分类间隔是由支持向量确定的，而支持向量分布于超平面的两侧，因此位于支持向量的样本到超平面的距离一致。值得注意的是测试集样本在 SVM 获取的超平面的距离要大于在感知机获取到的超平面的距离，这是因为 SVM 的分类间隔比较大，能够容忍的误差要大于其它方法。

表 3-7　近视数据集中各样本到超平面的距离

方法	$\boldsymbol{w}$	$\boldsymbol{b}$	$\boldsymbol{x}$	$\boldsymbol{d}$
SVM	(–0.0150, –0.1445, 0.0780)	–2.6062	(3.7, –10.5, 27.49)	6.07
			(4.8, 0.13, 21.75)	6.07
			(4.9, 1.25, 22.31)	6.79
			(3.8, –6.38, 24.71)	1.13
			(5.0, –0.38, 22.79)	5.14
感知机	(–8.4, –35.38, –6.21)	0	(3.7, –10.5, 27.49)	4.57
			(4.8, 0.13, 21.75)	4.91
			(4.9, 1.25, 22.31)	6.10
			(3.8, –6.38, 24.71)	1.07
			(5.0, –0.38, 22.79)	4.64

3.2.5 经典算法5：决策树

决策树（decision tree）是一个经典的监督学习方法，可以用于解决分类和回归问题。如图3-11所示，决策树呈树形结构，它由节点（若干个内部节点，用方形表示；若干个叶节点，用圆形表示）和有向边组成。其中，叶节点对应于决策结果，内部节点对应于一个特征测试，从根节点到每个叶节点的有向边路径对应了一个判定测试序列，根节点包含样本全集，每个节点包含的样本集合根据属性测试的结果被划分到子节点中。决策树算法的最终目的是产生一棵泛化能力强，并且能处理未见示例能力强的决策树。决策树具有分类速度快、可读性好等优点。

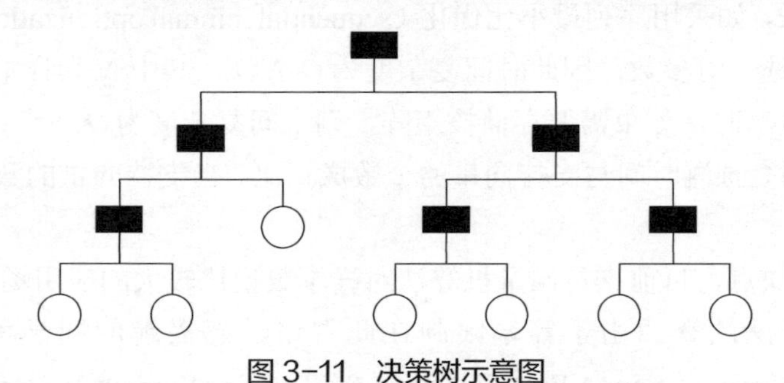

图3-11 决策树示意图

决策树构建过程遵循简单且直观的“分而治之”（divide-and-conquer）学习策略，具体流程如算法3.2所示，整个决策树生成是基于特征选择策略的递归过程，其返回条件有三种：

① 当前节点包含的样本全属于同一类别，将该节点标记为对应类的叶节点并返回类别；

② 当前属性集为空或是所有样本在所有属性上取值相同，无法划分，标记叶节点为当前节点样本多的类别；

③ 当前节点包含的样本集合为空，不能划分，标记为叶节点，返回父节点样本多类别。

算法3.2：决策树算法

输入：训练集 $D=\{(x_1,y_1),(x_2,y_2),\cdots,(x_N,y_N)\}$；

属性集 $A=\{a_1,a_2,\cdots,a_M\}$

过程：函数 TreeGenerate(D,A)

1. 生成节点 Node;
2. **if** D 中样本均属于同一类别 C **then**
3. 　　将 Node 记为 C 类叶节点;**return**
4. **end if**
5. **if** A 为空 **or** D 中样本在 A 上取值相同 **then**
6. 　　将 Node 记为 D 中样本数最多的类的叶节点;**return**
7. **end if**
8. 根据特征选择策略从 A 中确定最优划分属性 a_t;
9. **for** 属性 a_t 的每一种取值 a_t^i **do**
10. 　　为 Node 生成一个分支；令 D_i 表示 D 中在 a_t 取值为 a_t^i 的样本子集;
11. 　　**if** D_i 为空 **then**
12. 　　　　将刚刚生成的分支节点标记为 D 中样本数最多的类的叶节点;**return**
13. 　　**else**
14. 　　　　递归执行 TreeGenerate(D_i,$A-\{a_t\}$)
15. 　　**end if**
16. **end for**

输出：以 Node 为根节点的一棵决策树

由于代码使用了递归，理解上可能有一定困难，在这里我们做一些简单的解释。代码第2、5、11行规定了递归的结束条件，第14行则调用自身形成递归，分别用处为：

第2行：若属于该节点的样本都已经属于统一类别，则不需要继续划分，停止递归；

第5行：若D中样本在A中属性上取值相同，即只剩下没有差异的样本，则不再继续划分，停止递归；

第11行：若D中没有该属性中特定取值的样本，则直接使用默认值；

第14行：使用当前被分到这一属性的样本及减去属性a_t后剩下的属性继续构建子树（递归执行本函数）

决策树的特征选择即确定最优的属性，我们希望随着划分的进行，决策树的节点所包含的样本尽可能属于同一类别，这样最终模型判断就越来越明确。通常特征选择的准则是信息增益、增益率或基尼指数等。

（1）信息增益

信息熵（information entropy）是度量样本集合纯度最常用的一种指标（详细定义请见第2章的信息论）。假定当前样本集合D中第k类样本所占的比例为$p_k\left(k=1,2,\cdots,N\right)$，则$D$的信息熵定义为

$$\mathrm{Ent}\left(D\right)=-\sum_{k=1}^{N}p_k\log_2 p_k \tag{3-41}$$

其中，N为类别数目。Ent(D)的值越小，则D的纯度越高。

假设离散属性a有M个可能的取值$\left\{a_1,a_2,\cdots,a_M\right\}$，若使用$a$来对样本集$D$进行划分，则会产生$M$个分支节点，其中第$M$个分支节点包含了$D$中所有在属性$a$上取值为$a_M$的样本，记为$D_M$。我们可根据式（3-41）计算出$D_M$的信息熵。再考虑到不同的分支节点所包含的样本数不同，给分支节点赋予权重$\left|D_M\right|/\left|D\right|$（$\left|D_M\right|$表示样本$D$中$a$取值为$a_M$的样本数量，$\left|D\right|$表示样本集$D$的数量），于是可计算出用属性$a$对样本集进行划分所获得的信息增益（information gain）。

$$\mathrm{Gain}\left(D,a\right)=\mathrm{Ent}\left(D\right)-\sum_{i=1}^{M}\frac{\left|D_i\right|}{\left|D\right|}\mathrm{Ent}\left(D_i\right) \tag{3-42}$$

信息增益越大，则意味着使用属性a来进行划分所获得的“纯度提升”越大。因此，我们可用信息增益来进行决策树的划分属性选择。著名的ID3决策树学习算法[Quinlan, 1986]便是以信息增益为准则来选择划分属性。

（2）增益率

信息增益对可取值数目较多的属性会有所偏置，为减少此种情况带来的不利影响，著名的C4.5决策树算法不直接使用信息增益，而是使用增益率来选择最优划分属性。定义为

$$\mathrm{Gain\ ratio}\left(D,a\right)=\frac{\mathrm{Gain}\left(D,a\right)}{\mathrm{IV}\left(a\right)} \tag{3-43}$$

其中

$$\mathrm{IV}\left(a\right)=-\sum\nolimits_{i=1}^{M}\frac{\left|D_i\right|}{\left|D\right|}\log_2\frac{\left|D_i\right|}{\left|D\right|} \tag{3-44}$$

（3）基尼指数

CART决策树使用“基尼指数”（Gini index）来选择划分属性，数据集的纯度可用基尼值

来度量:

$$\text{Gini\_index}(D,a)=\sum_{i=1}^{M}\frac{|D_i|}{|D|}\text{Gini}(D_i)=1-\sum_{k=1}^{N}p_k^2 \tag{3-45}$$

接下来我们通过一个判断患者是否适合隐形眼镜类别的例子来详细介绍决策树构建过程。表 3-8 是一个由 24 个患者样本组成的训练数据。样本属性包括年龄、视力情况、散光与否以及泪液变化，最后一列是隐形眼镜类别，接下来我们使用信息增益的特征选择策略来建立一棵用于推荐隐形眼镜类别的决策树。

表 3-8 患者样本示例

编号	年龄	视力情况	散光与否	泪液变化	隐形眼镜类别
1	青年	近视	否	减少	不宜佩戴
2	青年	近视	否	正常	软性
3	青年	近视	是	减少	不宜佩戴
4	青年	近视	是	正常	硬性
5	青年	远视	否	减少	不宜佩戴
6	青年	远视	否	正常	软性
7	青年	远视	是	减少	不宜佩戴
8	青年	远视	是	正常	硬性
9	中年	近视	否	减少	不宜佩戴
10	中年	近视	否	正常	软性
11	中年	近视	是	减少	不宜佩戴
12	中年	近视	是	正常	硬性
13	中年	远视	否	减少	不宜佩戴
14	中年	远视	否	正常	软性
15	中年	远视	是	减少	不宜佩戴
16	中年	远视	是	正常	不宜佩戴
17	老年	近视	否	减少	不宜佩戴
18	老年	近视	否	正常	不宜佩戴
19	老年	近视	是	减少	不宜佩戴
20	老年	近视	是	正常	硬性
21	老年	远视	否	减少	不宜佩戴
22	老年	远视	否	正常	软性
23	老年	远视	是	减少	不宜佩戴
24	老年	远视	是	正常	不宜佩戴

决策树构建从根节点开始，当前样本为全部 24 个样本，其中硬性占 4/24，软性占 5/24，不宜佩戴占 15/24。我们根据信息熵公式（3-41）计算得到

$$\text{Ent}(D)=-\sum_{k=1}^{3}p_k\log_2 p_k=-\left(\frac{5}{24}\log_2\frac{5}{24}+\frac{4}{24}\log_2\frac{4}{24}+\frac{15}{24}\log_2\frac{15}{24}\right)=1.326$$

然后我们要计算出当前属性集合{年龄，视力情况，散光与否，泪液变化}中每个属性的信息增益。以属性“年龄”为例，它有 3 个可能的取值:{青年，中年，老年}。若使用该属性对根节点进行划分，则可得到 3 个子集，分别记为:D_1 (年龄=青年)，D_2 (年龄=中年)，D_3 (年龄=老年)。

在对照数据中，子集 D_1 包含编号为 {1,2,3,4,5,6,7,8}的 8 个样例，其中软性占 2/8，硬性占 2/8，不宜佩戴占 4/8; 子集 D_2 包含编号为 {9,10,11,12,13,14,15,16}的 8 个样例，其中硬性占 1/8，软性占 2/8，不宜佩戴占 5/8; D_3 包含编号为{17,18,19,2,21,22,23,24}的 8 个样例，其中硬性占 1/8，软性占 1/8，不宜佩戴占 6/8;根据式（3-41）可计算出用“年龄”划分之后所获得 3 个分支结点的信息熵为

$$\mathrm{Ent}(D_1)=-\left(\frac{2}{8}\log_2\frac{2}{8}+\frac{2}{8}\log_2\frac{2}{8}+\frac{4}{8}\log_2\frac{4}{8}\right)=1.5$$

$$\mathrm{Ent}(D_2)=-\left(\frac{2}{8}\log_2\frac{2}{8}+\frac{1}{8}\log_2\frac{1}{8}+\frac{5}{8}\log_2\frac{5}{8}\right)=1.2987$$

$$\mathrm{Ent}(D_3)=-\left(\frac{1}{8}\log_2\frac{1}{8}+\frac{1}{8}\log_2\frac{1}{8}+\frac{6}{8}\log_2\frac{6}{8}\right)=1.0612$$

因此对于属性“年龄”的信息增益为

$$\begin{aligned}\mathrm{Gain}(D,\text{年龄})&=\mathrm{Ent}(D)-\sum_{i=1}^{3}\frac{|D_i|}{|D|}\mathrm{Ent}(D_i)\\&=1.326-\left(\frac{8}{24}\times1.5+\frac{8}{24}\times1.2987+\frac{8}{24}\times1.0612\right)=0.0393\end{aligned}$$

同理，我们把其他属性的信息增益也计算出来

$$\mathrm{Gain}(D,\text{视力情况})=0.0395$$

$$\mathrm{Gain}(D,\text{散光与否})=0.3770$$

$$\mathrm{Gain}(D,\text{泪液产生变化})=0.5487$$

显然，属性“泪液变化”的信息增益最大，选为根节点的划分属性。此时决策树可视化为图 3-12 所示。

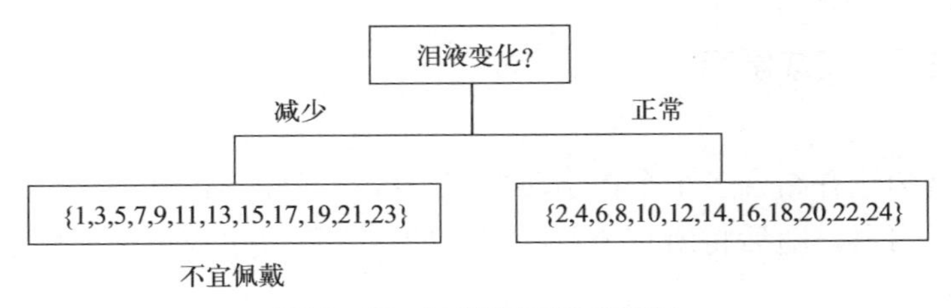

图 3-12　决策树可视化效果

得到 2 个分支节点，对分支节点做进一步的划分，划分的做法与根节点的划分相同（注意此时泪液变化属性对于每个节点都是相同的，因此泪液变化属性将从分支节点的属性集中排除。）

此时泪液减少，所有样本均是不宜佩戴类别，不需要再进行划分选择。而(“泪液变化=正常”)不同，该节点包含的样例集合中有编号为 {2,4,6,8,10,12,14,16,18,20,22,24} 的 12 个样例，可用属性集合为{年龄，视力情况，散光与否}，计算出各属性的信息增益：

$$\mathrm{Gain}(D_1,\text{年龄})=0.2212$$

$$\mathrm{Gain}(D_1,\text{视力情况})=0.0954$$

$$\mathrm{Gain}(D_1, 散光与否) = 0.7704$$

此时“散光与否”取得了最大的信息增益，可任选其中之一作为划分属性。类似的，对每个分支节点进行上述操作，最终得到的决策树如图 3-13 所示。

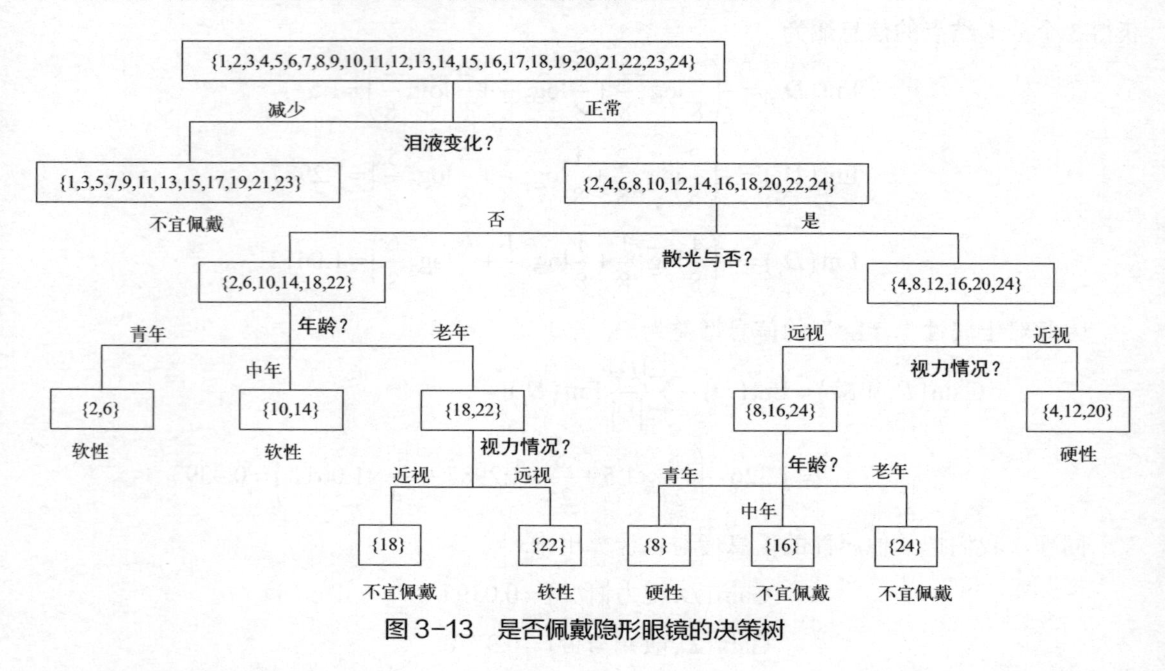

图 3-13　是否佩戴隐形眼镜的决策树

至此，一棵用于判断隐形眼镜类别的决策树就构建完毕了。从树的结构可以看出，判断隐形眼镜类别取决于一系列属性，这样的结构易于理解，解释性强。另外，此处我们是利用信息增益来划分节点，根据具体情况，还可换成增益率或者基尼指数。

3.2.6　经典算法 6：集成学习

集成学习通过构建并结合多个个体学习器来完成学习任务。一般结构如图 3-14 所示，首先构造一组个体学习器，随后将所有个体学习器的结果通过集成策略模块进行处理输出最终结果。

Bagging 是集成学习方法最著名的代表算法，其直接基于自助采样法（bootstrap sampling）。Bagging 算法（全称为 Bootstrap aggregating）可分为以下三个步骤。

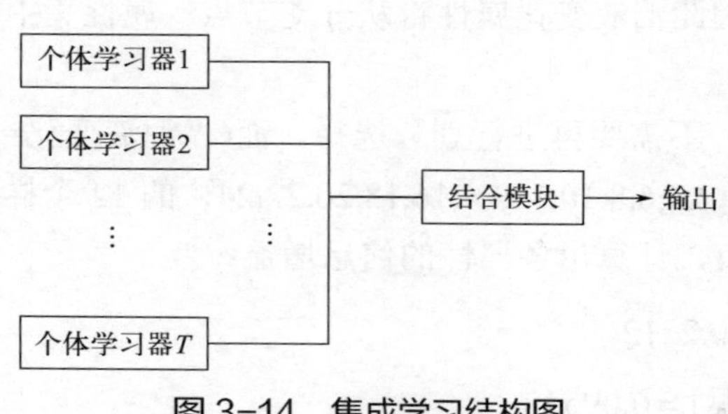

图 3-14　集成学习结构图

步骤一：给定包含 K 个样本的数据集，随机、均匀、有放回地选出 K 个样本构成采样集（有的样本可能没有出现，有的样本可能出现多次），反复进行 T 次，产生 T 个大小为 K 的训练集。

步骤二：每个采样集对应一个训练数据集，训练对应的个体学习器。

步骤三：将 T 个个体学习器结果按相同权重进行取平均（分类用投票策略，回归用平均值）。

随机森林是基于 Bagging 集成策略设计的集成学习算法，它的个体学习器以决策树变体为模版，在训练过程中引入了随机属性选择。具体来说，传统决策树在选择划分属性时是在当前节点的属性集合（假定有 d 个属性）中选择一个最优属性；而在随机森林中，对个体决策树的每个节点，先从该节点的属性集合中随机选择一个包含 k 个属性的子集，然后再选择一个最优属性用于划分。当 $k=d$ 时，则完全等价于传统决策树；若 $k=1$ 则是随机选择 1 个属性用于划分；一般情况下，推荐值 $k=\log(2d)$ [Breiman, 2001]。

随机森林的详细过程可描述为：

① 使用自助采样法构建 T 个样本集。

② 并行训练 T 个决策树。当每个样本有 M 个属性时，在决策树的每个节点需要分裂时，随机从这 M 个属性中选取出 m 个属性，满足条件 $m \ll M$。然后从这 m 个属性中采用某种策略（比如说信息增益）来选择 1 个属性作为该节点的分裂属性，一直到不能够再分裂为止。

③ T 个决策树，对应 T 个结果（分类是类别结果，回归是数值结果），最终结果通过投票/平均来给出最终随机森林的结果。

随机森林中的随机性体现在两方面，一是使用自助采样法，每个采样集的样本是有放回随机选取；二是使用随机选取特征子集的属性随机。

随机森林简单、容易实现、计算开销小，令人惊奇的是，它在很多现实任务中展现出强大的性能，被誉为“代表集成学习技术水平的方法”。本质上，随机森林与 Bagging 策略的决策树集成模型对比来说，添加了属性的随机性，这使得单个学习器不会过分拟合到训练集的最佳性能，各个学习器的差异度也相应增加，通过多个学习器集成决策，泛化的性能进一步提升。此外，随机森林可以处理不做归一化或者特征选择的高维特征，因而可解释性较好。可用作特征选择以及输出特征对决策的重要程度。

随机森林同样存在一些缺点，比如，已经被证明在某些噪声较大的分类或回归问题上会过拟合；对于有不同取值属性的数据，取值划分较多的属性会对随机森林产生更大的影响，因此随机森林在这种数据上产出的属性权重值是不可信的。

3.3 ➲ 无监督学习

无监督学习是不同于监督学习的另一种主流机器学习方法，即数据样本没有标签的一种学习方法，见图 3-15。无监督学习的目标是对无标签的样本进行学习，来发现数据内在的性质和规律，通常基于相似样本在数据空间中一般距离较近这一假设，将样本判定为不同类别。无监督学习可以解决的问题有关联分析、聚类问题和降维分析（维度约减）。

关联分析是指发现不同事物同时出现的概率。它被广泛地应用在商品销售中，比如经典的啤酒尿布营销案例。

聚类问题是指将相似的样本划分为一个个簇（cluster）。跟分类问题相反，聚类问题预先不知道类别，即训练样本也没有类别的标签。

降维分析是指减少数据维度的同时保留有意义的数据特征信息，其可以提高数据建模的准确性和降低数据存储成本。本小节主要讲解两种广为应用的 K-均值算法和主成分分析算法。

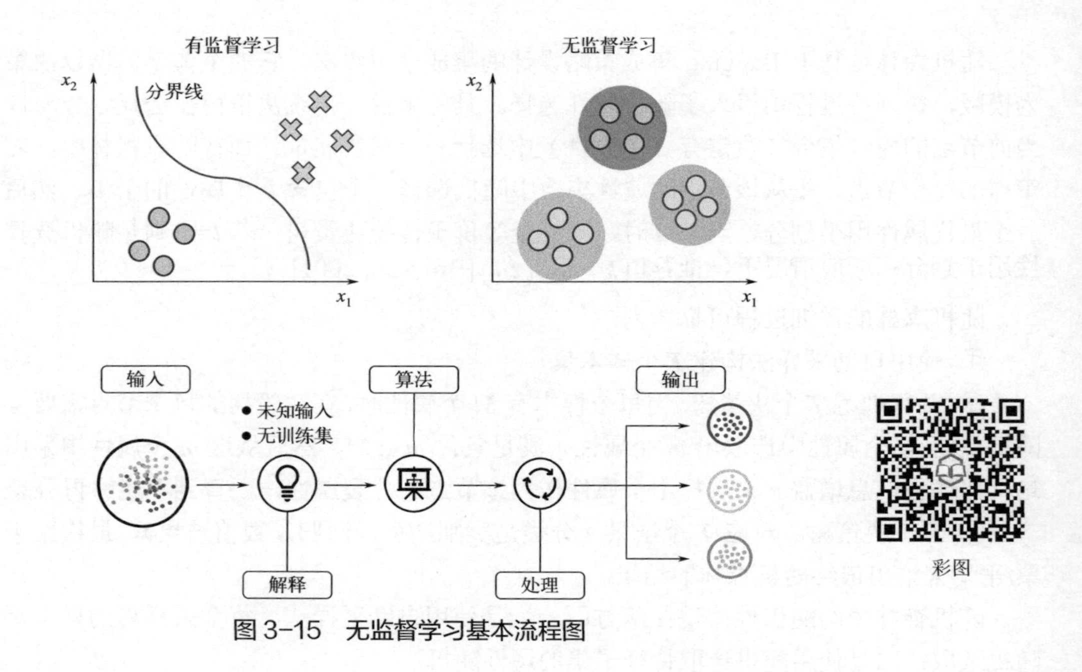

图 3-15　无监督学习基本流程图

3.3.1　经典算法 1：K-均值算法

K-均值算法，又称 K-means，是一种迭代求解的聚类分析算法。K-均值算法目标是将训练样本划分成 k 个不同的簇，且每个簇的中心采用簇中所含值的均值计算而成。K-均值算法处理步骤如下：

① 确定簇个数 k（计划将数据划分为 k 个类）；

② 随机确定 k 个初始点作为质心（在数据边界范围之内随机选取）；

③ 对每个数据实例依次计算到 k 个质心的距离，选择最小距离的质心，并将其分配给该质心所对应的簇，直到数据集中的所有数据全都分配给 k 个簇，更新 k 个簇的质心为该簇所有点的平均值；

④ 循环上述步骤③，重新分配每个数据实例到新的质心，直到达到终止条件，如所有数据的分配结果不再发生改变为止。

K-均值算法对聚类所得簇 $C=\{C_1,C_2,\cdots,C_k\}$ 的划分是基于最小化平方误差，如下：

$$E=\sum_{i=1}^{k}\sum_{x\in C_i}\|\boldsymbol{x}-\boldsymbol{\mu}_i\|_2^2 \tag{3-46}$$

其中，$\boldsymbol{\mu}_i=\frac{1}{|C_i|}\sum_{x\in C_i}\boldsymbol{x}$ 是簇 C_i 的均值向量。上述公式在一定程度上刻画了簇内样本围绕簇均值向量的紧密程度，平方误差越小，则表示簇内样本相似度越高。

算法 3.3 给出 K-均值算法学习流程图，如下。

算法 3.3：K-均值算法

输入： 样本集 $D=\{\boldsymbol{x}_1,\boldsymbol{x}_2,\cdots,\boldsymbol{x}_m\}$；

聚类簇数 k 。

学习过程：

1：从 D 中随机选择 k 个样本作为初始均值向量 $\{\boldsymbol{\mu}_1,\boldsymbol{\mu}_2,\cdots,\boldsymbol{\mu}_k\}$

2：Repeat

3：　　令 $C_i=\varnothing(1\leqslant i\leqslant k)$

4：　　for $j=1,2,\cdots,m$ do

5：　　　　计算样本 $\boldsymbol{x}_j$ 与各均值向量 $\boldsymbol{\mu}_i(1\leqslant i\leqslant k)$ 的距离：$d_{ji}=\|\boldsymbol{x}_j-\boldsymbol{\mu}_i\|_2$；

6：　　　　根据距离最近的均值向量确定 $\boldsymbol{x}_j$ 的簇标记：$\lambda_j=\arg\min_{i\in\{1,2,\cdots,k\}} d_{ji}$；

7：　　　将样本 $\boldsymbol{x}_j$ 划入相应的簇：$C_{\lambda_j}=C_{\lambda_j}\cup\{\boldsymbol{x}_j\}$；

8：　　end for

9：　for $i=1,2,\cdots,k$ do

10：　　计算新均值向量：$\boldsymbol{\mu}_i'=\frac{1}{|C_i|}\sum_{x\in C_i}\boldsymbol{x}$；

11：　　if $\boldsymbol{\mu}_i'\neq\boldsymbol{\mu}_i$ then

12：　　　将当前均值向量 $\boldsymbol{\mu}_i$ 更新为 $\boldsymbol{\mu}_i'$

13：　　else

14：　　　保持当前均值向量不变

15：　　end if

16：　end for

17：until 当前均值向量均未更新

输出：簇划分 $C=\{C_1,C_2,\cdots,C_k\}$

这里我们仍以近视检查为例，近视眼的检查主要包括裸眼视力的检查、等效球镜检测等。裸眼视力检查主要检查裸眼近视的度数，等效球镜为能够将散光转化成具有相似光学效果的球镜，表示眼睛的屈光状态。下面根据裸眼视力和等效球镜特征进行近视与不近视的聚类分析。

已知有如表 3-9 所示的示例数据，聚类步骤描述如下。

表 3-9　示例样本数据

样本编号	裸眼视力	等效球镜
1	4.7	−1.38
2	4.6	−1.13
3	5	−0.5
4	5.1	−0.25
5	5.1	−0.13

步骤一：假定聚类簇数 k=2，随机选择初始聚类中心为样本 1 和样本 2，即初始均值向量为 $\boldsymbol{\mu}_1=(4.7,-1.38),\boldsymbol{\mu}_2=(4.6,-1.13)$。初始情况如图 3-16 所示，圈代表样本点，叉代表聚类中心。

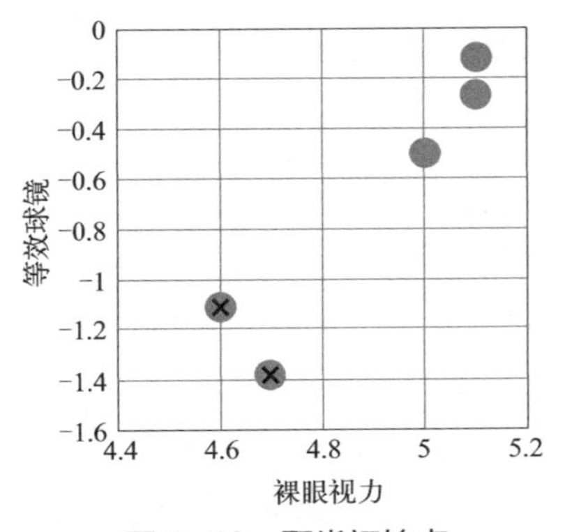

图 3-16　聚类初始点

步骤二：分别计算每个样本点到初始聚类中心距离，如表 3-10 所示。

表 3-10　样本点到初始聚类中心距离（一）

样本编号	聚类中心 *A* (4.7, −1.38)	聚类中心 *B* (4.6, −1.13)
1	0	0.2693
2	0.2693	0
3	0.9297	0.7463
4	1.1987	1.0121
5	1.3124	1.1180

根据距离进行重新分组，结果如下。

聚类中心 A 包含的样本点：样本 1。

聚类中心 B 包含的样本点：样本 2～样本 5。第一次聚类结果如图 3-17 所示。

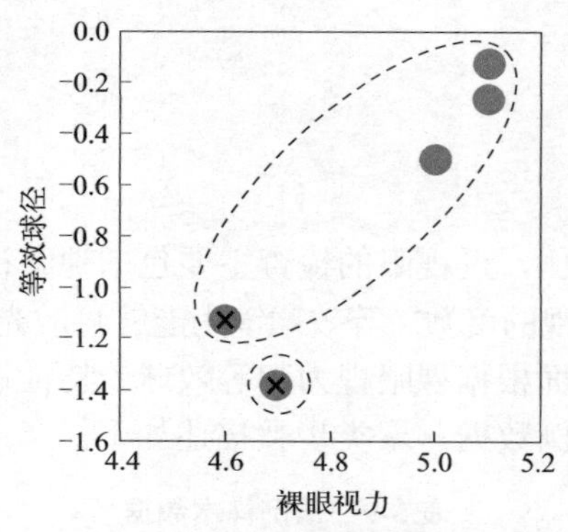

图 3-17　第一次聚类结果

步骤三：根据重新分组的结果计算新的聚类中心，聚类中心 A 的均值向量为：$(4.7,-1.38)$，聚类中心 B 新的均值向量为：

$$\left(\frac{4.6+5+5.1+5.1}{4},\frac{-1.13-0.5-0.25-0.13}{4}\right)=(4.95,-0.5025)$$

重新计算距离如表 3-11 所示。

表 3-11　样本点到初始聚类中心距离（二）

样本编号	聚类中心 *A* (4.7, −1.38)	聚类中心 *B* (4.95, −0.5025)
1	0	0.9124
2	0.2693	0.7185
3	0.9297	0.0501
4	1.1987	0.2937
5	1.3124	0.4016

根据距离进行重新分组，结果如下。

聚类中心 A 包含的样本点：样本 1、样本 2。

聚类中心 B 包含的样本点：样本 3～样本 5。聚类结果如图 3-18 所示。

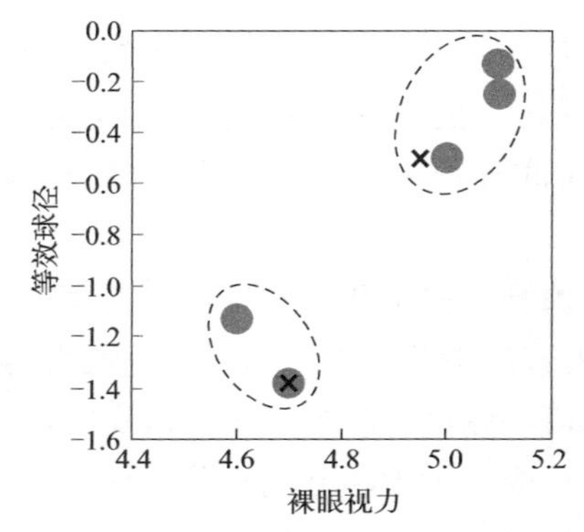

图 3-18　第二次聚类结果

步骤四：重新计算质心，聚类中心 *A* 新的均值向量为：

$$\left(\frac{4.7+4.6}{2},\frac{-1.38-1.13}{2}\right)=(4.65,-1.255)$$

聚类中心 *B* 新的均值向量为：

$$\left(\frac{5+5.1+5.1}{3},\frac{-0.5-0.25-0.13}{3}\right)=(5.0667,-0.2933)$$

重新计算距离如表 3-12 所示。

表 3-12　样本点到初始聚类中心距离（三）

样本编号	聚类中心 *A* (4.65, −1.255)	聚类中心 *B* (5.0667, −0.2933)
1	0.1346	1.1469
2	0.1346	0.9581
3	0.8322	0.2172
4	1.1011	0.0546
5	1.2117	0.1667

根据距离进行重新分组，结果如下。

聚类中心 *A* 包含的样本点：样本 1、样本 2。

聚类中心 *B* 包含的样本点：样本 3～样本 5。

聚类结果不再变化，聚类结束。因此，聚类的结果如图 3-19 所示，样本 1 与样本 2 为一类，样本 3～样本 5 为一类。

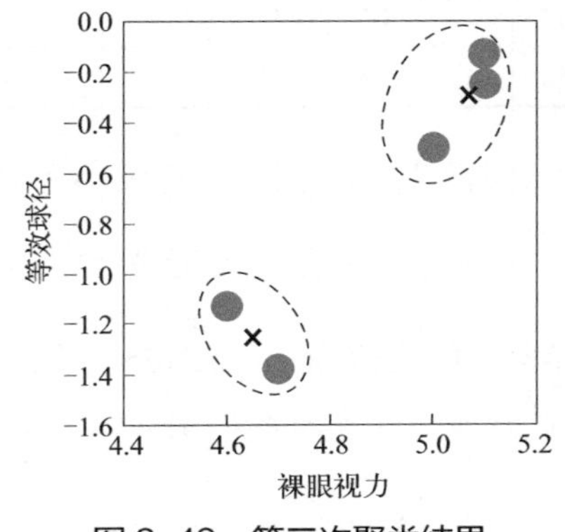

图 3-19　第三次聚类结果

3.3.2　经典算法 2：主成分分析

主成分分析（principle component analysis, PCA）是一种常用的无监督学习方法，也是一种广为应用的线性降维方法。它的目标是通过某种线性投影（线性变换），将高维的数据特征空间映射到低维的数据特征空间中，并期望在所投影的维度上数据的信息量最大（方差最大），即将原始数据特征投影到具有最大投影信息量的维度上，同时，尽可能让原始数据特征的信息量在降维操作后损失最小（尽量多地保留原始数据特征信息）。在 PCA 中，通常利用正交变换把一系列可能线性相关的变量转换为一组线性不相关的新变量，称为主成分（principal component，PC）。主成分是原有变量的线性组合，其数目一般小于原始数据特征的变量数目。

下面我们用近视严重程度预测为例讲解样本均值、方差以及协方差这三个基本概念，并介绍 PCA 算法的原理（具体内容参考第 2 章）。近视患者到医院就诊，医生会收集患者的年龄、裸眼、矫正视力、等效球镜、球镜、散光等信息，我们挑选如表 3-13 所示 10 个会影响视力的信息做指标，几位患者形成一个 16×10 的矩阵，作为 PCA 的原始输入。

表 3-13　近视患者的基本信息

样本编号	年龄	裸眼视力	矫正视力	矫正方式	等效球镜	球镜	散光	陡峭子午线角膜屈光度(D)	平坦子午线屈光度(D)	眼轴 AL	是否近视
1	6	5.1	0	0	0.13	0.25	−0.25	42.03	42.78	22.2	2
2	6	4.9	0	0	0.13	0.25	−0.25	42.13	43.44	22.2	2
3	6	5	0	0	0.25	0.25	0	41.31	42.51	22.86	2
4	6	5	0	0	0.25	0.25	0	43.55	43.83	22.58	2
5	6	5	0	0	0.25	0.5	−0.5	40.47	41.31	23.9	2
6	6	5	0	0	0.25	0.25	0	43.77	44.82	22.19	2
7	7	5	0	0	0.5	0.5	0	43.6	45.06	22.84	2
8	7	5.1	0	0	0.63	0.75	−0.25	44.23	45.55	21.65	2
9	7	5	0	0	0.63	1	−0.75	41.62	42.78	23.13	2
10	7	5	0	0	0.63	0.75	−0.25	43.38	45.36	21.81	2
11	7	5.1	0	0	0.75	0.75	0	43.49	44.58	22.59	2
12	6	4.3	4.9	1	−2.5	−1.5	−2	41.93	44.06	24.11	1
13	6	4.5	4.8	1	−2	−1.75	−0.5	43.21	44.23	23.32	1
14	6	4.4	0	0	−1.25	−1	−0.5	43.32	44.06	23.28	1
15	6	4.7	4.9	1	−1.13	0.5	−3.25	42.24	45.49	23.01	1
16	6	4.8	0	0	−1.13	0	−2.25	39.47	42.03	23.94	1

假设给定样本矩阵 $\boldsymbol{X}$，大小为(m,n)，即 $\boldsymbol{X}=\left[\boldsymbol{X}_1\boldsymbol{X}_2\cdots\boldsymbol{X}_n\right]$。在本小节的例子中 m=16，n=10。

第一步，对所有特征进行中心化，即求均值。特征均值为：$\mu_j=\dfrac{1}{m}\sum\limits_{j=1}^{m}x_j$。例如，特征 1（年龄）的均值为 $\mu_1=6.3125$，特征 2（裸眼视力）的均值为 $\mu_2=4.86875$，其他特征的均值也依此计算。对所有的样本，每一个特征都减去自身的均值，得到去均值化后的特征。

第二步，求协方差矩阵，$\boldsymbol{\varSigma}=\begin{bmatrix}\operatorname{cov}(X_1,X_1) & \operatorname{cov}(X_1,X_2) & \dots & \operatorname{cov}(X_1,X_n)\\ \operatorname{cov}(X_2,X_1) & \operatorname{cov}(X_2,X_2) & \dots & \operatorname{cov}(X_2,X_n)\\ \vdots & \vdots & \ddots & \vdots\\ \operatorname{cov}(X_n,X_1) & \operatorname{cov}(X_n,X_2) & \dots & \operatorname{cov}(X_n,X_n)\end{bmatrix}$。注意是除以 m−1 而不是除以 m，因为这样能使我们以较小的样本集更好地逼近总体的标准差，即统计上的无偏差。

PCA 的目标是找到一组新的正交基$\{u_1,u_2,\cdots,u_k\}$（从 n 维下降到 k 维），使得数据点在该正交基构成的平面上投影后，数据间的距离最大，即数据间的方差最大。如果数据在每个正交基上投影后的方差最大，那么同样满足在正交基所构成的平面上投影距离最大，如图 3-20 所示。

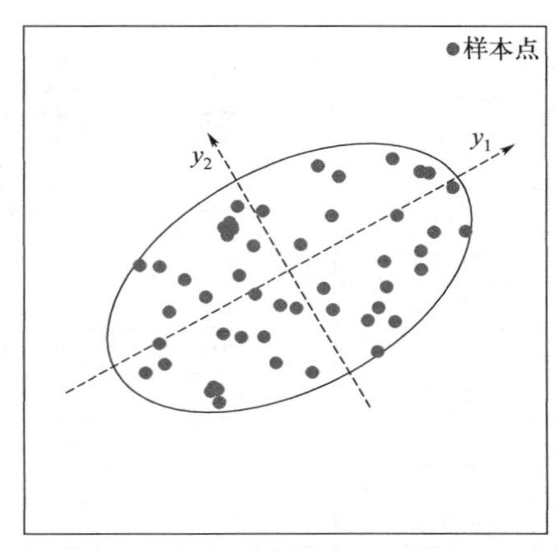

图 3-20　主成分分析的主成分示例图

第三步，求协方差矩阵 Σ 的特征值及其对应的特征向量。本书的第 2 章对于矩阵的分解有详细介绍。利用矩阵的知识，求协方差 Σ 的特征值λ和相对应的特征向量 $\boldsymbol{u}$，即 $\Sigma\boldsymbol{u}=\lambda\boldsymbol{u}$。每一个特征值$\lambda$都会对应一个特征向量 $\boldsymbol{u}$。

第四步，计算协方差矩阵的特征值并取出最大的前 k 个特征值所对应的特征向量，构成一个新的矩阵。PCA 使数据从 n 维降低到 k 维，该如何选择合适的 k？一般选择标准为：投影前后方差比例值，作为 k 值的选择标准。具体来说，我们期望：$\dfrac{\mathrm{Var}_{X_{\text{project}}}}{\mathrm{Var}_X}\geqslant q$，其中 q 一般选择 0.99。根据 PCA 中特征协方差矩阵和 X 方差的关系得：

$$\frac{\mathrm{Var}_{X_{\text{project}}}}{\mathrm{Var}_X}=\frac{\sum_{j=1}^{k}\lambda_j}{\sum_{j=1}^{n}\lambda_j}\geqslant 0.99 \tag{3-47}$$

因此主成分数量 k 是满足上述条件的最小值。

10 个特征值代表的贡献排序，主成分的特征值和贡献率的对应情况见表 3-14，由表可知前 6 项主成分的累积贡献率已经超过 99%，因此按主成分 k 值选择累积贡献率需要大于 99% 的标准，我们近视严重程度估计的主成分可以选择前 6 项。

表 3-14　特征值及对应的贡献率

编号	特征值	贡献率	累积贡献率
1	5.391263	53.91263	53.91263
2	2.436536	24.36536	78.27799
3	1.085323	10.85323	89.13122
4	0.565423	5.654227	94.78545
5	0.323205	3.232055	98.01751
6	0.130434	1.30434	99.32185
7	0.04464	0.446401	99.76825
8	0.023149	0.23149	99.99974
9	2.59E–05	0.000259	100
10	4.31E–07	4.31E–06	1.00E+02

本小节取前 6 项主成分特征向量如表 3-15 所示，大的特征值对应着占比例大的成分，如等效球镜、平坦子午线屈光度、球镜分别在第一、第二和第三主成分特征向量中的占比最大。

表 3-15　主成分特征向量示例

原始指标	第一主成分特征向量	第二主成分特征向量	第三主成分特征向量	第四主成分特征向量	第五主成分特征向量	第六主成分特征向量
年龄	0.26281	0.237389	0.357388	0.762276	0.131525	−0.36259
裸眼视力	0.388745	−0.11119	0.19598	−0.26327	0.385393	0.07327
矫正视力	−0.3638	0.251086	0.214078	−0.13166	0.474003	−0.00297
矫正方式	−0.3637	0.251634	0.20892	−0.12972	0.481965	−0.00997
等效球镜	0.420219	−0.05419	0.108914	−0.0549	0.190441	0.239719
球镜	0.351448	−0.09759	0.504501	−0.16399	−0.04209	0.304118
散光	0.302468	0.047975	−0.61487	0.158214	0.473874	0.008925
陡峭子午线角膜屈光度	0.144881	0.5619	−0.2743	0.019979	−0.03309	0.450028
平坦子午线屈光度	0.041456	0.613562	0.144559	−0.03769	−0.32609	0.169639
眼轴	−0.31762	−0.313	0.061686	0.508629	0.08471	0.69406

综上 PCA 的流程可以总结为算法 3.4。

算法 3.4：PCA 算法

输入：样本集 $D=\{x_1, x_2, \cdots, x_m\}$，其中样本特征 n 维，需要降维到的低维空间维数 d

1：将原始数据按列组成 n 行 m 列的样本矩阵 $\boldsymbol{X}$

2：将 $\boldsymbol{X}$ 的每一行（即按每一个特征）进行零均值化

3：计算样本的协方差矩阵 $\boldsymbol{X}^{\mathrm{T}}\boldsymbol{X}$

4：求协方差矩阵 $\boldsymbol{X}^{\mathrm{T}}\boldsymbol{X}$ 的特征值和特征向量

5：取最大的 d 个特征值所对应的特征向量 $\{w_1, w_2, \cdots, w_d\}$

输出：降维后的数据 $W=\{w_1, w_2, \cdots, w_d\}$

3.4 弱监督学习

弱监督学习是机器学习领域中的一个分支，与传统监督学习相比，其用于训练模型的数据是有限的、含有噪声的或者标注是不准确的。由于缺少准确的监督信息，因此期望机器学习技术能够在弱的监督情况下能学习有效的数据特征表示。本小节按照数据的标注情况将弱监督学习分为以下三类：不完全监督、不确切监督、不准确监督，如图 3-21 所示。

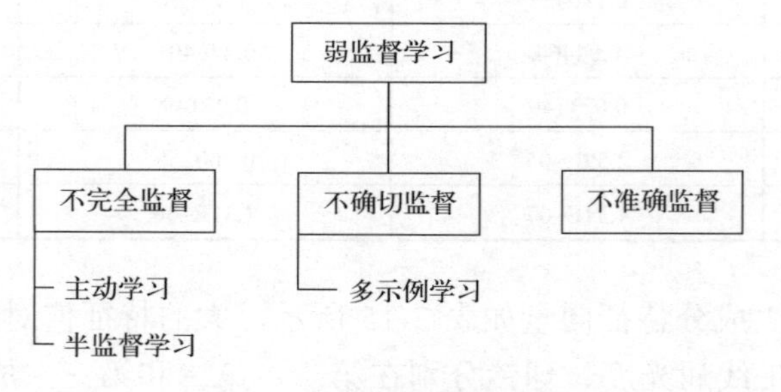

图 3-21　弱监督学习类型

① 不完全监督，即全部训练数据中只有一个子集带有监督标签。这个子集通常很小，子集之外的其余数据没有标签。这种情况在现实世界应用中普遍存在，比如，基于医学图像的疾病识别与筛查任务中，具有精确标注的医学图像数量很少，大部分医学影像数据是没有被标注的。在不完全监督环境中，主动学习、半监督学习、迁移学习是三种比较常用的学习范式。

② 不确切监督，即只给出数据的粗粒度标签。这里仍然以基于医学影像的疾病识别与筛查任务为例，研究人员基于医学影像开发计算机辅助诊断算法，需要大量有精准标注的医学图像，特别是病灶区域标注。然而，由于医生的精力有限和数据标注难度大，医生通常只给出单张医学图像是否存在异常区域，即图像级标注，而不是对医学影像中病理区域进行标注，即像素级标注或对象级标注。在不确切监督环境中，多示例学习是一种常用的学习范式。

③ 不准确监督，针对的问题是给定的标签并不总是真实的情况。同样地，我们以基于医学图像的疾病识别与筛查任务为例，其中医学影像人工标注质量很大程度依赖于阅片医生的知识、工作强度、经验以及接受的临床训练，这些都可能会使得给定的标签并不总是真实的，特别是针对一些难以被准确分类的医学影像。

弱监督学习涉及的研究领域很广，本小节主要讲解四种广为熟知的学习范式：主动学习、半监督学习、迁移学习、多示例学习。

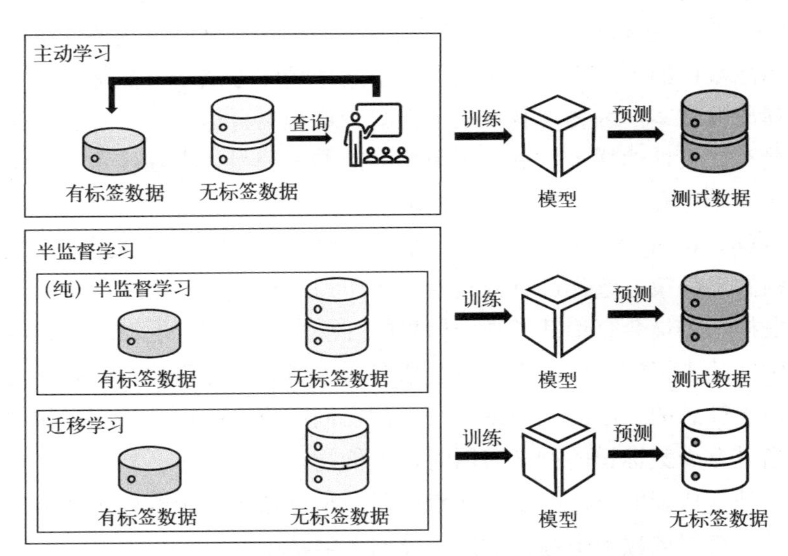

图 3-22　主动学习、(纯) 半监督学习和迁移学习

3.4.1　主动学习

主动学习假设可以从未标记的实例中查询真实标签，如图 3-22 所示。给定少量有标记数据和大量未标记数据时，主动学习的总体思路是通过机器学习的方法获取到那些比较“难”分类的样本数据，用人工的方式进行标注，然后将人工标注得到的数据再次进行训练，提高模型性能。

在没有使用主动学习的时候，系统通常会从无标签的样本中随机选择一些待标记的样本，供人工进行标记。主动学习的目的是通过一些机器学习方法选择待标记的样本，在几乎同样的标注成本下得到更好的模型。

关于标注成本，为简单起见，假设标注成本与查询的实例数量正相关。因此，主动学习的目标是最小化标记成本，即最小化查询的数量，并在此基础上训练一个好的模型。因此，在主动学习框架中，最核心思想就是如何设计一个查询策略来判断样本的价值，即是否值得被标注。然而，样本的价值与许多因素有关，其不仅与样本自身有关，还与任务和模型等因素有关。例如在疾病分类中，两种疾病的病灶病理信息在同一模态的医学图像中表现得极为相似，这对分类模型的训练往往是非常有价值的，因为它难以分辨，此时容易被模型误判。

主动学习尝试选择最有价值的未标记实例进行查询。目前，有两个被广泛使用的样本选择标准，即信息性和代表性。信息性衡量的是一个未标记的实例若被标记后，对减少模型不确定性的帮助程度；而代表性衡量的是这个实例对输入数据分布的代表程度。

接下来简单介绍三种基本的查询策略。

① 不确定性采样（uncertainty sampling）：是指选择最不确定的样本进行标注。对于一些能预测概率的模型，可以直接利用样本的类别预测概率来计算不确定性。这里主要介绍两种方法：一是把预测类别的概率值作为标准，选择预测概率相对较小的样本，这样的样本预测置信度较低；二是从区别混淆的角度，把每个样本对类别预测概率值排名第一和第二的差值作为标准，选择差值较小的。

② 多样性采样（diversity sampling）：从数据分布考虑，确保查询的样本能够覆盖整个数据分布以保证标注数据的多样性。这里主要介绍三种具体方法：一是基于样本的离群值进行选择，优先选择离群样本，因为现有数据可能缺少这些离群信息；二是基于样本的代表性采样，选择一些最有代表性的样本，例如采用聚类的方法获得代表性样本；三是基于多样性采样，根据场景和样本分布，公平均匀地采样。

③ 委员会查询（query-by-committee）：利用多个模型组成的“委员会”对数据进行投票，即多个模型分别做出决策，选择最有分歧的样本作为最有信息的数据进行标注。

不确定性采样和委员会查询都是基于信息的方法实现的，不同的是前者训练单个学习者，然后选择最不确定的未标记实例；而后者生成多个学习者，然后选择所有学习者分歧最大的未标记实例。基于信息的方法的主要缺点在于，它们严重依赖标记数据来构建初始模型来选择查询实例，当只有少数标记的例子可用时，性能往往不稳定。多样性采样通常是基于代表的方法实现的。基于代表的方法的主要缺点在于模型严重依赖于未标记数据的原始分布。如采用聚类采样时，模型依赖于未标记数据主导的聚类结果。

总之，主动学习针对的是有大量无标签数据的场景，目的是如何节省标注工作量且使得模型达到满意的性能。

3.4.2 半监督学习

半监督学习是监督学习与无监督学习相结合的一种学习方法。在少量有标记数据和大量未标记数据的情形下，模型在训练的时候有一部分是有标签的，而有一部分是没有标签的。

我们以二分类任务为例来讲解半监督学习的基本流程，如图 3-23 所示。首先用少量的标注数据训练模型，然后用初始化的模型对无标签的数据进行标注，得到伪标签，最后用所有的数据，包括有标签的数据和得到伪标签的数据，一起对模型进行训练。

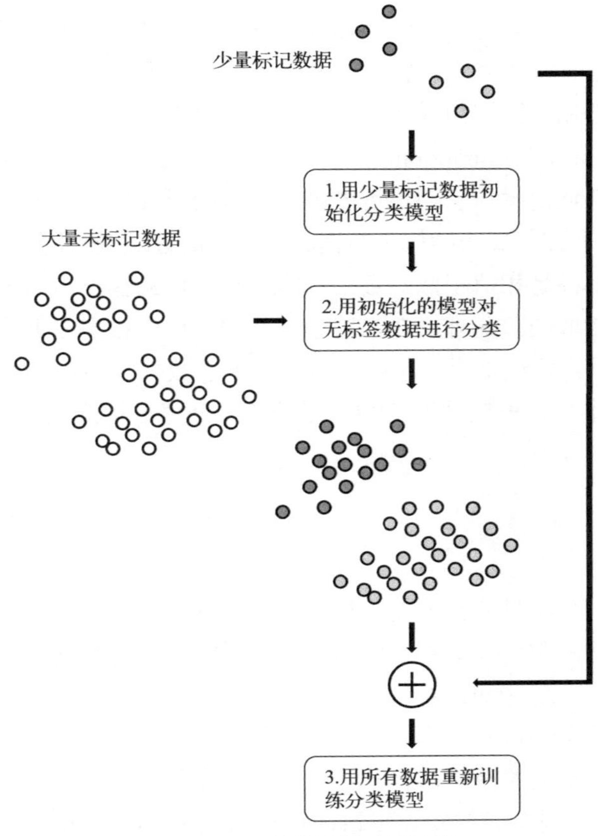

图 3-23　半监督学习的流程

为什么无标签的数据可以帮助构建预测模型，图 3-24 提供了一个直观的解释。在图 3-24 左半部分中，如果我们必须根据唯一的正点和负点进行预测，所能做的只是一个随机猜测，因为测试数据点正好位于两个标记数据点之间的中间；如果允许观察一些未标记的数据点，如图 3-24 右半部分中的灰色数据点。根据数据的分布，测试数据点被预测为正的置信度更高。在这里，尽管未标记的数据点没有明确地包含标签信息，但它们隐含地传达了一些关于数据分布的信息，这可能有助于机器学习模型构建。

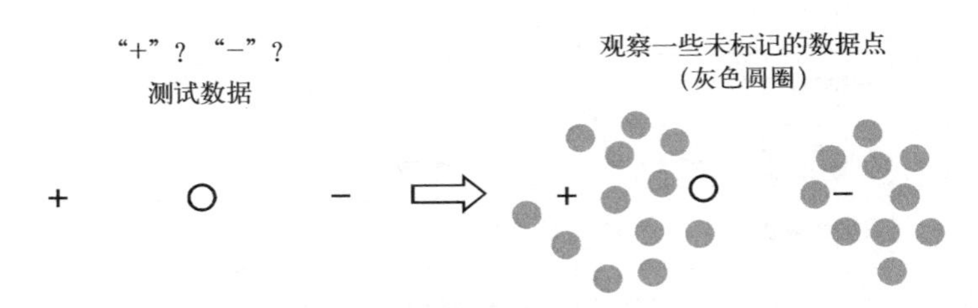

图 3-24　未标记数据的有用性的说明

在半监督学习中，关于数据分布有三个基本假设：平滑假设、聚类假设和流形假设。

① 平滑假设（smoothness assumption）：在稠密的数据区域中，两个距离很近的样例，其类标签相似。也就是说，当两个样例在同一稠密数据区域中时，它们很可能有相同的类标签；相反的，当两个样例被稀疏数据区域分开时，它们的类标签趋于不同。

② 聚类假设（cluster assumption）：假设数据具有固有的集群结构，因此，当两个样例位

于同一聚类簇时，它们很可能有相同的类标签。聚类假设是指样本数据间的距离相互比较近时，则它们很可能拥有相同的类别。根据该假设，分类边界就必须尽可能地通过数据较为稀疏的地方，从而避免把稠密区域的样本点分到不同的类中。

③ 流形假设（manifold assumption）：将高维数据嵌入到低维流形中，当两个样例位于低维流形中的一个局部邻域内时，它们很可能具有相似的类标签。流形假设的主要思想是数据嵌入到低维后，同一个局部邻域内的样本数据具有相似的性质，因此其标记也应该是相似的。

三个假设从本质上都是相信相似的数据点应该有相似的输出，而未标记的数据可以有助于揭示哪些数据点是相似的。此外，在半监督学习中，由于模型在训练集中对未标记的数据的学习程度可能不同，会导致不止一个模型选项。由于数据或模型初始化等原因，其中一些模型的性能可能表现不佳，一般通过模型集成的策略处理这种情况。

3.4.3 迁移学习

在机器学习中，一个常见的情形是：目标任务的训练数据较少，而有一个相关任务有大量的训练数据，虽然这两类训练数据的分布不同，目标任务也不同，但在相关任务中可以学习某些可以泛化的知识，这些知识对目标任务会有一定的帮助。在这样的场景下，如何将相关任务的可泛化知识迁移到目标任务上，就是迁移学习要解决的问题。

迁移学习不同于上述弱监督学习范式，它的目标在于在两个不同领域的知识迁移，利用源领域（source domain）中学到的知识来帮助目标领域（target domain）上的学习任务。迁移学习的流程如图 3-25 所示：先利用源领域数据对源领域任务训练模型；然后从源领域得到可泛化的知识；最后在目标领域，利用目标领域的数据和泛化知识，完成目标任务。

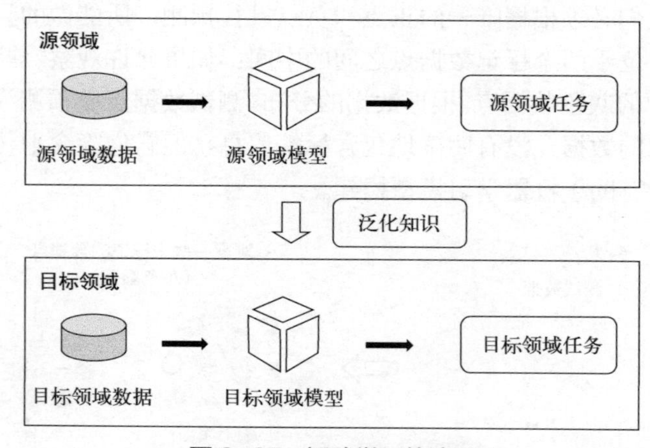

图 3-25 迁移学习的流程

接下来简单介绍四类迁移学习方法。

① 基于实例的方法（instance-based）：这类方法基于以下假设——虽然两个域之间存在差异，但是在源领域中的部分实例可以被目标领域利用。因此，从源领域中选择部分实例作为目标领域训练集的补充，并为这些选择的实例分配适当的权值。

② 基于映射的方法（mapping-based）：这类方法认为尽管两个域之间存在差异，但它们

在一个复杂的新数据空间中可能相似。因此，这类算法将源领域和目标领域的数据都映射到一个新的数据空间。在这个新的数据空间中，来自两个域的实例是相似的，从而在这个空间上利用源领域的实例和目标领域的实例，共同完成目标任务。

③ 基于网络的方法（network-based）：基于神经网络的迁移学习是指将在源领域中预先训练好的部分网络重新利用，包括网络结构和参数。通过将其转化为用于目标领域的神经网络的一部分。该网络的重新利用的部分可以看作是一个特征提取器，所提取的特征是通用的。

④ 基于对抗的方法（adversarial-based）：基于对抗性的方法是指在生成对抗性网络(generative adversarial networks, GAN)的启发下，引入对抗性技术，寻找既适用于源领域又适用于目标领域的可迁移表达。具体地说，将不同领域的数据映射到同一个特征空间，引入一个领域判别器根据映射特征判断一个样本来自于哪个领域。如果领域判别器无法判断一个映射特征的领域，就可以认为该特征是一种领域无关的表示。

3.4.4 多示例学习

在多示例学习中，单个数据是一个包（bag），每个包由一组示例（instance）组成，如图3-26所示，包是有标记的，但示例没有标记。以二分类任务为例，假设在一个包中的所有示例至少有一个正例，则该包被标记为正；反之若一个包中所有示例都是负例，则该包被标记为负，学习的目的是预测新包的类别。

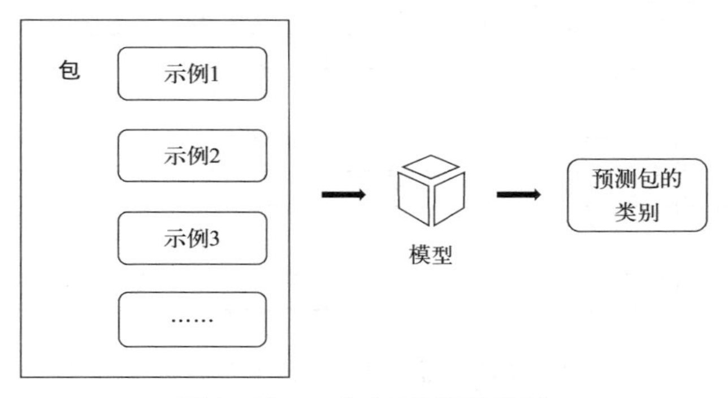

图 3-26 一个多示例问题描述

可以将上述二分类任务定义为从一个训练数据集 $D=\{(X_1,y_1),\cdots,(X_m,y_m)\}$，学习 $f:x\mapsto y$。其中 $X_i=\{x_{i,m_1},\cdots,x_{i,m_i}\}\subseteq x$ 被称为一个集合，$x_{ij}\in x(j\in\{1,\cdots,m_i\})$ 是一个示例，m_i 是 X_i 的示例数量，$y_i\in y=\{\mathrm{Y},\mathrm{N}\}$，（Y 为正例，N 为负例）。如果存在 x_{ip} 是正例，X_i 是一个正例的集合，例如 $y_i=\mathrm{Y}$，其中 $p\in\{1,\cdots,m_i\}$ 是未知的。其目标是预测未知的集合，这被称为多示例学习。

多示例学习已成功应用于各种任务，如图像分类、文本分类、垃圾邮件检测、医学诊断、人脸检测、对象跟踪等。在这些任务中，很自然地将一个真实的物体（如图像整体或文本文档整体）看作是一个包，在一个包中有自然形成的示例（如图像中的部分区域或文档中的某些语句）。多示例学习的最初目标是预测新包的标签；然而，也有研究试图弄清楚确定包标签的关键示例，如在没有细粒度标记训练数据的图像中定位出感兴趣的区域。

本章小结

本章从监督学习、无监督学习和弱监督学习三个方面对机器学习进行了阐述。其中监督学习主要探讨了线性回归、逻辑回归、感知机、支持向量机、决策树与集成学习这六种经典机器学习方法。在无监督学习方法这一小节介绍了两种常用的无监督算法即 K-means 和主成分分析。在弱监督学习小节种围绕主动学习、半监督学习、迁移学习和多示例学习进行了讨论。

习题

1. 简述 K-means 过程。假设我们有 5 个数据点 $x^{(1)}$到 $x^{(5)}$：(1, 2),(2, 3),(4, 6),(5, 4),(6, 5)。展示 K-means 如何在这个数据集上工作。初始聚类中心是 (2, 5) 和 (3, 3)。

2. PCA 是最常见的降维方法之一，假设有 4 个数据点(1, 0), (2, 3), (4, 1), (5, 4)，请使用 PCA 将它们缩减为一维。

（1）请展示你如何找到方向（用单位向量表示）。

（2）投影数据点的坐标是多少?

3. 请分析随机森林为何比决策树 Bagging 集成的训练速度更快。

4. 请分析为什么随机森林在训练中通常比决策树装袋更快。

答案

5. 决策树是一种经典的机器学习方法，其中属性选择扮演着重要的作用。一种常用的方式是通过信息增益大小来确定划分属性。现有如下样本，Y是输出标签，X_1、X_2、X_3是三个不同的属性特征：

X_1	X_2	X_3	Y
0	0	1	T
1	1	2	T
2	1	3	T
2	0	4	T
0	2	5	F
1	2	6	F
2	2	7	F
2	2	8	F

（1）根据最大信息增益原则，在分割数据集的第一步应该选择哪个特征?

（2）画出最终的完整决策树。

（3）在本题中，特征采用离散值。如果特征取连续值，我们如何分割数据集?

本章参考文献

[1] Zhou Z H. A brief introduction to weakly supervised learning[J]. National science review, 2018, 5(1): 44-53.

[2] 周志华. 机器学习[M]. 北京: 清华大学出版社, 2016.

[3] 邱锡鹏. 神经网络与深度学习[M]. 北京: 机械工业出版社, 2020.

[4] 李航. 统计学习方法[M]. 2 版. 北京: 清华大学出版社, 2019.

[5] Chen X, Xu Y, Yan S, et al. Automatic feature learning for glaucoma detection based on deep learning[C]//International conference on medical image computing and computer-assisted intervention. Springer, Cham, 2015: 669-677.

[6] Zhao Y, Zheng Y, Liu Y, et al. Automatic 2-D/3-D vessel enhancement in multiple modality images using a weighted symmetry filter[J]. IEEE transactions on medical imaging, 2017, 37(2): 438-450.

第 4 章

人工智能之深度学习

本章导读

2018 年计算机领域的“诺贝尔奖”——图灵奖颁发给了深度学习领域三位世界著名学者 Yoshua Bengio、Geoffrey Hinton 和 Yann LeCun，以表彰他们在推动深度神经网络发展过程所做出的贡献。

深度学习是推动人工智能第三个发展阶段进入研究高潮的关键技术，本章主要从五个部分来讲解深度学习：什么是深度学习，神经网络组成部件，神经网络参数优化与学习、四种经典神经网络算法以及深度学习前沿技术发展展望，如图 4-1 所示。

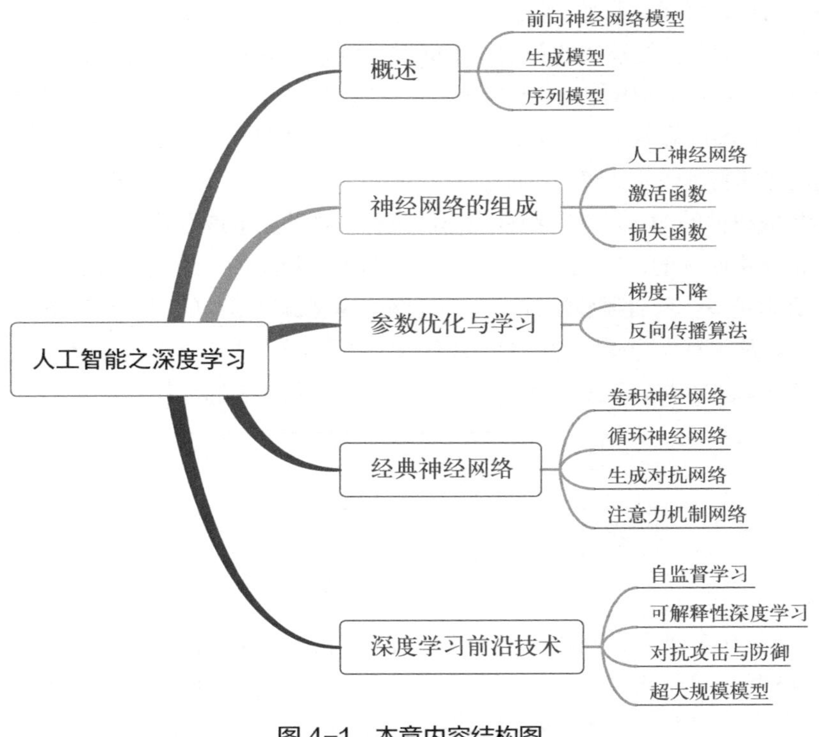

图 4-1　本章内容结构图

4.1 深度学习概述

深度学习（deep learning）的发展起源于心理学家 Frank 在 1958 年提出的感知机（perceptron）算法，但由于感知机算法不能够处理异或回路等非线性问题而且计算能力受限，整个深度学习领域的研究陷入了停滞期。2006 年，Hinton 在 Science 期刊发表深度学习算法论文，论文提出要提高神经网络的存储信息量（网络容量，network capacity）的思想，这大大推动了深度学习的发展，使得深度学习被广泛应用于计算机视觉、自然语言处理、智慧医疗、智慧城市等领域成为了可能。

深度学习是机器学习的一个子研究方向，其主要目标是通过构建一定“深度”的模型，从而可以数据中自动学习到有效的特征表示（一般有三种特征表示：底层特征、中层特征以及高层特征），克服传统机器学习过于依赖特征工程的缺陷，实现端到端学习（end-to-end learning）。深度学习的“深度”主要体现为对原始数据进行非线性特征转换的次数，如果把深度学习模型当作一个树结构，深度可以看作从根节点到叶节点所经过最大路径的长度。端到端学习，是指在学习过程中不进行分模块或分阶段训练，直接优化任务的总体目标。在端到端学习中，一般不需要明确地给出不同模块或阶段的功能，中间过程不需要人为干预。端到端学习的训练数据为“输入-输出”对的形式，不需要其他额外信息。

图 4-2 是一个深度学习模型的数据处理流程图，其通过多次非线性变换将原始数据转换为更高层次、更抽象的特征表示，并进一步输入到预测函数生成最终结果。相较于传统机器学习的“浅层学习”来说，深度学习需要解决的关键技术问题是贡献度分配问题（credit assignment problem，CAP），即一个模型中不同分组件或参数对模型最终输出结果的贡献或影响。以青光眼疾病诊断为例，研究人员通常将眼底彩照图像作为输入，深度神经网络模型中每个组件都会对图像进行信息加工，生成不同层级的特征表示：底层特征表示、中层特征表示和高级特征表示。底层特征表示作为中层特征表示生成组件的输入，会对组件输出产生什么样的影响或有什么贡献、有多大贡献等都是不明确的，以此类推，我们很难明确地判断每一个组件对正确的预测结果的贡献是多少或者哪些组件影响神经网络模型输出错误的青光眼疾病预测结果。因此，常常有人将深度神经网络比作“黑盒”，这个“黑盒”已经能够为输入给出比较正确的结果，我们却难以得知“黑盒”里到底装的是什么。

青光眼

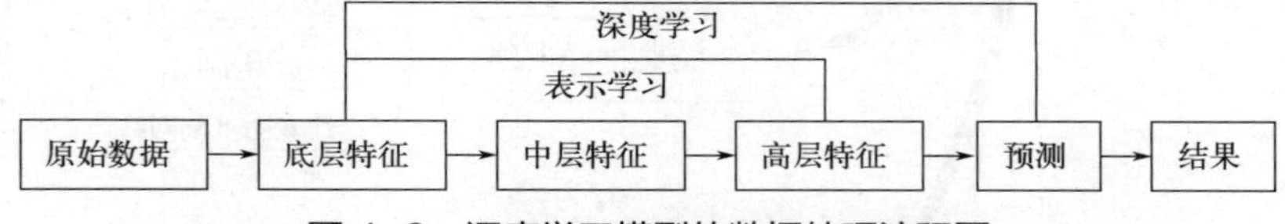

图 4-2 深度学习模型的数据处理流程图

深度学习涵盖众多研究方向，本节很难概括所有的内容，因此本节主要介绍前向神经网络模型、生成模型以及序列模型三个研究发展方向，列举相应方向的一些重要工作，其它研究发展方向读者可以根据自己的兴趣以本书为基础进行扩展阅读。

4.1.1 前向神经网络模型

现在主流的神经网络模型都有一个通用的名词：前向神经网络，此名词源自日本学者邦彦（Kunihiko Fukushima）在 1979 年提出的神经认知机（Neocognitron），此外，在神经认知机中还首次给出了卷积和池化的思想。1986 年，杰弗里 • 辛顿（Geoffrey Hinton）提出了利用反向传播算法训练多层感知机，并解决了感知机不能处理非线性学习的问题。1998 年，“卷积网络之父”Yann LeCun 首次实现了一个七层的卷积神经网络 LeNet-5，该模型在手写数字任务上取得了优越性能。2012 年，辛顿和他的学生 Alex Krizhevsky 设计的 AlexNet 在 ImageNet 大规模视觉识别挑战赛（ImageNet Large Scale Visual Recognition Challenge，ILSVRC）上以巨大优势夺冠，从而引发了新一轮研究深度学习的热潮，他们首次在卷积神经网络中应用 ReLU、Dropout 和局部归一化等技巧，同时采用了 GPU 并行计算加速，这些都成为后续深度神经网络设计的标配。紧随 AlexNet，VGG、GoogLeNet 等经典网络相继被研究学者提出。2016 年，何恺明等提出的残差网络（ResNet）在 ImageNet 大规模视觉识别竞赛中获得了图像分类和物体识别的冠军，其内部的残差块使用了跳跃连接，跳跃连接的引入缓解了增加神经网络模型的深度所带来的模型退化(Degradation)问题。现在，ResNet 已成为图像识别、目标检测网络中的比较常用的骨干架构。辛顿认为反向传播算法和传统神经网络还存在一定缺陷，于是在 2017 年提出了一种新的网络架构胶囊网络（Capsule Net），该模型虽然增强了可解释性和减少了神经网络参数，但其在很多任务的效果没有达到预期，还需要继续验证和发展。2017 年，胡杰等提出了 SENet 并首次将通道注意力机制融入到卷积神经网络设计中。同年，谷歌大脑研究团队中研究学者 Vaswani 等在 *Attention is All You Need* 中提出了 Transformer，它在众多自然语言处理问题中取得了非常好的效果。此后，研究学者基于 Transformer 构建了超大神经网络模型，并在自然语言处理领域中取得实质性突破；2020 年，同样是谷歌大脑研究团队提出的 Vision Transformer（VIT）架构在图像分类任务中取得了优越性能，引发了计算机视觉领域研究 Transformer 的热潮。2021 年，研究学者又将研究方向转向经典的 MLP 网络设计上，并引入新的设计思路，比如分块和通道交互等。新的 MLP 网络架构在计算机视觉和自然语言处理等任务中都取得了不俗表现。鉴于前向神经网络模型发展（图 4-3）很多，在本章后面小节会详细介绍卷积神经网络和注意力机制网络这两种较为经典的前向神经网络模型，并通过具体实例来讲解它们的基本原理。

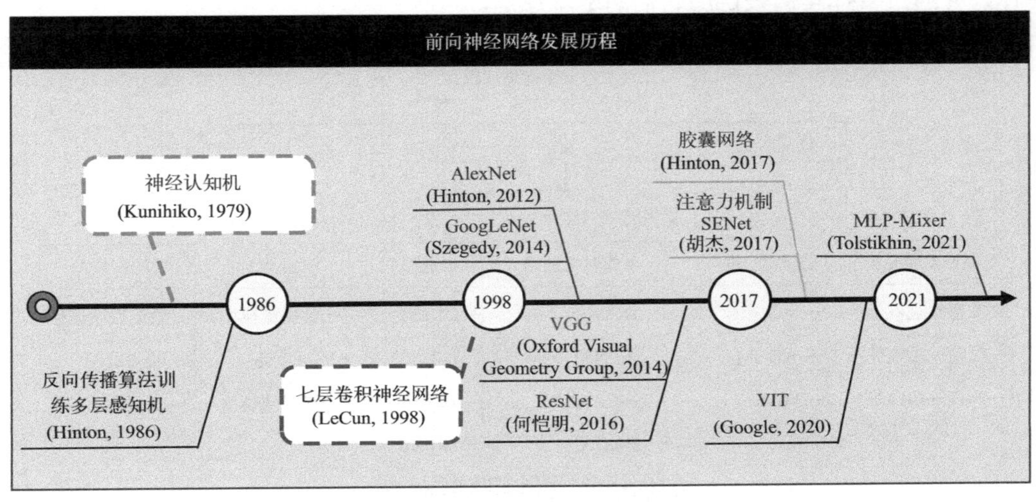

图 4-3　前向神经网络发展脉络

4.1.2 生成模型

生成模型是一种以自编码和自学习为代表的无监督学习方法，在机器学习方法中占据非常重要的地位，它的核心思想是使用极大似然法求解数据分布与模型分布之间的距离。从处理极大似然函数方法的角度，可将生成模型分成如图 4-4 所示的三种方法。2006 年辛顿通过变分或抽样的方法求似然函数的近似分布，并基于受限玻尔兹曼机（RBM）设计了一个神经网络的生成模型，当时使用逐层贪婪或者 wake-sleep 的方法来训练其堆栈而成的深度信念网络（deep belief network，DBN），又称深度置信网络，但该方法的效果不佳。随着计算机算力的提升，辛顿等人在 20 世纪 80 年代提出的自编码器（auto-encoder，AE）才被研究者再次重视起来。比如，图灵奖得主本吉奥等人针对样本的噪声问题提出了去噪自编码器（denoise auto-encoder, DAE）；麦克斯威灵等人使用基于变分推断的神经网络训练了一个有一层隐变量的图模型，叫做变分自编码器（variational autoencoder，VAE）。2014 年 Ian Goodfellow 采用避开求极大似然过程的隐式方法，通过结合隐变量的分布采样，然后基于解码器直接生成样本，并提出经典的生成对抗模型（generative adversarial network，GAN）。GAN 是一种通过判别器和生成器进行对抗训练的生成模型，在训练过程中每次都从分布中采样，然后利用生成博弈的方法直接隐式建模样本整体的概率分布。随后研究人员基于 GAN 进行改进并提出了 DCGAN、ResNetGAN、WGAN、BigGAN 等。2018 年，去噪扩散概率模型（denoising diffusion probabilistic model，DDPM）首次在图像生成方面进行尝试并在像素级表示上取得了开创性的成果。其主要有前向扩散过程和逆向生成过程，前向过程对真实数据样本逐步加入高斯噪声，最终变成一个近似服从标准正态分布的高斯噪声，再实现从噪声中反向采样生成目标数据样本的逆向生成过程。随后，为了缓解 DDPM 推理效率低的问题，研究者们提出了一系列加速策略，包括去噪扩散隐式模型（denoising diffusion implicit models，DDIM）、潜空间扩散模型（latent diffusion model，LDM）、自回归扩散模型（autoregressive diffusion model，ARDM）等。生成模型的应用也非常广泛，从图像、文本、视频等不同模态数据的生成，到自然场景、工业、医学等具体应用场景中数据的生成。在本章后面小节会介绍经典的生成对抗网络 GAN 及其变体，并通过具体实例来讲解它们的基本原理。

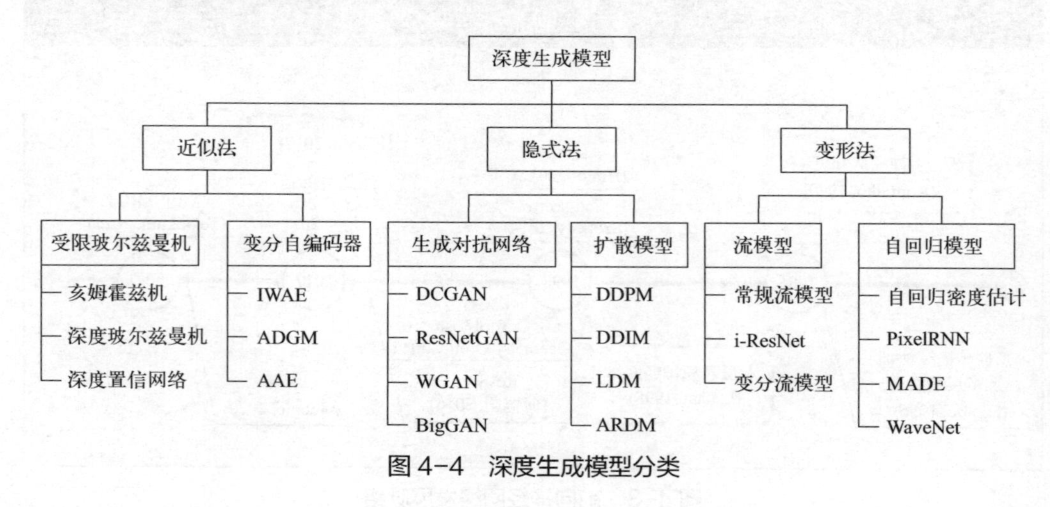

图 4-4　深度生成模型分类

4.1.3 序列模型

序列模型，一般是指自循环神经网络算法。序列模型最初是一种统计模型，比如指数平滑模型、ARIMA、N-gram、skip-gram、HMM、CRF 等。在神经网络模型中，1982 年提出的 Hopfield 神经网络中加入了递归网络的思想。序列模型分类如图 4-5 所示。1997 年施米德胡贝发表了里程碑式的成果，长短期记忆模型（long-short term memory，LSTM）。2013 年辛顿等人使用 RNN 进行语音识别获得了远优于传统方法的结果，这使序列模型得到广泛关注。在文本分析方面，Google 在 2013 年提出的 word2vec 就是一种基于序列的深度学习算法，它是一种非常高效的文本序列建模模型，因此引发了相关研究的热潮。后来在机器翻译等任务上逐渐出现了以 RNN 为基础的 seq2seq 模型，它是通过一个编码器把一句话的语义信息编码成向量再通过解码器转换输出这句话的翻译结果，后来该方法被扩展到与注意力（attention）模型相结合，大大增强了模型的表示能力和实际效果。2017 年谷歌大脑研究团队中研究学者 Vaswani 等在 *Attention is All You Need* 论文中提出了 Transformer，它在众多自然语言处理问题中取得了非常好的效果。此后，研究学者基于 Transformer 构建了超大神经网络模型，并在自然语言处理领域中取得实质性突破。注意力机制网络在前面小节中被看作一类前向神经网络模型；在本节中，从处理序列数据角度来看，其也是一类序列模型。本书我们倾向将注意力机制模型归为前向神经网络模型，同样地在本章后面小节会介绍经典的循环神经网络，并通过具体实例来讲解它们的基本原理。

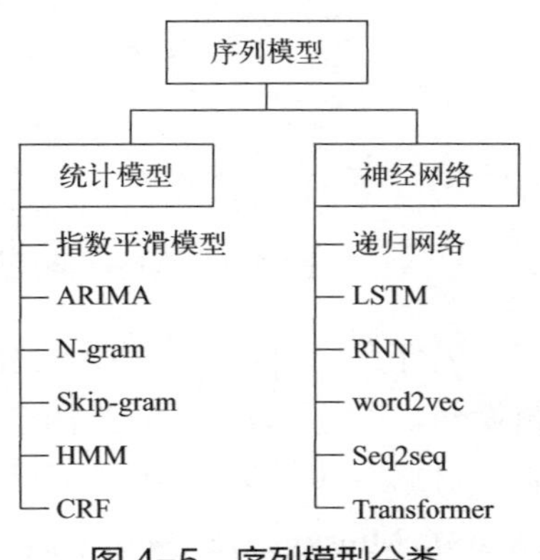

图 4-5　序列模型分类

4.2 人工神经网络

4.2.1 概述

人工神经网络（artificial neural network, ANN）是受人脑神经系统的工作机制启发而提出的一种数学或计算模型。人工神经网络是对人脑神经网络进行抽象，由多个节点（人工神经元）互相连接而成（其中连接方式有多种多样），能够对数据之间的复杂关系进行建模。在第 2 章已经对生物神经元和人工神经元做了较为详细的讲解。图 4-6 为经典的“M-P 神经元模型”示意图。

图 4-7 为一个三层人工神经网络，由输入层、隐藏层和输出层构成，其中，不同层的不同节点之间的连接（边）被赋予了不同的权重，每个权重代表了一个节点对另一个节点的影响大小。在隐藏层中，每个节点接收来自输入层的数据、乘以权重、求和、再通过激活函数计算最终获得该节点的输出。输出层与隐藏层同理，接收来自隐藏层的输出数据，进行同样的处理。

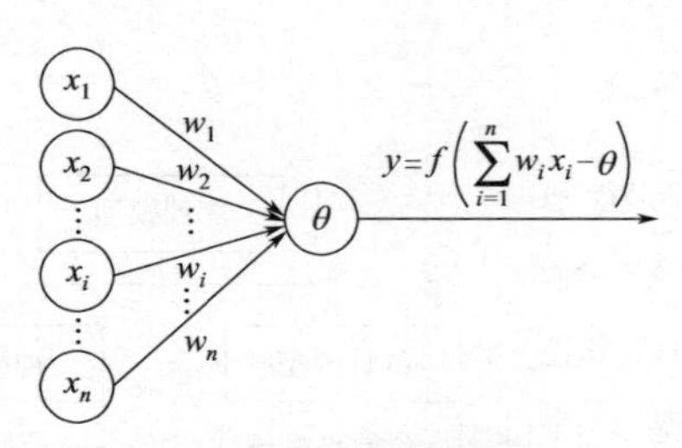

图 4-6　M-P 神经元模型

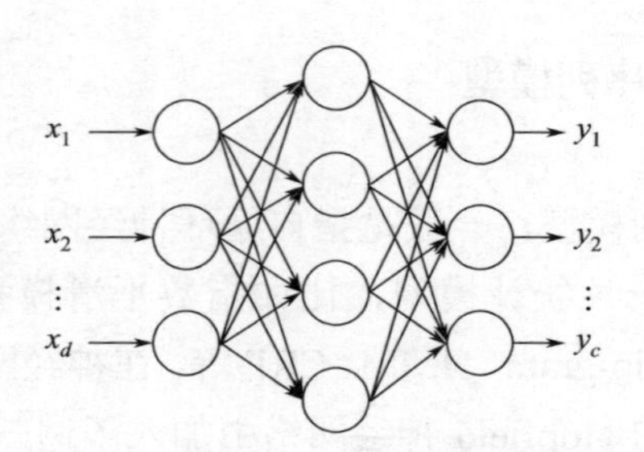

图 4-7　三层人工神经网络

为什么要使用多层的人工神经网络？这就要提到异或问题。异或是一种基本的二进制逻辑操作，其运算法则为：当两个输入相同时，异或结果为0；当两个输入不相同时，异或结果为1。例如：$0 \text{ XOR } 0=0, 0 \text{ XOR } 1=1, 1 \text{ XOR } 0=1, 1 \text{ XOR } 1=0$。而异或问题则是由马文·明斯基（Marvin Minsky）在1969年提出的，他在《感知机》一书中证明了单层的神经网络无法学习到异或逻辑。下面我们来仔细分析一下单层的神经网络为什么不能解决这么简单的基础逻辑问题。

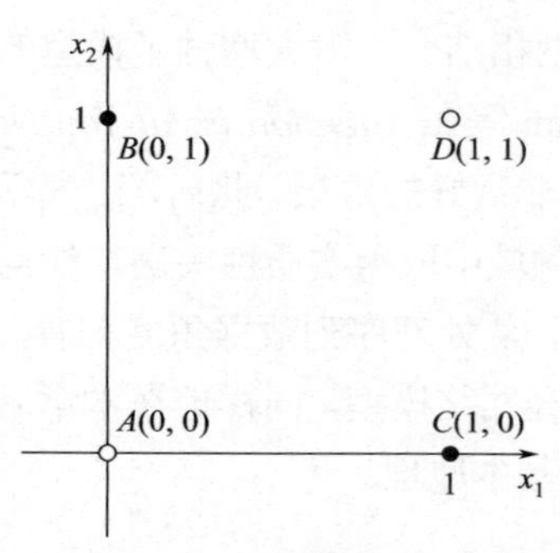

图 4-8　异或问题的描述

图 4-8 展示了异或问题的简单图形化描述，其中黑色实心圆圈代表输出结果为 1 的点，空心圆圈代表输出结果为 0 的点。这个时候我们可以将这个问题看成是一个简单的分类问题，即使用模型将实心点和空心点分开。

要解决这个问题，如果使用单层神经网络，模型可以被定义为

$$y=f\left(w_1x_1+w_2x_2+b\right) \tag{4-1}$$

式中，w_1, w_2 和 b 分别为神经网络的权重和偏置；$f(\cdot)$ 为激活函数 $\text{sgn}(\cdot)$。从几何角度来看，单层的神经元本质上是一个线性模型，而线性模型表现在图中就是一条直线。不难发现，无论我们怎样画线，我们都无法用直线区分开图 4-8 中的实心点和空心点。从代数角度来看，我们将四个点代入式（4-1）中，可以得到：

$$\begin{cases} \text{sgn}(b)=-1 \\ \text{sgn}(w_1+b)=1 \\ \text{sgn}(w_2+b)=1 \\ \text{sgn}(w_1+w_2+b)=-1 \end{cases} \rightarrow \begin{cases} b<0 \cdots\cdots\cdots\cdots\cdots\cdots (\text{a}) \\ w_1+b \geqslant 0 \cdots\cdots\cdots\cdots (\text{b}) \\ w_2+b \geqslant 0 \cdots\cdots\cdots\cdots (\text{c}) \\ w_1+w_2+b<0 \cdots\cdots (\text{d}) \end{cases} \tag{4-2}$$

式（4-2a）+式（4-2c）可得 $w_1+w_2+2b \geqslant 0$，由于 $w_1+w_2+b<0$，所以剩下一项 b 必须大于 0，这与式（4-2a）矛盾，所以说不存在这样的 w_1, w_2, b 能够解决异或问题。

异或问题曾经在 20 世纪 70 年代给神经网络的研究带来沉重的打击，然而，明斯基等人也注意到，使用多层的神经网络就能轻松地解决这个问题。比如说，我们可以用前一层来学习一个高维的特征表示，从而使得在这个高维的空间中，我们可以使用后一层来轻而易举地分开不同类别的样本。

图 4-9（a）将每个神经元绘制为一个节点；图 4-9（b）将每一层神经元组合为向量绘制为图中的一个节点，连接两层神经元的函数就变成了矩阵（向量）。

具体来说，我们这里引入一个非常简单的前向神经网络，由一个输入层、一个隐藏层和一个输出层构成，其中隐藏层中包含两个人工神经元，如图 4-9 所示。我们这里定义 $f(\boldsymbol{x};\boldsymbol{w},b)=g(\boldsymbol{w}^{\mathrm{T}}\boldsymbol{x}+b)$，其中 $\boldsymbol{w}$ 是线性变换的权重矩阵，b 是偏置，$g(\cdot)$表示一个非线性函数（激活函数）。在第 3 章的线性回归小节中已经介绍利用权重向量和一个标量的偏置参数来描述从输入向量到输出标量的仿射变换。因此，图 4-9 前馈网络采用一个非线性函数 $f^{(1)}(\boldsymbol{x};\boldsymbol{W}_1,\boldsymbol{b}_1)$ 计算得到隐藏单元向量 $\boldsymbol{h}$。这些隐藏单元的值随后被用作第二层的输入。第二层就是这个网络的输出层。输出层仍然只是一个线性回归模型，只不过现在它作用于 $\boldsymbol{h}$ 而不是 $\boldsymbol{x}$。网络现在包含链接在一起的两个函数：$\boldsymbol{h}=f^{(1)}(\boldsymbol{x};\boldsymbol{W}_1,\boldsymbol{b}_1)$ 和 $\boldsymbol{y}=f^{(2)}(\boldsymbol{h};\boldsymbol{W}_2,b_2)$。

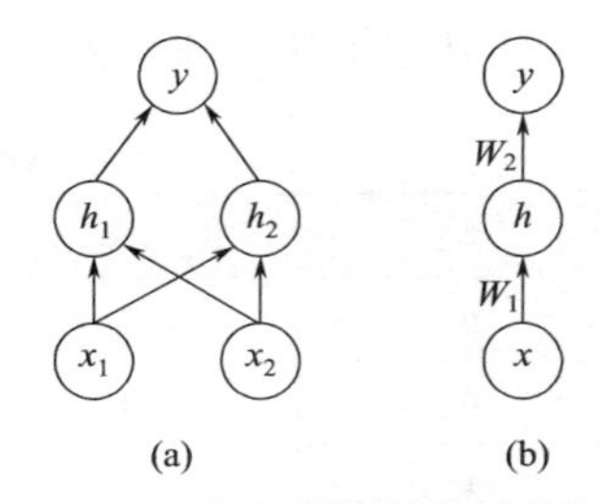

图 4-9　前向神经网络的示例

因此完整的前向神经网络模型定义如下：

$$f(\boldsymbol{x};\boldsymbol{W}_1,\boldsymbol{b}_1,\boldsymbol{W}_2,b_2)=f^{(2)}\left(f^{(1)}(x)\right) \tag{4-3}$$

现在对模型的函数类型进行讨论。如果 $f^{(1)}$ 和 $f^{(2)}$ 都是线性的，那么通过数学推导不难发现前馈网络的输出只是输入的一个线性变换。如果网络只能建构简单的线性变换，那么即使其有很多层，仍然连上文提到的异或问题都解决不了。显然，我们有必要使用非线性函数来描述这些特征，大多数神经网络通过线性变换之后紧跟着一个被称为激活函数的固定非线性函数来实现这个目标，其中线性变换由学习到的参数控制。前面提到的 $g(\cdot)$为激活函数，现在神经网络模型的激活函数通常采用修正流线性单元（rectified linear unit，ReLU），我们会在下一小节介绍，这里我们就使用最简单的阶跃函数（step function），其定义如下：

$$g(x)=\mathrm{sgn}(x)=\begin{cases}1, x\geqslant 0\\0, x<0\end{cases} \tag{4-4}$$

因此，整个神经网络可通过如下公式表示：

$$f(\boldsymbol{x};\boldsymbol{W}_1,\boldsymbol{b}_1,\boldsymbol{W}_2,b_2)=\mathrm{sgn}\left(\boldsymbol{W}_2^{\mathrm{T}}\mathrm{sgn}\left(\boldsymbol{W}_1^{\mathrm{T}}x+\boldsymbol{b}_1\right)+b_2\right) \tag{4-5}$$

现在我们可以利用式（4-5）给出上述异或问题的一个解。令

$$\boldsymbol{W}_1=\begin{bmatrix}1 & -1\\-1 & 1\end{bmatrix},\ \boldsymbol{b}_1=\begin{bmatrix}-0.5\\0.5\end{bmatrix},\ \boldsymbol{W}_2=\begin{bmatrix}1\\1\end{bmatrix},\ b_2=-0.5$$

为了表示详细计算过程，不妨令

$$\boldsymbol{W}_1=\begin{bmatrix}w_1 & w_2\\w_3 & w_4\end{bmatrix},\ \boldsymbol{W}_2=\begin{bmatrix}w_5\\w_6\end{bmatrix} \tag{4-6}$$

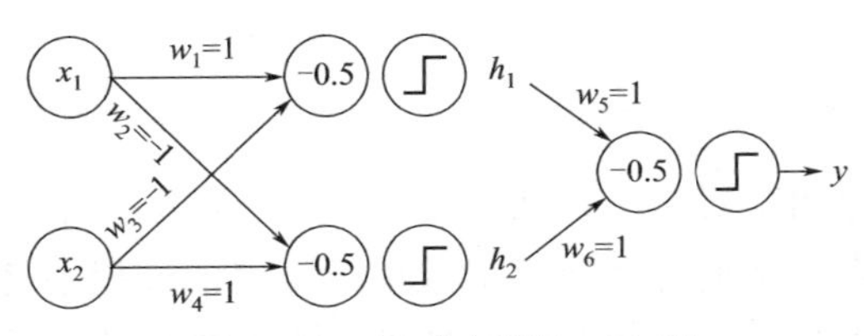

图 4-10　异或实例的一个解

此时计算流程可以用图 4-10 表示。

隐藏层的计算公式如下：

$$h_1=\mathrm{sgn}(w_1x_1+w_3x_2-0.5) \tag{4-7}$$

$$h_2=\mathrm{sgn}(w_2x_1+w_4x_2-0.5) \tag{4-8}$$

$$y=\mathrm{sgn}(w_5h_1+w_6h_2-0.5) \tag{4-9}$$

计算结果如表 4-1 和表 4-2 所示。

表 4-1　隐藏层中第一个人工神经元的计算过程

x_1	x_2	$w_1x_1+w_3x_2-0.5$	h_1
0	0	−0.5	0
0	1	−1.5	0
1	0	0.5	1
1	1	−0.5	0

表 4-2　隐藏层中第二个人工神经元的计算过程

x_1	x_2	$w_2x_1+w_4x_2-0.5$	h_2
0	0	−0.5	0
0	1	0.5	1
1	0	−1.5	0
1	1	−0.5	0

经过以上变换能够改变样本间的关系，使它们能够线性可分了。如图 4-11 所示，它们现在处在一个可以用线性模型解决的空间上。

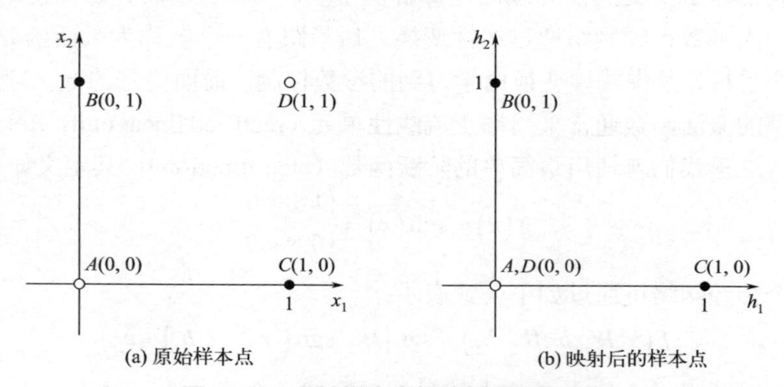

图 4-11　原始样本点与映射后的样本点

我们最后乘以一个权重向量 $\boldsymbol{W}_2$，得到每个样本的预测结果，如表 4-3 所示。

表 4-3　输出层的预测结果计算过程

x_1	x_2	h_1	h_2	$w_5h_1+w_6h_2-0.5$	y	class
0	0	0	0	−0.5	0	No
0	1	0	1	0.5	1	Yes
1	0	1	0	0.5	1	Yes
1	1	0	0	−0.5	0	No

在上例中，我们通过指定特定的权重，让神经网络对这一批次中的每个样本都给出了正确的预测结果。然而，在实际情况中，神经网络有大量的神经元，很难在一次训练过程中将所有样本都预测正确，这时需要采用合适的损失函数来计算误差，并基于梯度下降算法找到

一些合适的权重参数使得产生的误差符合预期。在以上例子中，我们看到了神经网络中的几个常见名词：激活函数和损失函数，我们会在本小节后面重点介绍它们。

4.2.2 激活函数

4.2.2.1 概述

一个生物神经元通常具有多个树突和一个轴突。树突用来接收信息，轴突用来发送信息。当生物神经元接收的输入信号信息的积累超过某个阈值时，它就处于兴奋（抑制）状态，产生不同电脉冲信号，对其他生物神经元产生影响。这些在第 2 章的人工智能算法的生物学基础小节已经有了详细介绍，这里不再赘述。激活函数是受生物神经元的工作机制启发而提出的，也是一种非线性函数。非线性激活函数能够增加神经网络模型的非线性因素，从而增强神经网络的表征学习能力，使它可以对复杂的任务进行建模，以及表示输入输出之间非线性的复杂的任意函数映射。

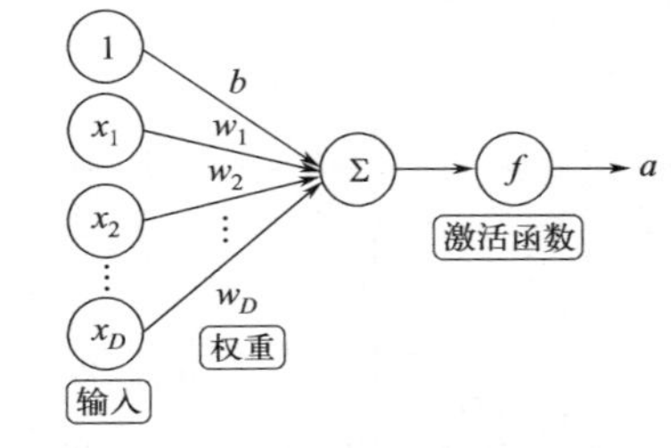

图 4-12 人工神经元的结构示意图

图 4-12 为一个人工神经元的结构示意图，给定向量 $\boldsymbol{x}=[x_1,x_2,\cdots,x_D]$来表示这组输入。并用净输入（net input）$z\in\mathbf{R}$ 表示一个神经元所获得的输入信号$\boldsymbol{x}$的加权和，净输入 z 在经过一个非线性函数（激活函数）后，得到神经元的活性值（activation）a。

$$z=\sum_{d=1}^{D}w_d x_d+b=\boldsymbol{w}^{\mathrm{T}}\boldsymbol{x}+b$$

$$a=f(z)$$

激活函数在神经网络中扮演着重要角色，其一般需要具有以下三个性质：

① 为了保证网络参数可以通过反向传播优化，必须保证是连续并可导（允许少数点上不可导）的非线性函数。

② 为了保证网络计算效率，激活函数及其导函数要尽可能的简单。

③ 为了保证训练的稳定性，激活函数的导函数的值域要在一个合适的区间内，不能太大也不能太小。

下文主要介绍六种深度神经网络中常用的激活函数：sigmoid，tanh，ReLU, Leaky ReLU，GELU，swish，如表 4-4 所示。

表 4-4 六种常见激活函数

激活函数	表达式	示意图
sigmoid	$\sigma(x)=\frac{1}{1+\mathrm{e}^{-x}}$	

续表

激活函数	表达式	示意图
tanh	$\tanh(x)=\dfrac{e^{x}-e^{-x}}{e^{x}+e^{-x}}$	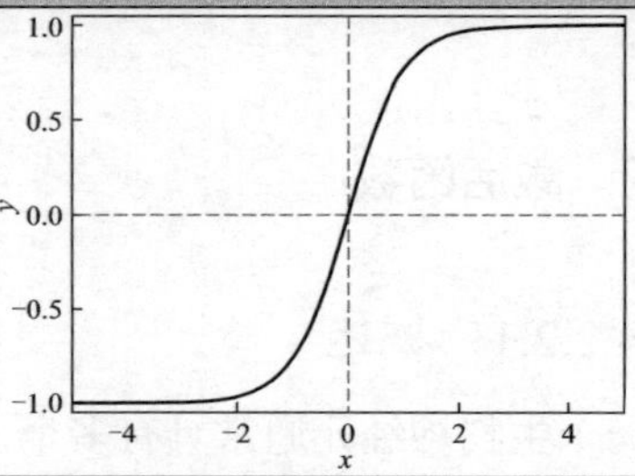
ReLU	$\mathrm{ReLU}(x)=\begin{cases}x, x\geqslant 0\\0, x<0\end{cases}=\max(0,x)$	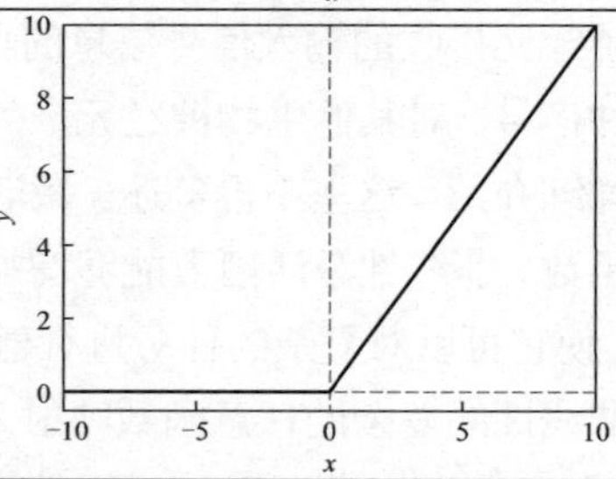
Leaky ReLU	$\mathrm{LeakyReLU}(x)=\begin{cases}x, x>0\\\gamma x, x\leqslant 0\end{cases}$ $=\max(0,x)+\gamma\min(0,x)$	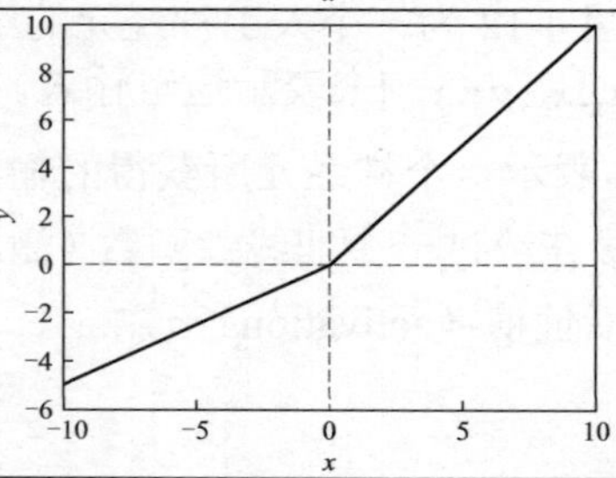
GELU	$\mathrm{GELU}(x)=xP(X\leqslant x)$	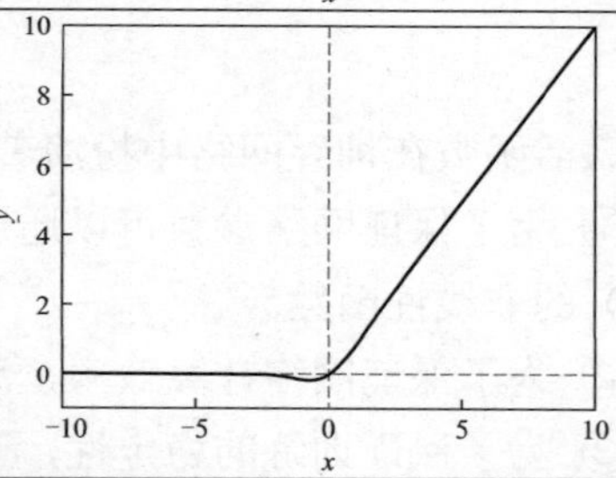
swish	$\mathrm{swish}(x)=x\sigma(\beta x)$	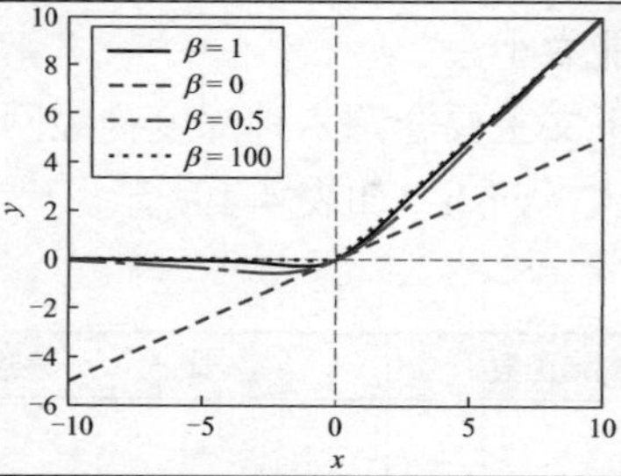

4.2.2.2 sigmoid 函数

sigmoid 函数，又称 Logistic 函数，是一种 S 型曲线函数，为两端饱和函数，其将实数值压缩进 0～1 的区间内，因此可在预测概率的输出层中使用。在 sigmoid 函数中，当输入值趋向负无穷时，函数值越逼近 0；当输入值趋向正无穷时，函数值越逼近 1。这样的特点正好与生物神经元的工作机制类似，对一些输入会产生兴奋（输出为1），对另一些输入产生抑制（输出为0）。其数学公式为：

$$\sigma(x)=\frac{1}{1+e^{-x}} \tag{4-10}$$

图4-13展示了sigmoid函数的示意图。可以看出，sigmoid函数是连续可导的，其数学性质较好；其输出范围是0到1，可看作概率分布，可以与统计学习模型进行结合；其也可以看作一个门控单元，控制神经元输出信息。不过，sigmoid函数也存在三个主要缺陷：

（1）梯度消失：神经网络使用sigmoid函数作为激活函数进行反向传播时，当函数值趋近0或1的时候变化率会变得平坦，即梯度趋近于0，这会导致与此类神经元相连的神经元的权重也更新得很慢，出现梯度消失问题。

（2）不以零为中心：sigmoid函数的输出恒大于0。非零中心化的输出会使得其后一层的神经元的输入发生偏置偏移，并进一步使得梯度下降的收敛速度变慢。

（3）计算成本高昂：指数函数与其他非线性激活函数相比，其计算成本高昂。

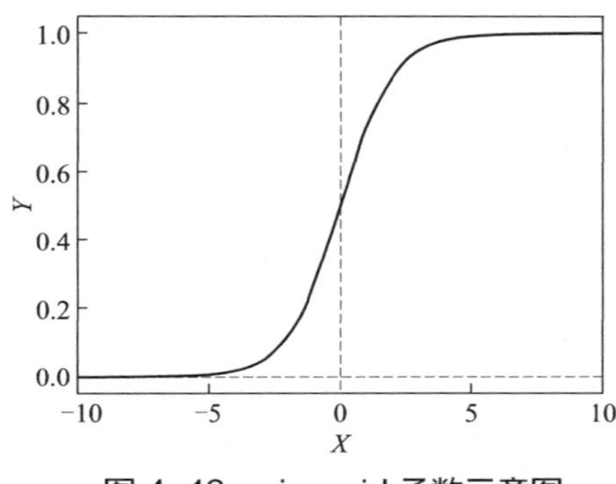

图4−13　sigmoid函数示意图

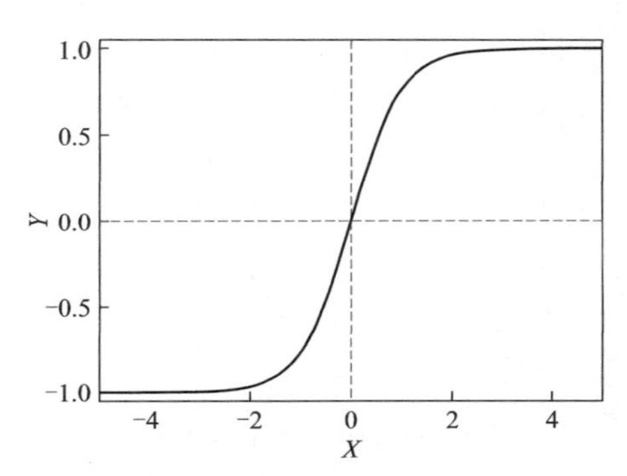

图4−14　tanh函数示意图

4.2.2.3　tanh函数

tanh函数，又称作双曲正切函数（hyperbolic tangent activation function）。与sigmoid函数同样也是S型曲线，可以看作是放大并平移后的sigmoid函数。我们通常将sigmoid函数表示为$\sigma(x)$，$\tanh(x)$可以如下式表示。

$$\tanh(x)=\frac{e^{x}-e^{-x}}{e^{x}+e^{-x}} \tag{4-11}$$

$$\tanh(x)=2\sigma(2x)-1 \tag{4-12}$$

其函数如图4-14所示，与sigmoid函数的核心区别在于tanh函数将输入压缩至−1到1的区间，输出以零为中心，而sigmoid的输出值以0.5中心。虽然tanh函数解决了sigmoid函数不以零为中心的缺点，但同样存在着梯度消失和计算成本高昂的问题。

4.2.2.4　ReLU函数

修正流线性单元（rectified linear unit，ReLU），又称作Rectifier函数，是目前深度神经网络中最通用的激活函数之一。ReLU实际上是一个斜坡（ramp）函数，其定义为：

$$\mathrm{ReLU}(x)=\begin{cases}x, x\geqslant 0\\0, x<0\end{cases}=\max(0,x) \tag{4-13}$$

其函数图如图 4-15 所示。

ReLU 函数具有较好的生物学合理性，比如单侧抑制、宽兴奋边界。在生物神经网络中，同时处于兴奋状态的神经元非常稀疏。人脑中在同一时刻大概只有 1%～4%的神经元处于活跃状态。使用 sigmoid 型激活函数会使神经网络激活神经元占比较多，而 ReLU 却具有很好的稀疏性，大约 50%的神经元会处于激活状态。

ReLU 函数易于优化，因为 ReLU 函数和线性单元非常类似。线性单元和 ReLU 函数的唯一区别在于 ReLU 函数在其一半的定义域上输出为 0（左饱和函数），这使得只要其处于激活状态，它的导数都能保持较大，且它的梯度不仅大而且一致，在一定程度上能缓解神经网络的梯度问题，同时解决了计算开销大的问题，计算速度更快。其缺点也很明显，输出值会非零中心化现象，导致引入偏置偏移，影响参数更新速度。此外，ReLU 神经元当输入为负时，梯度为 0。在训练时，如果参数更新不当，导致某个 ReLU 神经元对于所有输入的输出都变为负，那么该神经元的梯度始终保持为 0，始终不会更新，造成所谓的死亡 ReLU 问题。

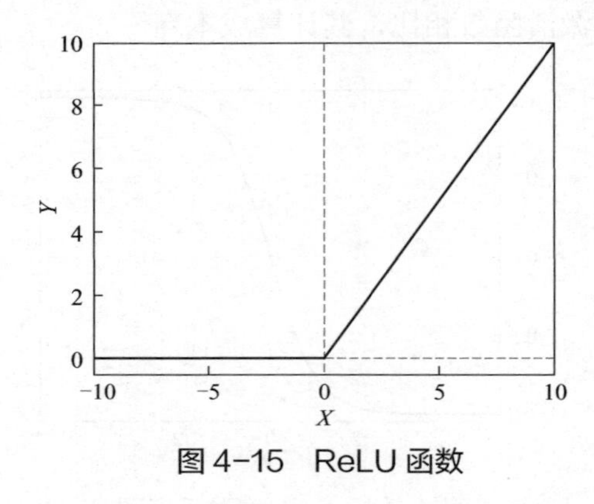

图 4-15　ReLU 函数

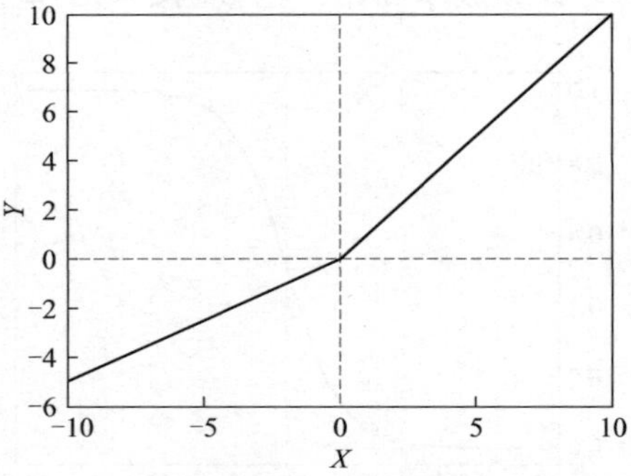

图 4-16　Leaky ReLU 函数示意图

4.2.2.5　Leaky ReLU 函数

Leaky ReLU 函数为了解决死亡 ReLU 问题，将原本输入为负时函数为 0，改为带有很小的梯度的线性函数，从而不至于导致梯度消失，其函数图如图 4-16 所示。其定义如下：

$$\mathrm{LeakyReLU}(x)=\begin{cases}x, x>0\\ \gamma x, x\leqslant 0\end{cases}=\max(0,x)+\gamma\min(0,x) \tag{4-14}$$

4.2.2.6　swish 函数

swish 函数是一种自门控（self-gated）激活函数，swish 函数的设计受到了 LSTM 和高速网络（highway network）中门控机制（gating）的 sigmoid 函数使用的启发，其定义为：

$$\mathrm{swish}(x)=x\sigma(\beta x) \tag{4-15}$$

其中$\sigma(\cdot)$为 sigmoid 函数，β为可学习的参数或一个预先设置好的固定超参数。$\sigma(\cdot)\in(0,1)$可以看作一种软性的门控机制，当$\sigma(\beta x)$接近于 1 时，门处于“开”状态，激活函数的输出近似于x本身；当$\sigma(\beta x)$接近于 0 时，门的状态为“关”，激活函数的输出近似于 0。

当β=0 时，swish 函数为线性函数$x/2$；当β=1 时，swish 函数在x>0 时近似线性，在x<0 时近似饱和，同时具有一定的非单调性。当$\beta\to+\infty$时，$\sigma(\beta x)$趋向于离散的 0-1 函数，swish 函数近似为 ReLU 函数。因此，swish 函数可以看作线性函数和 ReLU 函数之间的非线性插值函数，其程度由超参数β控制，其函数图如图 4-17 所示。

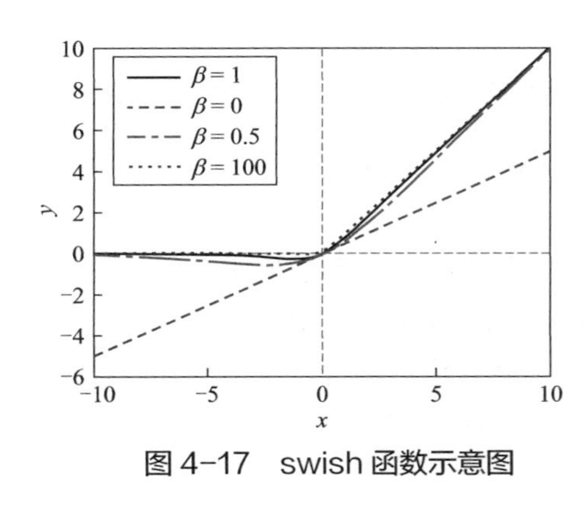

图 4-17 swish 函数示意图

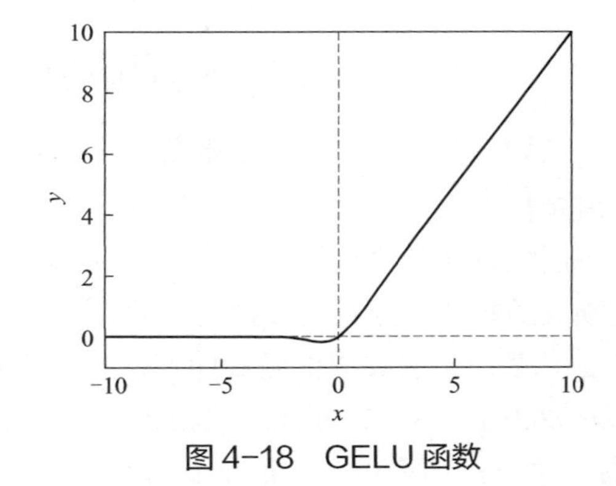

图 4-18 GELU 函数

4.2.2.7 GELU 函数

高斯误差线性单元（gaussian error linear unit，GELU），也是一种利用门控机制来调整其输出值的激活函数，其定义如下：

$$\mathrm{GELU}(x) = xP(X \leqslant x) \tag{4-16}$$

其中$P(X \leqslant x)$是高斯分布$\mathcal{N}(\mu,\sigma)$的累积分布函数，其中μ,σ为超参数，通常设置μ=0 和σ=1。由于高斯分布的累积分布函数为 S 型函数，因此 GELU 函数可以用 tanh 函数或 sigmoid 函数来近似。

$$\mathrm{GELU}(x) \approx 0.5x\left[1+\tanh\left(\sqrt{\frac{2}{\pi}}\left(x+0.044715x^3\right)\right)\right] \tag{4-17a}$$

或

$$\mathrm{GELU}(x) \approx x\sigma(1.702x) \tag{4-17b}$$

当使用 sigmoid 函数来近似时，GELU 可以看作 swish 函数的一种特殊情况。其函数图如图 4-18 所示。

4.2.3 损失函数

损失函数（loss function），又称代价函数（cost function），用于计算神经网络模型预测值与真实标签值的误差。损失函数是神经网络模型的重要组件，需要根据任务选择或设计合适的损失函数，在训练过程中利用损失函数计算神经网络的误差大小，再利用梯度下降和反向传播算法对神经网络中的参数进行优化。下文针对三类常见学习任务：分类、分割及回归来介绍它们各自具有代表性的损失函数：交叉熵损失函数、Dice 损失函数以及均方误差损失函数。

4.2.3.1 交叉熵损失函数

对于分类任务，不管是二分类还是多分类，神经网络模型通常采用 sigmoid 函数或 softmax 函数作为最终输出层的激活函数，这样可以使得模型的输出结果为输入各个类别的概率值，在第 3 章中提到的逻辑回归也是用于分类的模型，它就使用到了这两个函数来处理二分类和多分类问题。我们一般采用经典交叉熵（cross entropy，CE）损失函数来计算模型预测值与真实标签值的误差。交叉熵是信息论中一个重要概念，其作用主要是度量两个概率分布间的差异性信息。给定一个样本x，$p(x)$表示样本x的真实分布，$q(x)$表示模型所预测的分布，公式如下：

$$H(p,q) = -p(x)\log q(x) \tag{4-18}$$

交叉熵刻画了两个概率分布之间的距离，由式（4-18）可知，交叉熵值越小，p 和 q 两个概率值越接近。

下面以青光眼检测（二分类）和白内障分级（三分类）任务为实例来分别介绍二分类交叉熵损失函数和多分类交叉损失函数的区别。给定 4 张青光眼的眼底图像的标签为{1,0,1,0}，其中 1 代表患有青光眼的眼底图像，0 代表正常的眼底图像，神经网络模型输出概率值分别为{0.6,0.6,0.3,0.4}。二分类的预测结果只有两种情况，所以我们一般只输出标签为 1 的概率 p，标签为 0 的概率可以通过 $1-p$ 得到。

因此，交叉熵损失函数表达式如下：

$$L = \frac{1}{n}\sum_{i=1}^{n} -\left[y_i \log(p_i) + (1-y_i)\log(1-p_i)\right] \tag{4-19}$$

其中，n 表示样本大小，y_i 表示第 i 个样本的标签，p_i 表示将第 i 个样本预测为正类的概率。因此，对于青光眼检测这个二分类的例子，我们可以计算样本的交叉熵损失如下：

$$\begin{aligned} L &= -\frac{1}{4}\{[1\times\log 0.6 + 0\times\log(1-0.6)] + [0\times\log 0.6 + 1\times\log(1-0.6)] + \\ &\quad [1\times\log 0.3 + 0\times\log(1-0.3)] + [0\times\log 0.4 + 1\times\log(1-0.4)]\} \\ &= -\frac{1}{4}(\log 0.6 + \log 0.4 + \log 0.3 + \log 0.6) \\ &\approx 0.7855 \quad \text{（本节 log 计算以 e 为底）} \end{aligned} \tag{4-20}$$

对于多分类问题，假设训练数据集中有 n 个样本，样本的真实标签类别数为 c。我们利用独热编码技术（one-hot encoding）转换了真实标签，转换后，对于第 i 个样本，其真实标签为一个 c 维的向量 $\boldsymbol{y}^{(i)} \in \mathbf{R}^c$，当样本属于第 j 类时，样本对应标签的第 j 个元素 $y_j^{(i)}$ 为 1，其余为 0。这里我们用 $\hat{\boldsymbol{y}}^{(i)}$ 表示预测结果。因此，其交叉熵的形式如下：

$$\text{CrossEntropy}\left(\boldsymbol{y}^{(i)}, \hat{\boldsymbol{y}}^{(i)}\right) = -\sum_{j=1}^{c} y_j^{(i)} \log \hat{y}_j^{(i)} \tag{4-21}$$

由于元素 $y_j^{(i)}$ 的取值只有 0 或 1，从交叉熵的表示形式可以看出，交叉熵只关注样本真实类别的预测概率。对于具有 n 个样本的数据集，交叉熵损失函数可以表示为：

$$L = \frac{1}{n}\sum_{i=1}^{n} \text{CrossEntropy}\left(\boldsymbol{y}^{(i)}, \hat{\boldsymbol{y}}^{(i)}\right) \tag{4-22}$$

下面以白内障分级的三分类任务为例来介绍多分类交叉熵损失具体计算过程，假设有 3 张白内障的眼底图像，其标签分别为{0, 1, 2}，其中 0 代表正常样本，1 代表为轻度白内障患者，2 代表重度白内障患者。在多分类问题中，为了便于模型计算，我们首先利用刚才提到的独热编码将类别标签编码为二进制向量。本例中共有 3 个类别，因此可以利用独热编码技术将每个样本的真实标签转化为一个长度为 3 的二进制向量。以轻度白内障患者为例，其类别标签为 1，那么轻度白内障患者所对应的二进制向量在第 1 维上为 1（表明该维有效），其余维都为 0。预测结果也是 3 维向量，每一维对应样本预测为相应类别的概率。样本信息如表 4-5 所示。

表 4-5　白内障样本真实标签与预测结果

编号	真实标签	预测结果
1	(1,0,0)	(0.6,0.2,0.2)
2	(0,1,0)	(0.1,0.7,0.2)
3	(0,0,1)	(0.3,0.3,0.4)

这里，我们首先通过以下公式计算每个样本的交叉熵：

$$\text{CrossEntropy}\left(\boldsymbol{y}^{(1)},\hat{\boldsymbol{y}}^{(1)}\right)=-\left(1\times\log 0.6+0\times\log 0.2+0\times\log 0.2\right)\approx 0.5108 \tag{4-23}$$

$$\text{CrossEntropy}\left(\boldsymbol{y}^{(2)},\hat{\boldsymbol{y}}^{(2)}\right)=-\left(0\times\log 0.1+1\times\log 0.7+0\times\log 0.2\right)\approx 0.3567 \tag{4-24}$$

$$\text{CrossEntropy}\left(\boldsymbol{y}^{(3)},\hat{\boldsymbol{y}}^{(3)}\right)=-\left(0\times\log 0.3+0\times\log 0.3+1\times\log 0.4\right)\approx 0.9163 \tag{4-25}$$

根据交叉熵损失函数的定义，计算所有样本类别的交叉熵损失如下：

$$L=\frac{1}{3}\sum_{i=1}^{3}\text{CrossEntropy}\left(\boldsymbol{y}^{(i)},\hat{\boldsymbol{y}}^{(i)}\right)=\frac{0.5108+0.3567+0.9163}{3}\approx 0.5946 \tag{4-26}$$

表 4-6 罗列了分类任务中常见损失函数，并简略介绍了它们的特点。

表 4-6　分类任务中的常见损失函数

损失函数	表示形式	特点
交叉熵损失	$L=\frac{1}{n}\sum_{i=1}^{n}\text{CrossEntropy}\left(\boldsymbol{y}^{(i)},\hat{\boldsymbol{y}}^{(i)}\right)$	衡量真实概率分布与预测概率分布之间的差异
0-1 损失	$L=\frac{1}{n}\sum_{i=1}^{n}\text{loss}_{0/1}\left(y^{(i)},\hat{y}^{(i)}\right)$ $\text{loss}_{0/1}\left(y^{(i)},\hat{y}^{(i)}\right)=\begin{cases}0, y^{(i)}\cdot\hat{y}^{(i)}>0\\1, y^{(i)}\cdot\hat{y}^{(i)}\leqslant 0\end{cases}$ 当预测值 $\hat{y}^{(i)}$ 与真实值 $y^{(i)}$ 同号时，视模型预测正确，损失为 0；否则，视模型预测错误，损失为 1	适用于二分类任务。将准确率作为损失函数，符合直觉但该损失非凸、不连续，无法基于梯度进行优化
合页损失	$L(z)=\max(0,1-z)$ 如果被正确分类，损失是 0，否则损失就是 $1-z$,其中 $z=y^{(i)}\cdot\hat{y}^{(i)}$	带有置信度的损失函数，适用于最大间隔（max-margin）分类问题

4.2.3.2　Dice 损失函数

Dice 损失函数是图像分割任务中常用的损失函数，适用于样本极度不均的情况，因而常用于医学图像的分割。Dice 损失函数是在集合相似度度量函数 Dice 系数的基础上设计的。在进一步讲解 Dice 损失函数之前，我们首先需要了解 Dice 系数这一重要的概念。

Dice 系数用于度量两个集合的相似度，其取值范围为[0,1]。假设有两个集合 $\boldsymbol{X}$ 和 $\boldsymbol{Y}$，它们的 Dice 系数可以表示为：

$$\text{Dice Coefficient}=\frac{2\left|\boldsymbol{X}\cap\boldsymbol{Y}\right|}{\left|\boldsymbol{X}\right|+\left|\boldsymbol{Y}\right|} \tag{4-27}$$

其中 $\left|\boldsymbol{X}\cap\boldsymbol{Y}\right|$ 是 $\boldsymbol{X}$ 和 $\boldsymbol{Y}$ 的交集中的元素个数，$\left|\boldsymbol{X}\right|$ 和 $\left|\boldsymbol{Y}\right|$ 分别表示集合 $\boldsymbol{X}$ 和集合 $\boldsymbol{Y}$ 中元素的个数。由于分母 $\left|\boldsymbol{X}\right|+\left|\boldsymbol{Y}\right|$ 存在重复计算 $\boldsymbol{X}$ 和 $\boldsymbol{Y}$ 的共同元素，因此分子 $\left|\boldsymbol{X}\cap\boldsymbol{Y}\right|$ 的系数为 2。

对于图像分割任务中的 Dice 系数，我们以眼底 OCTA 图像为例来讲解，帮助大家对其有

一个直观的理解。图 4-19（a）是视网膜浅层血管复合体的图像，图 4-19（b）是该图像的分割标签，图 4-19（c）是神经网络产生的分割预测结果。我们可以将公式中的$|\boldsymbol{X}|$理解为图像的真实标签中激活的像素个数。由于网络产生的预测结果是对应像素预测为某一类别的概率，因此在 dice 损失函数的计算中，$|\boldsymbol{Y}|$近似为通过网络产生的预测结果中像素的概率值之和；分母上的$|\boldsymbol{X}\cap\boldsymbol{Y}|$近似为预测结果中正确预测的像素的概率值之和，计算为预测结果与真实标签的点乘再将点乘结果相加。因此，Dice 系数可以理解为：

$$\frac{2\times 预测正确的结果}{真实标签+预测结果} \tag{4-28}$$

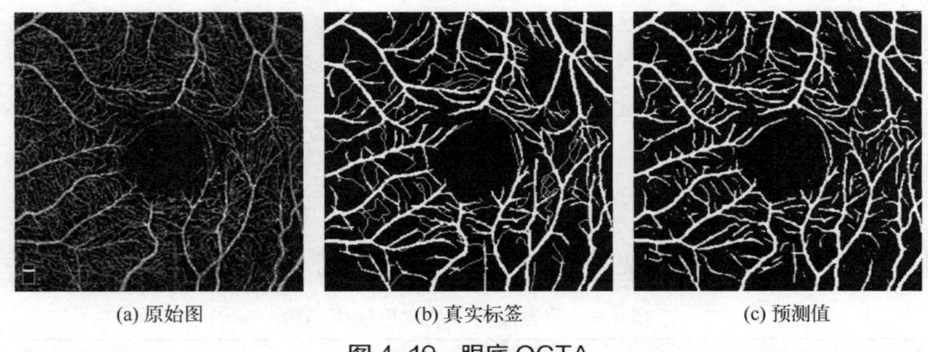

(a) 原始图　(b) 真实标签　(c) 预测值

图 4-19　眼底 OCTA

以眼底 OCTA 血管分割任务为例，图像中每个像素的真实标签只有 0、1 两个值，0 表示背景，1 表示 OCTA 图像中的血管。在实际计算时，$|\boldsymbol{X}\cap\boldsymbol{Y}|$可以近似为预测分割图与真实标签之间的点乘，并将点乘的元素结果相加。由于真实标签只有 0、1 两个值，经过点乘操作后。只有当像素以较高置信度被正确分类时，才能得到更高的 Dice 系数。这里，用一个简单的例子来说明 Dice 系数的计算过程。假设图像的分割标签 $\boldsymbol{X}$ 和经过模型得到的预测结果 $\boldsymbol{Y}$ 分别如下所示，

$$\boldsymbol{X}=\begin{bmatrix}0&1&0&1\\0&0&0&0\\1&0&1&0\\1&1&0&1\end{bmatrix} \tag{4-29}$$

$$\boldsymbol{Y}=\begin{bmatrix}0.02&0.73&0.13&0.85\\0.11&0.03&0.05&0.09\\0.98&0.15&0.89&0.10\\0.93&0.82&0.07&0.97\end{bmatrix} \tag{4-30}$$

则真实标签与预测结果的点乘可以计算如下：

$$\boldsymbol{X}\cap\boldsymbol{Y}=\begin{bmatrix}0&1&0&1\\0&0&0&0\\1&0&1&0\\1&1&0&1\end{bmatrix}\cdot\begin{bmatrix}0.02&0.73&0.13&0.85\\0.11&0.03&0.05&0.09\\0.98&0.15&0.89&0.10\\0.93&0.82&0.07&0.97\end{bmatrix}=\begin{bmatrix}0&0.73&0&0.85\\0&0&0&0\\0.98&0&0.89&0\\0.93&0.82&0&0.97\end{bmatrix} \tag{4-31}$$

逐元素相乘的结果中所有元素的相加和为：

$$\left|\boldsymbol{X}\cap\boldsymbol{Y}\right|=\left\|\begin{bmatrix}0&0.73&0&0.85\\0&0&0&0\\0.98&0&0.89&0\\0.93&0.82&0&0.97\end{bmatrix}\right\|\rightarrow 6.17\left(\text{逐元素相加和}\right) \tag{4-32}$$

而分母$|\boldsymbol{X}|+|\boldsymbol{Y}|$的计算，一般采用元素直接相加或元素平方求和的方法。这里，我们采用元素直接相加的做法。则$|\boldsymbol{X}|+|\boldsymbol{Y}|$为：

$$|\boldsymbol{X}|=\left\|\begin{bmatrix}0&1&0&1\\0&0&0&0\\1&0&1&0\\1&1&0&1\end{bmatrix}\right\|\rightarrow 7 \tag{4-33}$$

$$|\boldsymbol{Y}|=\left\|\begin{bmatrix}0.02&0.73&0.13&0.85\\0.11&0.03&0.05&0.09\\0.98&0.15&0.89&0.10\\0.93&0.82&0.07&0.97\end{bmatrix}\right\|\rightarrow 6.92 \tag{4-34}$$

$$|\boldsymbol{X}|+|\boldsymbol{Y}|=7+6.92=13.92 \tag{4-35}$$

Dice 损失是在 Dice 系数的基础上进行计算的，其计算公式如下：

$$L=1-\frac{2|\boldsymbol{X}\cap\boldsymbol{Y}|}{|\boldsymbol{X}|+|\boldsymbol{Y}|} \tag{4-36}$$

因此，我们可以进一步计算样本的 Dice 损失为：

$$L=1-\frac{2|\boldsymbol{X}\cap\boldsymbol{Y}|}{|\boldsymbol{X}|+|\boldsymbol{Y}|}=1-\frac{2\times 6.17}{13.92}\approx 0.1135 \tag{4-37}$$

Dice 系数越大，表明集合越相似，Dice 损失越小；反之，集合越不同，Dice 损失越大。Dice 损失适用于样本极度不均的情况。Dice 损失的优点是在一定程度上能够解决样本不平衡的问题，因为即使真实标签的范围很小，Dice 损失也会主要关注预测正确的区域占真实标签大小的比值。不过，Dice 损失也因此有一个致命的缺点——会使训练变得不稳定。假设预测区域和真实区域都很小，则 Dice 系数的分母很小，Dice 损失变化剧烈从而导致反向传播时的梯度也变化剧烈，导致训练十分不稳定。除 Dice 损失函数外，本书前面提到的交叉熵损失函数也常用于图像分割任务中。

4.2.3.3 均方误差损失函数

对于回归问题，最常用的损失函数是均方误差（mean squared error，MSE）损失函数，它定义为真实值与预测值之间差值的平方和。其形式如下所示：

$$\mathrm{MSE}\left(y,\hat{y}\right)=\frac{1}{n}\sum_{i=1}^{n}\left(y^{(i)}-\hat{y}^{(i)}\right)^2 \tag{4-38}$$

其中，$y^{(i)}$为第i个样本的真实值；$\hat{y}^{(i)}$是第i个样本的预测值。我们的优化目标是该损失函数值最小。

这里，我们通过一个简单的例子进一步了解均方误差损失的特性。为简化讨论，假设样本数量$n=1$，样本的真实值为 0。图 4-20 为预测值$\hat{y}\in[-10,10]$时的 MSE 曲线。从图中可看

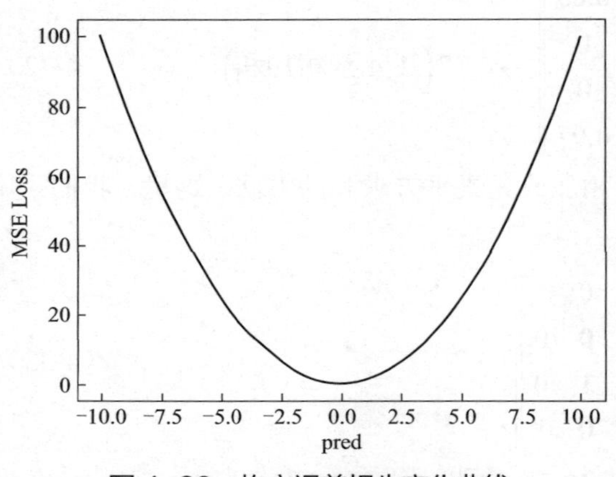

图 4-20 均方误差损失变化曲线

出均方误差损失的优点在于其曲线各点连续光滑，便于求导。但其缺点在于对离群点比较敏感。当预测值与真实值之间距离较远时，使用梯度下降法求解时得到的梯度较大，可能导致梯度爆炸，从而导致训练过程出现较大波动，在下一小节，我们会详细介绍梯度下降算法。

下面以近视严重程度预测的回归问题来了解均方误差损失的计算过程。假设有 3 个样本，样本对应的标签为{9, 6, 8}，模型输出的预测值为{8.5, 6.7, 7.8}。根据均方误差损失函数形式，可以计算均方损失为：

$$\text{MSE}(y,\hat{y})=\frac{1}{3}\left[(9-8.5)^2+(6-6.7)^2+(8-7.8)^2\right]=0.26$$

在回归任务中，除了均方误差损失，常用的损失函数还有平均绝对误差损失、Huber 损失、分位数损失等，见表 4-7。

表 4-7 回归任务中的常用损失函数

损失函数	表示形式	特点
均方误差损失	$\text{MSE}(y,\hat{y})=\frac{1}{n}\sum_{i=1}^{n}\left(y^{(i)}-\hat{y}^{(i)}\right)^2$	衡量真实值与预测值之间差值的平方和。其曲线各点连续光滑，便于求导。缺点在于对离群点敏感，当样本中存在较多离群点时，可能导致网络训练过程不稳定
平均绝对误差损失	$\text{MAE}(y,\hat{y})=\frac{1}{n}\sum_{i=1}^{n}\left\|y^{(i)}-\hat{y}^{(i)}\right\|$	衡量真实值与预测值之差的绝对值和。平均绝对误差对于离群点有较好的鲁棒性，但其梯度在极值点处会有较大的跃变导致产生很大的误差
Huber 损失	$L_\delta(y-\hat{y})=\begin{cases}\frac{1}{2}(y-\hat{y})^2, \|y-\hat{y}\|\leqslant\delta\\ \delta\cdot\left(\|y-\hat{y}\|-\frac{1}{2}\delta\right),\text{其他}\end{cases}$	结合均方误差和平均绝对误差，保持损失函数具有连续导数的同时，对离群点也具有更好的鲁棒性
Log-Cosh 损失	$L(y,\hat{y})=\sum_{i=1}^{n}\log\left(\cosh\left(\hat{y}^{(i)}-y^{(i)}\right)\right)$	Log-cosh 是预测误差的双曲余弦的对数，它具有 Huber 损失所有的优点，其与 Huber 损失的不同之处在于 Log-cosh 二阶处处可微
分位数损失	$L_\gamma(y,\hat{y})=\sum_{i:y^{(i)}<\hat{y}^{(i)}}(1-\gamma)\left\|y^{(i)}-\hat{y}^{(i)}\right\| + \sum_{i:y^{(i)}\geqslant\hat{y}^{(i)}}\gamma\left\|y^{(i)}-\hat{y}^{(i)}\right\|$	衡量预测结果的不确定度，基于分位数对过高预测值和过低预测值施加不同的惩罚

4.3 神经网络参数优化与学习

在上节中介绍的损失函数，其作用是计算神经网络的误差大小并用于神经网络的参数更新或优化。本节主要介绍用于实现神经网络的参数优化的梯度下降和反向传播算法，即神经网络利用反向传播算法从输出层出发，将误差由后到前传递给神经网络中的神经元，然后利用梯度下降对神经网络的参数进行更新。随着迭代次数增多，模型输出的预测值和真实值之间误差逐渐减小，模型预测性能逐步提升以及其泛化能力逐渐增强。当迭代次数超过某个阈值或模型性能例如准确率达到期望时，神经网络模型参数可认为不需要再优化了。

4.3.1 梯度下降

梯度下降（gradient descent）是一种寻找目标函数最小化的方法，也是一种迭代算法，它利用梯度信息，通过不断迭代调整参数来寻找合适的目标。梯度在一阶函数中被称为导数，这在第2章中的微积分部分已有介绍。从数学上的角度来看，梯度的正方向是函数增长速度最快的方向，那么梯度的反方向就是函数减少最快的方向。下面先介绍为什么要使用梯度下降法，大多数深度学习算法都涉及某种形式的优化。优化是指改变变量 x 以最小化或最大化某个函数 $f(x)$ 的任务。我们通常以最小化 $f(x)$ 指代大多数最优化问题。最大化可经由最小化算法最小化 $-f(x)$ 来实现。

假设在 n 维实数空间上，$f(x)$ 是一个具有一阶连续偏导数的函数，需要求解的最优问题如下：

$$\min_{x\in\mathbf{R}^n} f(x) \tag{4-39}$$

通过选取合适的初始值 $x^{(0)}$，在每一步迭代更新，以负梯度方向更新 x 的值，反复迭代多次，从而一步步减小函数值以达到寻求最小值的目的。

假设 $x^{(k)}$ 是梯度下降法第 k 次迭代的结果，将函数 $f(x)$ 在 $x^{(k)}$ 附近进行一阶泰勒展开:

$$f(x)=f(x^{(k)})+\nabla f(x^{(k)})(x-x^{(k)}) \tag{4-40}$$

其中 $\nabla f(x^{(k)})$ 表示函数 $f(x)$ 在 $x^{(k)}$ 处的梯度。

梯度下降法的第 k+1 次迭代结果 $x^{(k+1)}$ 的更新公式如下：

$$x^{(k+1)}=x^{(k)}-\lambda_k \nabla f(x^{(k)}) \tag{4-41}$$

其中 λ_k 是步长且满足：

$$f(x^{(k)}-\lambda_k \nabla f(x^{(k)}))=\min_{\lambda\geqslant 0} f(x^{(k)}-\lambda\nabla f(x^{(k)})) \tag{4-42}$$

当 $\|x^{(k+1)}-x^{(k)}\|<\varepsilon$，$\varepsilon$ 为一个极小量，则整个迭代停止，取 $x^{(k+1)}$ 为最终解。当目标函数为凸函数时，通过梯度下降可以获得全局最优解。但在实际模型训练中，很难保证优化目标为凸函数，一般情况下获得的是局部最优解。

目前，神经网络的参数主要通过梯度下降对参数进行优化，当确定神经网络结构和损失函数后，我们可以利用链式法则来计算损失函数对每个参数的梯度，现在主流的深度学习框架都包含了自动梯度计算的功能，其梯度可以自动进行计算，无须人工干预。

梯度下降法可以分为批量梯度下降、随机梯度下降以及小批量梯度下降三种形式。根据不同的数据量和参数量，可以选择一种具体的实现形式。

随机梯度下降法（stochastic gradient descent, SGD）及其变种是实际训练模型中最常应用到的一种优化策略。它是通过每次从训练数据中抽取一个样本，计算其梯度，并按照该梯度方向迭代更新。

其算法流程如下。

算法 4.1：随机梯度下降法（SGD）

输入：训练集 $D=\left\{\left(x^{(n)},y^{(n)}\right)\right\}_{n=1}^{N}$，初始学习率 α_0

输出：模型参数 θ

1：将训练集样本随机打乱

2：设置学习率 $\alpha \leftarrow \alpha_0$

3：**repeat**

4： **for** n=1,…，N **do**

5： 从训练集 D 中选取样本 $\left(x^{(n)},y^{(n)}\right)$

6： $\theta \leftarrow \theta - \alpha \dfrac{\partial f(\theta;x^{(n)},y^{(n)})}{\partial \theta}$

7： **end for**

8： 更新学习率 α

9：**until** 模型优化目标值收敛或达到设定次数

在随机梯度下降法中，由于只是随机采样数据进行梯度更新，在整体训练过程中引入了一定噪声。所以当使用 SGD 优化下降到极小值附近，计算的梯度值并不一定会趋于 0。为了保证最终结果收敛，随机梯度下降法通常采用动态调整学习率的策略，在迭代轮数增加的同时逐步降低学习率，最终的目的是使得目标函数收敛；或者迭代次数达到设定次数，随机梯度下降法将会停止，并得到优化好的模型。

4.3.2 反向传播算法

反向传播算法（back propagation，BP）是对多层神经网络进行梯度传播的算法（即用于计算梯度的方法，梯度下降方法是使用该梯度进行学习），也就是用链式法则以网络每层的权重为变数计算损失函数的梯度，以更新权重来最小化损失函数。在本书第 2 章 2.1.3.4 节对链式法则已有介绍，这里不再过多讲解。反向传播算法解决了两层及以上神经网络的参数更新问题，即感知机不能处理非线性学习的问题。

反向传播算法主要由激励传播和权重更新两个环节反复循环迭代，直到网络对输入的响应达到预定的目标范围为止。反向传播算法的学习过程由正向传播（forward propagation）和反向传播（back propagation）过程组成。在正向传播过程中，输入信息通过输入层经隐藏层，逐层处理并传向输出层。如果在输出层得不到期望的输出值，则取输出与期望的误差的平方和作为目标函数，转入反向传播，逐层求出目标函数对各神经元权值的偏导数，作为修改权值的依据，网络的参数学习在权值更新过程中完成。误差达到所期望值时，网络学习结束。

在激励传播环节，每次迭代中的传播环节包含两步：

① 在前向传播阶段，将训练数据输入送入网络以获得激励响应；

② 在反向传播阶段，将激励响应同训练输入对应的目标输出求差，从而获得隐藏层和输出层的响应误差。

在权重更新环节，对于每个神经元中的权重，按照以下步骤进行更新：

① 将输入激励和响应误差相乘，从而获得权重的梯度；

② 将这个梯度乘上一个比例并取反后加到权重上。

下面将结合图解来详细描述多层神经网络训练过程的反向传播运算。图 4-21 是一个多层神经网络结构示意图，包括一个输入层、三个隐藏层和一个输出层。表 4-8 给出了神经网络中常用的符号及含义。其中，隐藏层中每个人工神经元由两个单元组成，如图 4-22 所示。第一个单元将权重系数和输入信号的乘积相加，得到$e = w_1x_1 + w_2x_2$。第二个单元实现非线性函数，称为神经元激活函数，激活函数具体内容可参考第 4 章 4.2.2 节有关介绍。$y = h(e)$ 为非线性元件的输出信号，输出 y 也是人工神经元的输出信号。

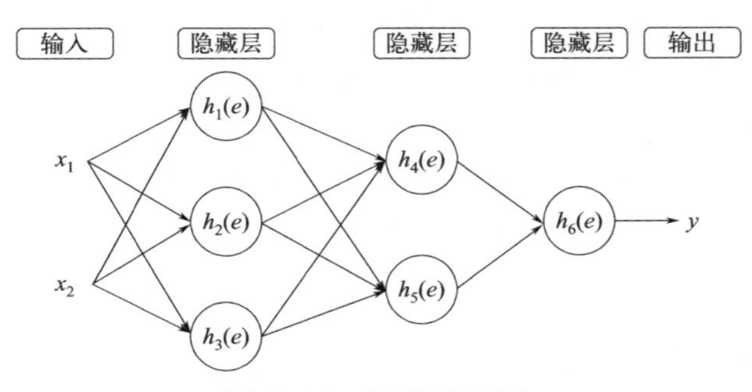

图 4-21　多层神经网络

表 4-8　神经网络的符号

符号	含义	符号	含义
x	输入	w	权重系数
y	输出	$h()$	激活函数
$\hat{y}$	期望输出	δ	神经元的响应误差

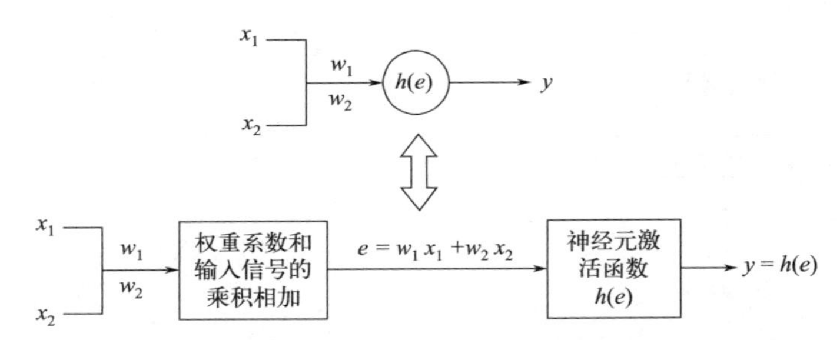

图 4-22　单个人工神经元示意图

为了获得较为满意的神经网络的参数，我们通常需要使用有标注的数据对其进行训练。以图 4-21 的多层神经网络为例讲解反向传播算法的激励传播和权重更新。给定数据集由输入样本（x_1 和 x_2）和对应的标签（期望输出 $\hat{y}$）组成。神经网络的训练是一个迭代过程，在每次迭代中，使用来自数据集的新数据修改节点的权重系数。下面分前向传播和反向传播两个阶段进行简要说明。

（1）前向传播阶段

前向传播沿着从输入层、隐藏层到输出层的顺序，依次计算神经网络的中间变量值。

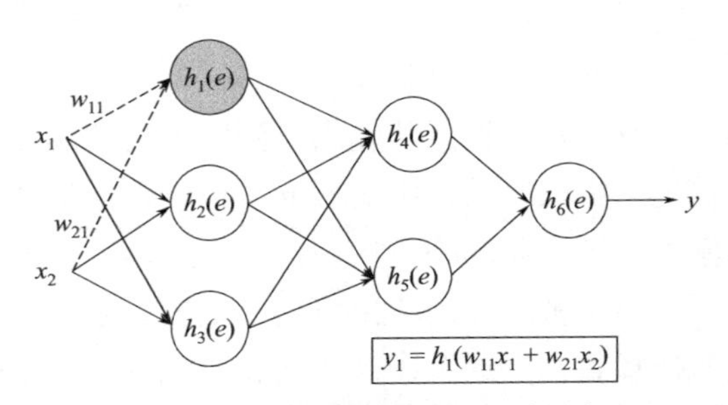

图 4-23　前向传播示意图（一）

图 4-23 简要说明了信号如何通过网络传播，符号 w_{mn} 表示网络输入 x_m 与神经元 n 之间

连接的权值或神经元 m 的输出和下一层神经元 n 的输入之间的连接权重。符号 y_n 表示神经元 n 的输出信号。如图 4-23，在第一个隐藏层，输入 x_1 和 x_2 在经过第一个神经元时，输出信号为 $y_1 = h_1\left(w_{11}x_1 + w_{21}x_2\right)$。

在其余隐藏层进行前向传播时，与上述过程保持一致，如图 4-24。在经过各个神经元时，输出信号分别为：

$$
\begin{aligned}
y_1 &= h_1\left(w_{11}x_1 + w_{21}x_2\right) \\
y_2 &= h_2\left(w_{12}x_1 + w_{22}x_2\right) \\
y_3 &= h_3\left(w_{13}x_1 + w_{23}x_2\right) \\
y_4 &= h_4\left(w_{14}y_1 + w_{24}y_2 + w_{34}y_3\right) \\
y_5 &= h_5\left(w_{15}y_1 + w_{25}y_2 + w_{35}y_3\right) \\
y &= h_6\left(w_{46}y_4 + w_{56}y_5\right)
\end{aligned}
$$

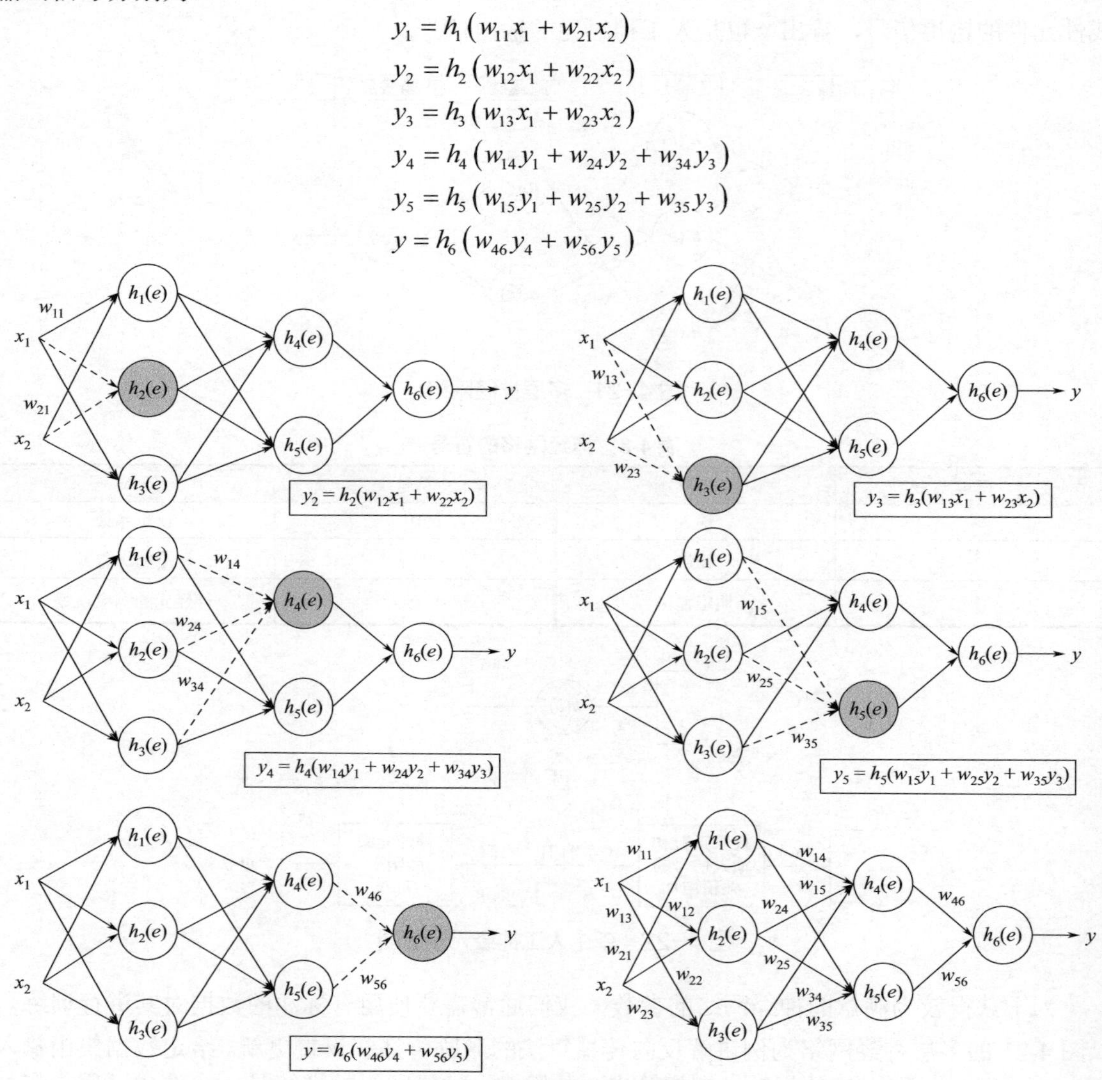

图 4-24 前向传播示意图（二）

（2）反向传播阶段

反向传播按照从输出层到输入层的顺序，依次计算神经网络的中间变量和参数的梯度。首先，将网络的输出信号 y 与训练数据集中的期望输出值 z 进行比较，如图 4-25，差值称为输出层神经元的响应误差 δ，即 $\delta = y - z$。

由于神经元的输出值是未知的，直接计算内部神经元的误差信号很困难。因此设计了反向传播算法。这个想法是将误差信号 δ（在单个训练步骤中计算）传播回所有神经元，这些神经元的输出信号是所讨论的神经元的输入，用于传播误差的权重系数 w_{mn} 等于计算输出值时使用的权重系数，如图 4-26， $\delta_5 = w_{56}\delta$ 。

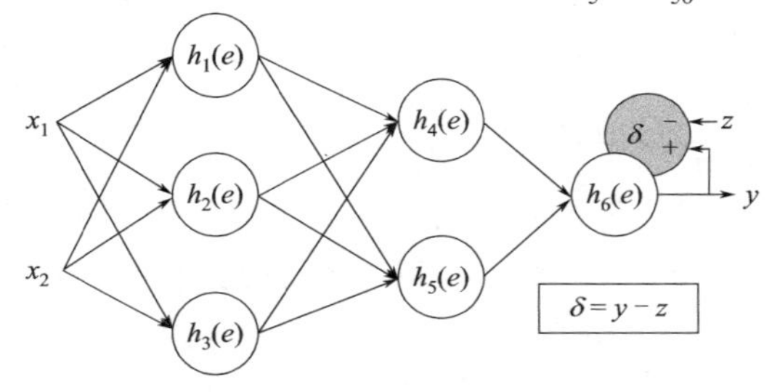

图 4-25　反向传播示意图（一）

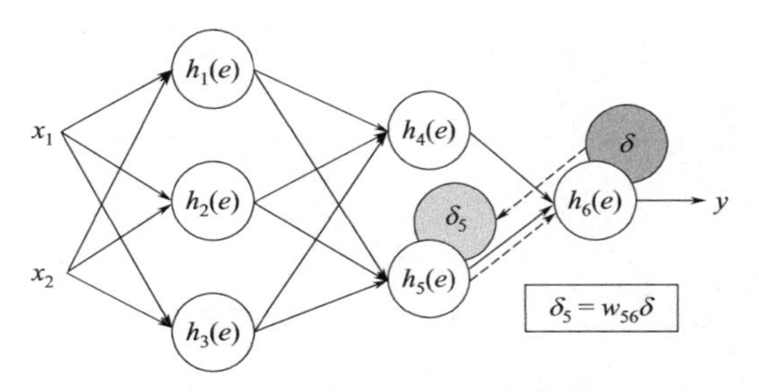

图 4-26　反向传播示意图（二）

只有数据流的方向发生了变化，误差信号从输出一个接一个地传播到输入。剩余过程与上述过程保持一致，如图 4-27。

$$\delta_1 = w_{14}\delta_4 + w_{15}\delta_5$$
$$\delta_2 = w_{24}\delta_4 + w_{25}\delta_5$$
$$\delta_3 = w_{34}\delta_4 + w_{35}\delta_5$$
$$\delta_4 = w_{46}\delta$$
$$\delta_5 = w_{56}\delta$$

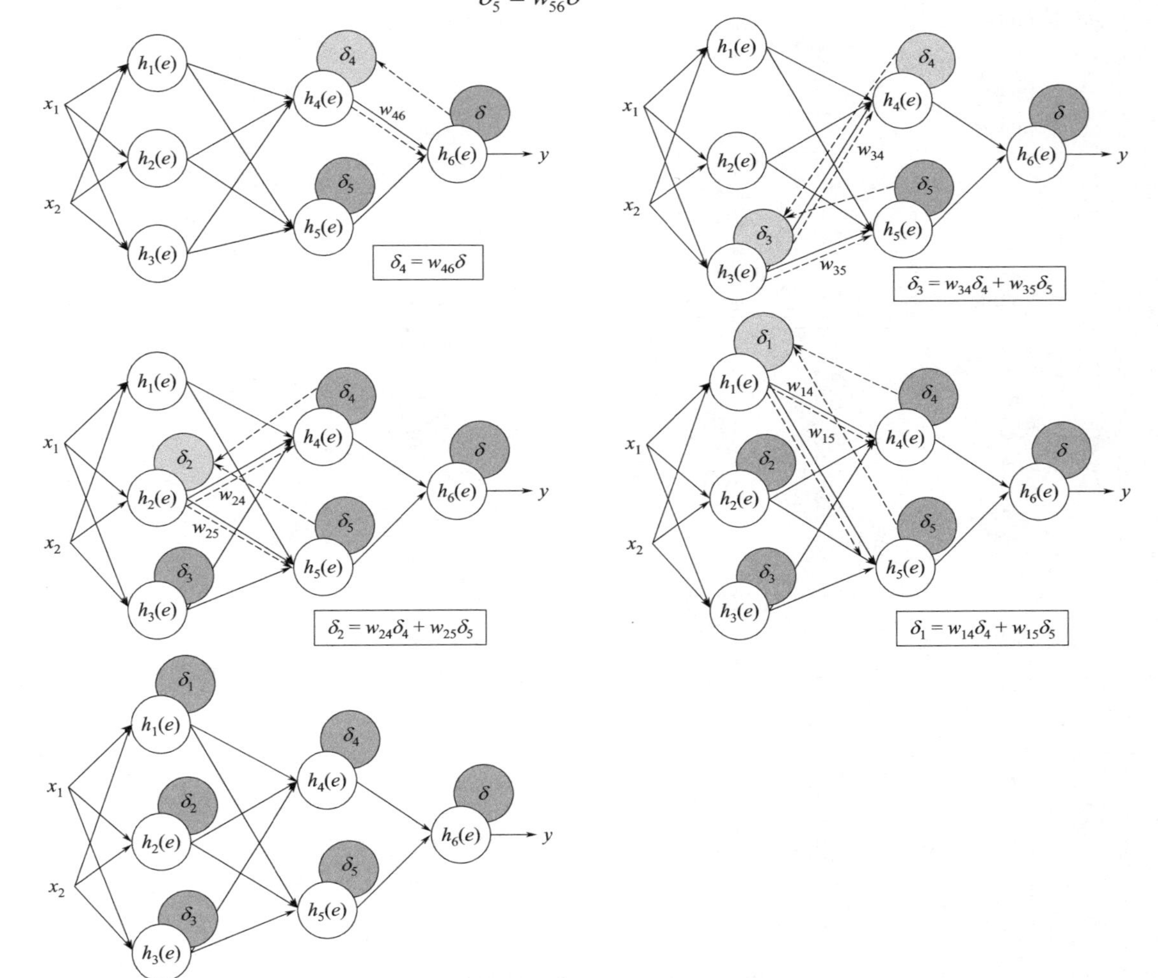

图 4-27　反向传播示意图（三）

当计算每个神经元的响应误差时，对每个神经元输入节点的权重系数进行修改。在下面的公式中，$\dfrac{\mathrm{d}h(e)}{\mathrm{d}e}$表示神经元激活函数的导数，参数$\eta$影响网络的学习速率。如图 4-28，第一个神经元权重系数修改为，$w'_{11}=w_{11}-\eta\delta_1\dfrac{\mathrm{d}h_1(e)}{\mathrm{d}e}x_1$，$w'_{21}=w_{21}-\eta\delta_1\dfrac{\mathrm{d}h_1(e)}{\mathrm{d}e}x_2$。

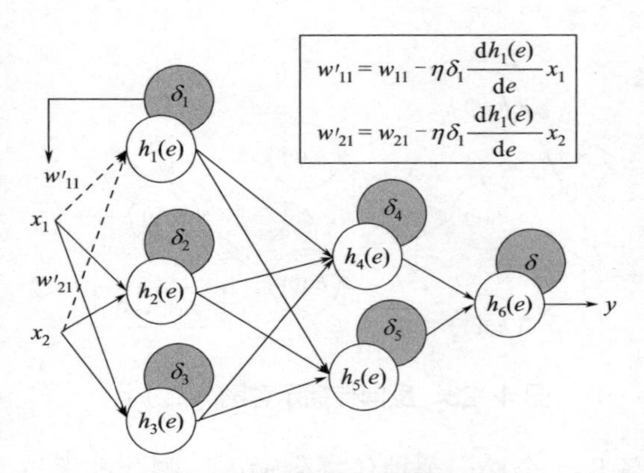

图 4-28　反向传播示意图（四）

其余神经元权重修改过程与上述过程保持一致，如图 4-29。即：

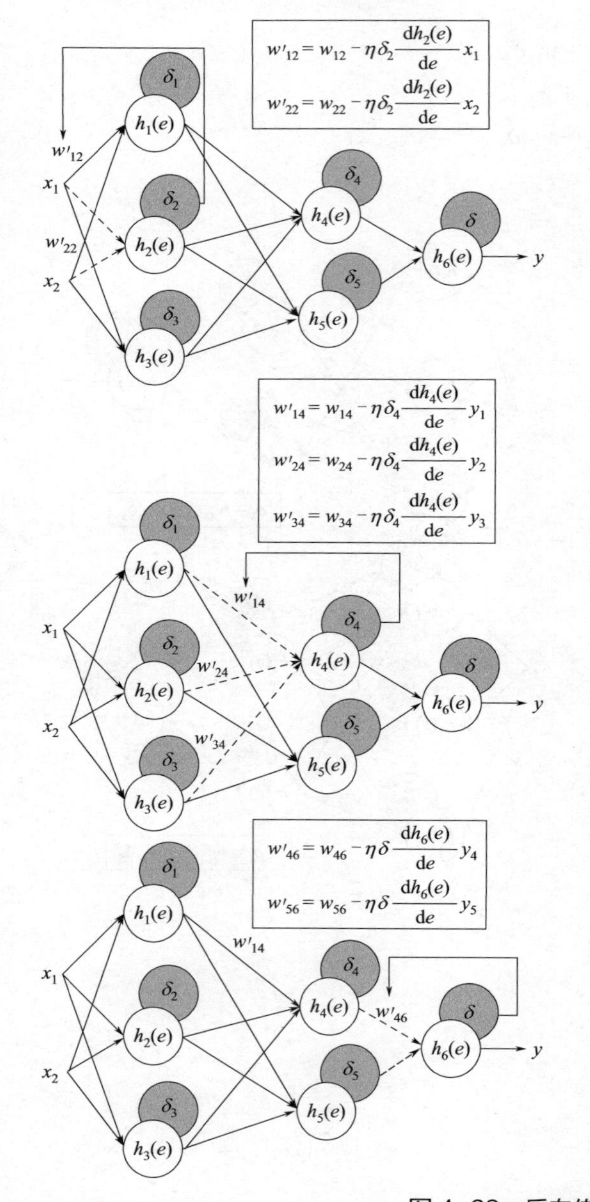

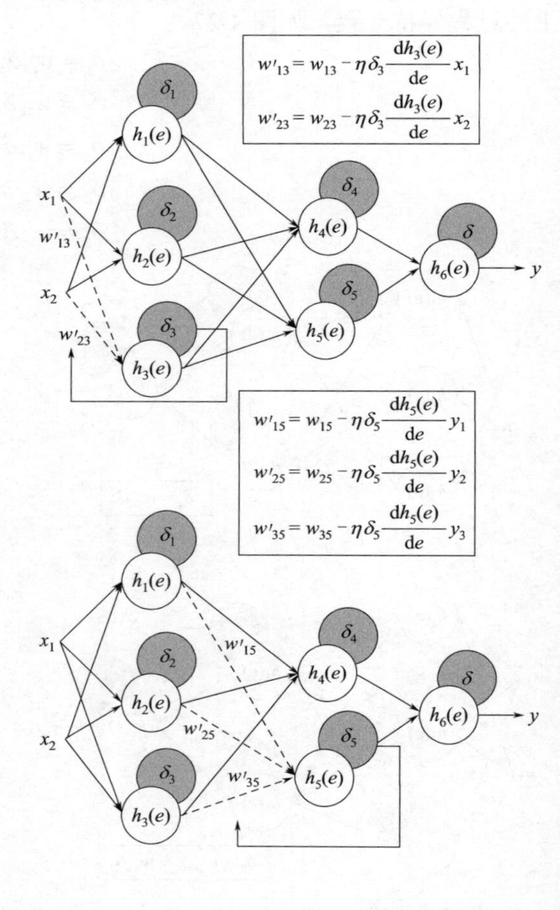

图 4-29　反向传播示意图（五）

$$w'_{11}=w_{11}-\eta\delta_1\frac{\mathrm{d}h_1(e)}{\mathrm{d}e}x_1,\ w'_{21}=w_{21}-\eta\delta_1\frac{\mathrm{d}h_1(e)}{\mathrm{d}e}x_2$$

$$w'_{12}=w_{12}-\eta\delta_2\frac{\mathrm{d}h_2(e)}{\mathrm{d}e}x_1,\ w'_{22}=w_{22}-\eta\delta_2\frac{\mathrm{d}h_2(e)}{\mathrm{d}e}x_2$$

$$w'_{13}=w_{13}-\eta\delta_3\frac{\mathrm{d}h_3(e)}{\mathrm{d}e}x_1,\ w'_{23}=w_{23}-\eta\delta_3\frac{\mathrm{d}h_3(e)}{\mathrm{d}e}x_2$$

$$w'_{14}=w_{14}-\eta\delta_4\frac{\mathrm{d}h_4(e)}{\mathrm{d}e}y_1,\ w'_{24}=w_{24}-\eta\delta_4\frac{\mathrm{d}h_4(e)}{\mathrm{d}e}y_2,\ w'_{33}=w_{34}-\eta\delta_4\frac{\mathrm{d}h_4(e)}{\mathrm{d}e}y_3$$

$$w'_{15}=w_{15}-\eta\delta_5\frac{\mathrm{d}h_5(e)}{\mathrm{d}e}y_1,\ w'_{25}=w_{25}-\eta\delta_5\frac{\mathrm{d}h_5(e)}{\mathrm{d}e}y_2,\ w'_{35}=w_{35}-\eta\delta_5\frac{\mathrm{d}h_5(e)}{\mathrm{d}e}y_3$$

$$w'_{46}=w_{46}-\eta\delta\frac{\mathrm{d}h_6(e)}{\mathrm{d}e}y_4,\ w'_{56}=w_{56}-\eta\delta\frac{\mathrm{d}h_6(e)}{\mathrm{d}e}y_5$$

此外，我们可以使用算法4.2表示神经网络模型的反向传播过程：

算法4.2：反向传播算法

输入：数据集 $\mathcal{D}=\left\{\left(\boldsymbol{x}^{(n)},y^{(n)}\right)\right\}_{n=1}^{N}$，学习率 η

1. 随机初始化 W
2. **repeat**
3. 对数据集 D 中的样本随机重新排序
4. **for** n=1，…，N **do**
5. 从数据集 D 中选取样本 $\left(x^{(n)},y^{(n)}\right)$；
6. 前向计算每一层输出信号直到最后一层
7. 反向传播计算每一层的误差，更新参数
8. **end for**
9. **until** 神经网络模型达到某一终止条件

输出：W

4.4 经典神经网络

在4.1节深度学习概述中已经简略介绍了前向神经网络模型、生成模型以及以序列模型三个研究发展方向，本节基于这三个研究方向重点介绍四个经典神经网络：卷积神经网络、循环神经网络、生成对抗网络以及注意力机制网络。

4.4.1 经典神经网络1：卷积神经网络

卷积神经网络（convolutional neural network，CNN）是深度学习中最重要的基础模型之一，以其强大的表征学习能力，已经广泛应用于计算机视觉、自然语言处理、医学图像分析等任务中。简单来说，卷积神经网络是一种专门用来处理具有类似网格结构数据的神经网络，受生物学上感受野的机制启发而提出的。顾名思义，它通过“卷积”操作，巧妙地进行参数

共享和稀疏交互，自动学习数据的高级特征表示。卷积神经网络一般是由输入层、卷积层、池化层、全连接层、输出层等组成。在本节中，首先讲解什么卷积运算；随后，说明为什么要在卷积神经网络中利用卷积运算；接着，通过实例形式介绍一个经典卷积神经网络结构；最后，列举五种经典的卷积神经网络模型。

4.4.1.1　卷积

（1）卷积的定义

卷积（convolution），又称褶积，是数学分析中一种重要的运算，常用于信号或图像处理。卷积是通过两个函数生成第三个新函数的特殊积分变换，即：

$$h(t)=\int f(x)g(t-x)\mathrm{d}x \tag{4-43}$$

式中，f、g 为可积函数。

卷积操作是卷积神经网络中的基础操作，按照维度来分类，卷积目前可分为一维卷积、二维卷积、三维卷积以及四维卷积，其中，二维卷积是卷积神经网络最常用的卷积方式。一个二维卷积操作通常由输入（input）、卷积核（convolution kernel）和输出（output）三部分组成，其中输出又被称为特征图（feature map），卷积核又称作核函数或滤波器。在二维卷积中，输入、卷积核和输出都是二维的。

例如，给定一个二维图像 I 和一个二维卷积核 K，其卷积形式为：

$$O(i,j)=\sum_{m}\sum_{n}I(i-m,j-n)K(m,n) \tag{4-44}$$

式中，$O\in\mathbf{R}^{H\times W}$（$H$、$W$ 分别为特征图的高度和宽度）表示输出的特征图；$I\in\mathbf{R}^{H\times W}$ 表示输入的二维图像；$K\in\mathbf{R}^{m\times n}$（$m$、$n$ 分别为卷积核的高度和宽度）表示二维卷积核。一般来说，卷积核大小尺寸远小于输入图像大小。

在传统的信号处理领域，为了保证卷积函数具有可交换性（commutativity），在计算过程中添加了翻转（flip）的操作。直观来说，就是将输入倒序排列，如式（4-44）所示，输入元素索引递减而卷积核索引递增。

然而，现代卷积神经网络在实现卷积操作时一般采用另一种方式：互相关（cross-correlation）操作。它和卷积操作基本相同，但计算开销低，因为它删除了翻转操作。同样地，对于输入二维图像 I，我们使用一个二维的卷积核 K 对其进行互相关，得到的输出 O 为：

$$O(i,j)=\sum_{m}\sum_{n}I(i+m,j+n)K(m,n) \tag{4-45}$$

图 4-30 给出了一个二维卷积的计算示例（没有对卷积核进行翻转），其中输入图像大小为 3×3，二维卷积核大小为 2×2。二维卷积核在输入图像进行滑动运算，滑动窗口大小和卷积核大小相同。在每次滑动中，我们将滑动窗口中的元素与卷积核中对应的权重进行**点积运算**（dot product），得到当前滑动窗口的卷积结果如下：

$$o=aw+bx+dy+ez \tag{4-46}$$

重复以上滑动操作，就可以得到输出的特征图。从数学角度来看，每个卷积操作就是对滑动窗口中元素进行加权求和运算，得到一个局部加权特征值，可以看作是一种线性映射。

一个卷积核一般能学习一种特定的语义信息，因此，通过不同的多个卷积核就可以学习到多种不同的语义信息。图 4-31 为使用三个特殊的卷积核对人类眼底图像进行卷积操作后得到的对应特征图。图4-31 中最上面的卷积核是常用的高斯卷积核，可以用来对图像进行平滑去噪；中间和最下面的卷积核可以用来提取边缘特征。

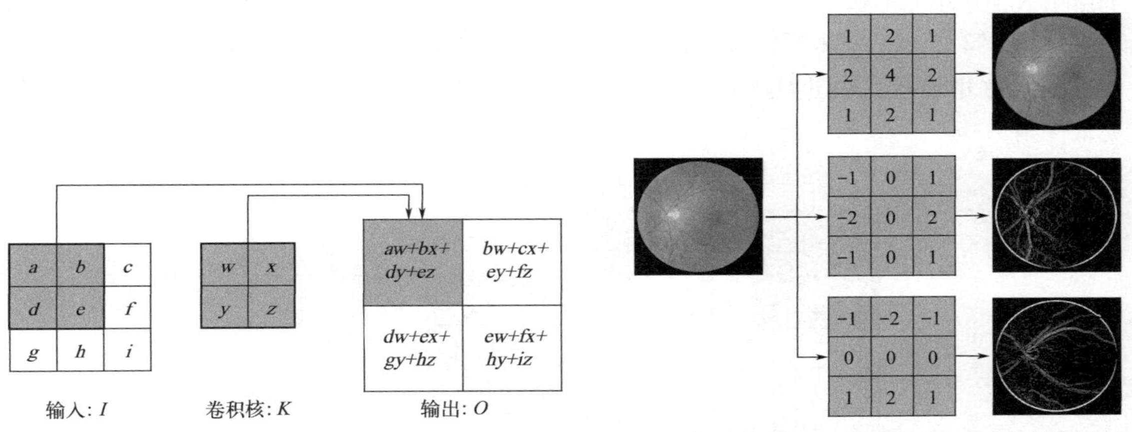

图 4-30　二维卷积计算过程

图 4-31　在眼底图像下三种卷积核及对应的特征映射

上面已经介绍了基本卷积函数的定义，在实际卷积运算过程中，我们还引入了卷积核的滑动步长（stride）和零填充（zero padding）来增加卷积的多样性。

卷积核的滑动步长，简称**步长**，是指卷积核在滑动时的元素间间隔或卷积核扫（滑）过相邻区域时的位置距离，图 4-32 中（a）到（d）为一个卷积核步长为 2 的卷积计算过程的图形化步骤解释。

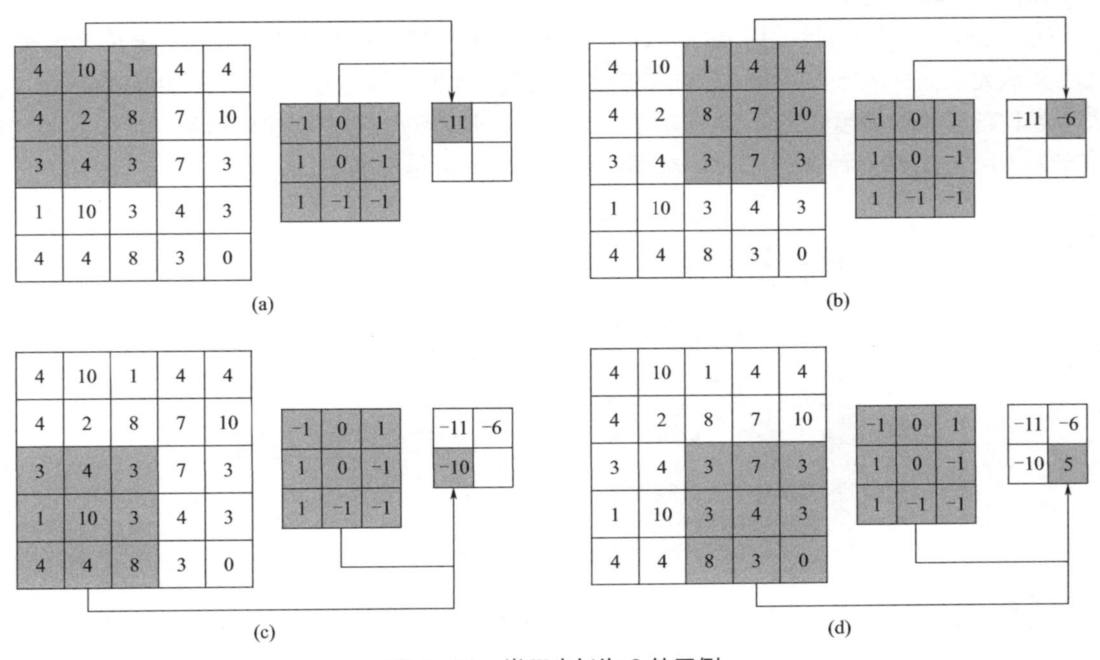

图 4-32　卷积步长为 2 的示例

零填充：是指对输入图像或特征图的周围补零来加宽加高。在一般的卷积运算中经常会遇到这样一个问题：给定输入图像或特征图的高和宽分别为H和W，卷积核大小为$k\times k$，步长为1，经过卷积操作之后，输出特征图的高和宽分别为$H-k+1$和$W-k+1$，这会导致特征图不可避免地缩小。然而，为了让输出特征图的高和宽与输入的尺度相差减小或保持不变，我们就引入了零填充操作，即对输入图像或特征图四周进行补零操作。一般我们可以通过在四周补$(k-1)/2$行/列的0来使得卷积前后的特征图尺度保持不变。

图4-33中展示了与图4-33相同情况下（输入、卷积核相同，步长为2）时添加一个零填充的区别。

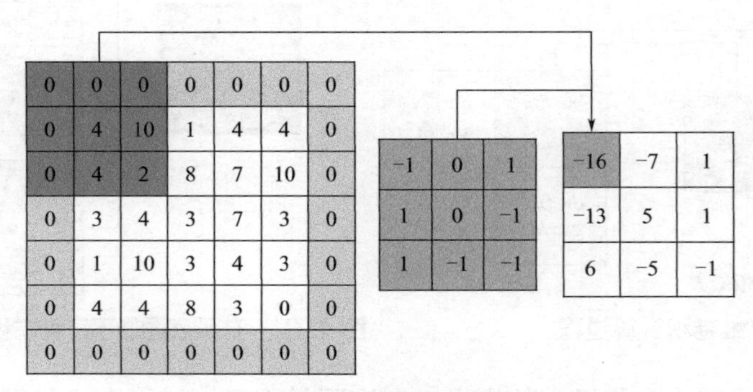

图4-33　卷积零填充示例

总的来看，假设卷积层的输入宽度为M，卷积核宽度为K，步长为S，零填充为P，那么该卷积层的输出特征图的宽度O可通过下式得到：

$$O=(M+2P-K)/S+1 \tag{4-47}$$

（2）其他卷积方式

① 空洞卷积　空洞卷积（dilated convolution）也叫扩张卷积或膨胀卷积，简单来说就是在卷积核元素间加入一些空格，以此来扩大感受野。我们一般用卷积扩张率（dilation rate）来表示卷积核扩张的程度。图4-34展示了一个卷积扩张率为2的空洞卷积示例（步长为1，零填充为1）。当卷积扩张率为1时，空洞卷积相当于就是标准卷积。

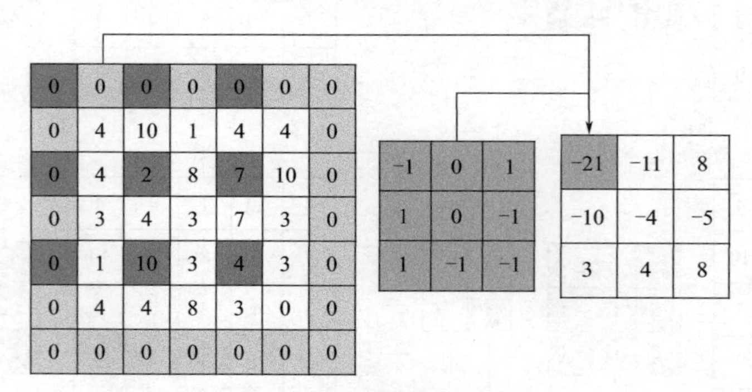

图4-34　空洞卷积示例

空洞卷积可以增大感受野，虽然在之后的小节中即将提到的池化层也可以增大感受野，但是相比之下，空洞卷积可以在不丢失分辨率的情况下增大它，同时保持像素的相对空间位置不变。

② 转置卷积　转置卷积（transposed convolution）也叫作反卷积，是上采样（upsample）的一种方式。上采样，即扩大图像尺寸，实现图像有效分辨率到大分辨率的一种映射操作。要注意，转置卷积并不是正向卷积的逆过程，实际上，它是一种特殊的正向卷积。设步长为 s，零填充为 p，卷积核宽度为 k，则在转置卷积过程中，要先在输入特征图的元素间填充 $s-1$ 行和列 0，再在四周填充 $k-p-1$ 行和列 0，最后进行正常的卷积运算即可。

图 4-35 展示了一个简单的转置卷积的示例，其中 $s=1$，$p=0$，$k=3$。

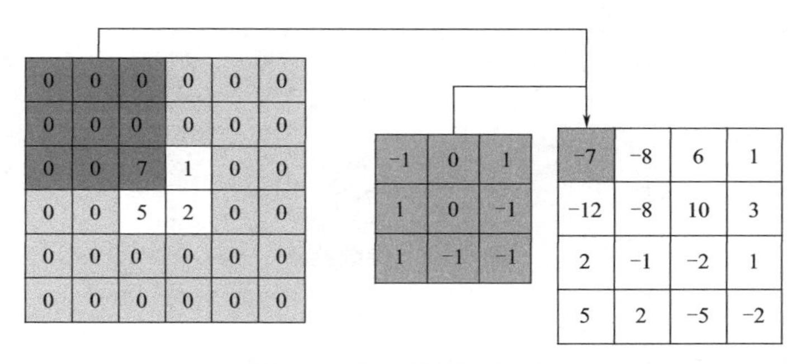

图 4-35　转置卷积示例

除了转置卷积外，还有双线性插值（bilinear）、反池化（unpooling）等上采样方式。相比这些方式，转置卷积拥有可以学习的参数，通过学习这些参数可以达到更好的性能。但是转置卷积因此也增加了计算量，从而减慢了网络的运算速度。

4.4.1.2　动机

经典的前向神经网络通常由多层全连接层组成，采用矩阵乘法来构建输入全连接层与输出全连接层的连接关系，其中参数矩阵中每一个单独的参数都描述了一个输入单元与一个输出单元间的交互。这意味着每一个输出单元与每一个输入单元都会产生交互。这使得前向神经网络会有大量参数，出现参数冗余和难以训练等问题。基于这种背景，研究学者设计了卷积神经网络，其具有稀疏交互（sparse interaction）、参数共享（parameter sharing）、等变表示（equivariant representations）三个特点。

（1）稀疏交互

又称稀疏连接、稀疏权重，是受神经科学中每个细胞只对一个视觉区域内极小的一部分敏感，而对其他部分则可以视而不见的现象启发而提出的，即使用的卷积核大小远小于输入的大小，只关注局部特征信息。例如当处理一张图像时，输入的图像可能包含成千上万个像素点，但是我们可以通过只占用几十到上百个像素点的卷积核来检测一些小的有意义的特征，例如图像的边缘。这意味着我们需要存储的参数量更少，计算效率会有明显的提高。图 4-36 给出了一个稀疏交互的图形化解释。

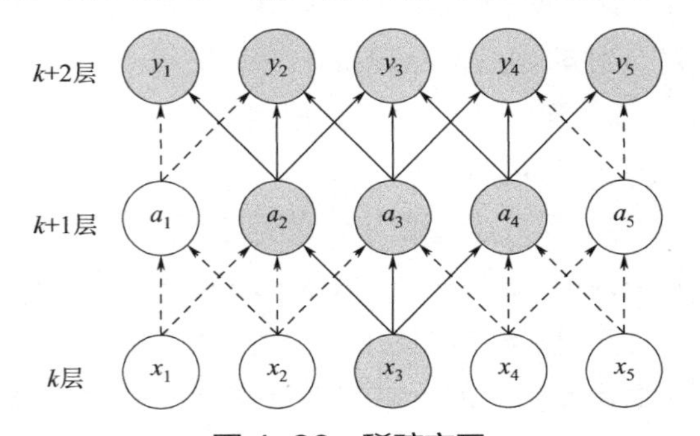

图 4-36　稀疏交互

（2）参数共享

又称权重共享，是指在一个模型的多个函数中使用相同的参数。在传统的神经网络中，权重矩阵的每个元素只使用一次。而在卷积层中，作为参数的卷积核遍历前一层输入的特征的每个位置的所有神经元都是相同的。图4-37给出了参数共享的图形化解释，因为参数共享，图中的实线箭头处共享了卷积核中的同一个参数。卷积运算中的参数共享保证了只需要学习一个参数集合，而不需要针对每一个位置学习一个单独的参数集合。此外，卷积层也会采用许多个不同的卷积核作为特征提取器，以此来获取输入图像或特征图的不同特征，从而在减少参数的同时提取尽可能多的特征表示信息。

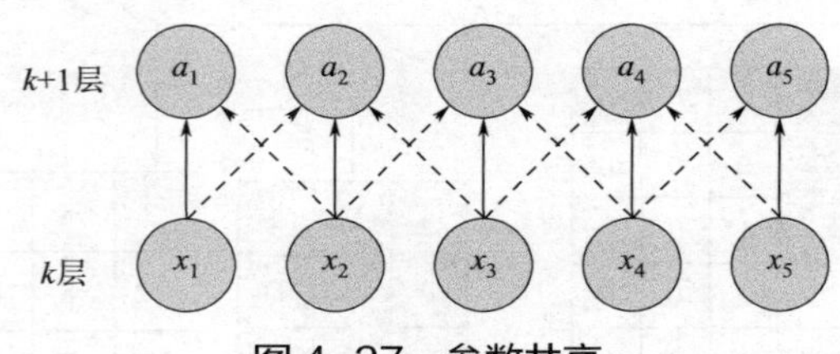

图 4-37　参数共享

（3）等变表示

参数共享的性质还使得卷积层具有对平移等变的性质。当函数 $f(x)$ 与 $g(x)$ 满足 $f(g(x))=g(f(x))$ 时，我们称 f 关于变换 g 具有等变性。而平移等变指的是对于一个函数的输入进行平移，其输出也会以同样的平移参数改变。平移等变性带来的好处是，假如我们移动输入图像中目标物体的位置，只有特征位置会发生改变，特征本身不会发生比较大的改变，这也叫作等变表示。比如在眼科白内障严重程度分级任务中，我们主要需要关注晶状体处出现病变特征的情况而并不在乎这些病变具体出现在晶状体的什么区域。

4.4.1.3　卷积神经网络结构

一个卷积神经网络通常由输入层、卷积层、池化层、全连接层以及输出层堆叠而成。其中，输入层一般用于输入需要训练或测试的数据，输出层用于输出网络模型的预测结果，如果是分类任务，输出层就是一个分类器。

图 4-38 为一个简单的卷积神经网络结构示意图，以青光眼检测任务为例（真实场景输入图像分辨率会更高），着重介绍卷积层、池化层和全连接层这几个最主要的组成部分。为了便于演示计算过程，我们使用了较小的图像输入分辨率，以及较少的网络层数。它有一个输入层、两个卷积层、一个池化层和一个输出层，具体结构如下。

① 输入层：输入为一张眼底图像 $I1$，高和宽为 6，通道数为 1。

② 第一个卷积层，使用 1 个大小为 3×3 的卷积核，步长 S=1，零填充 P=0，得到 1 个大小为 4×4 的特征图 $C1$。

③ 第一个池化层，使用大小为 2×2 的采样窗口进行平均池化，步长 S=2，得到 1 个大小为 2×2 的特征图 $S2$。

④ 第二个卷积层，使用 3 个大小为 2×2 的卷积核，步长 S=1，零填充 P=0，得到 3 个大小为 1×1 的特征图 $C5$。最后将这些特征图直接转换为 1 个一维向量。

⑤ 输出层，使用大小为 3×2 的全连接层，将卷积层输出的一维向量转化成最终输出，一个长度为 2 的一维向量分别表示健康与患病的概率。

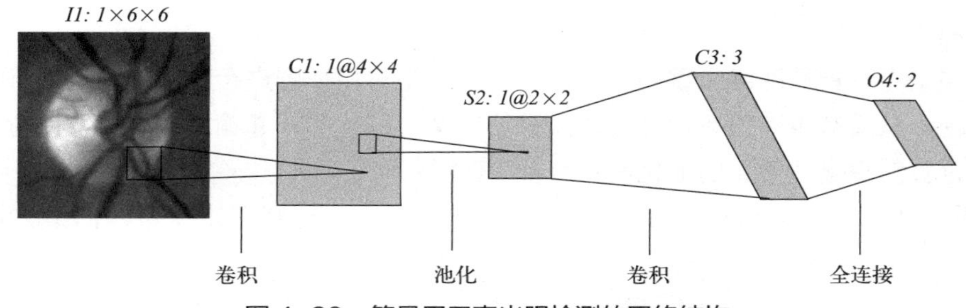

图 4-38　简易用于青光眼检测的网络结构

（1）卷积层

现代卷积神经网络中卷积层不仅只有卷积计算，还包含激活函数和批归一化层（batch normalization, BN）。卷积层用于提取输入的特征信息，通常由若干卷积核组成，每个卷积核的权重参数都可通过反向传播算法优化得到。不同卷积核对输入图像进行有规律的滑动，并与所对应的感受野区域做卷积运算，以此来提取不同特征类型；如边缘、线条等低级特征，或者如图片、语义等高级特征。

卷积层参数包括卷积核大小、步长和边界填充，三者共同决定了卷积层输出特征图的尺寸大小。其中，卷积核大小远小于输入图像大小，通常认为卷积核尺寸越大，可提取的特征越复杂。图 4-39 为图 4-38 所示的模型中第一个卷积层的卷积核运算示意图。

*I*1

−2	0	1	−1	−4	3
4	2	3	−3	4	−4
2	−4	1	4	1	0
−1	2	1	−4	4	−2
2	4	−3	−3	2	−2
−1	2	−1	3	−2	4

卷积

K

2	−3	−2
2	1	−3
−1	1	−3

*C*1′

−14	8	4	11
−7	−7	−7	13
22	0	−32	18
13	11	1	−31

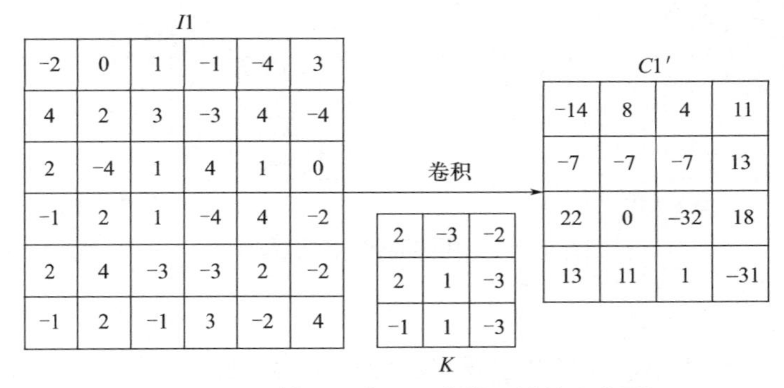

图 4-39　第一层卷积层中卷积计算示意图

上述卷积运算提取到的特征图是线性的，但实际应用中需要处理很多非线性情况，为此引入非线性函数，即激活函数，使卷积具有拟合非线性函数的能力。激活函数一般具有非线性、连续可微、单调性等特性，详见 4.2 节。比较常用的激活函数是 ReLU 函数。图 4-40 为经过激活函数 ReLU 得到的特征图。

*C*1′

−14	8	4	11
−7	−7	−7	13
22	0	−32	18
13	11	1	−31

ReLU $f(x)=\max(x, 0)$

*C*1

0	8	4	11
0	0	0	13
22	0	0	18
13	11	1	0

图 4-40　第一层卷积层中激活函数计算示意图

（2）池化层

池化层是卷积神经网络中重要组件，它的作用是对特征图进行下采样以压缩特征图，提取主要特征，从而减少参数数量。池化函数使用某一位置的相邻输出的总体统计特征来代替网络在该位置的输出。常见的池化函数有以下两种：

① 最大池化（max pooling）：对于一个给定区域 R，选择指定区域内的最大值作为输出，即

$$y_{R_i} = \max_{m \in R_i} x_m \tag{4-48}$$

式中，x_m 代表区域 R_i 中每个神经元的值。

② 平均池化（average pooling）：它计算指定区域特征图值的平均值作为输出，即

$$y_{R_i} = \frac{1}{|R_i|} \sum_{m \in R_i} x_m \tag{4-49}$$

最大池化能筛选出最突出的特征作为输出，从而减少不明显的特征对输出的影响。而在神经网络到达更深层时，其特征映射中所附带的信息都很重要，这时需要使用平均池化以综合所有的特征信息。图 4-41 分别给出了两种池化方式的图形化对比。

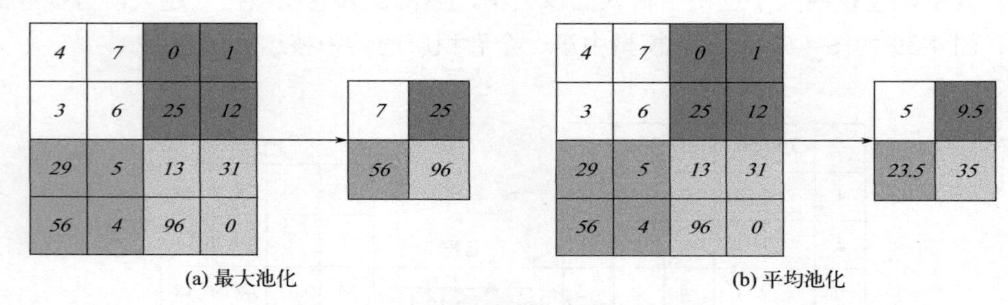

图 4-41　两种池化函数过程示例

（3）全连接层

在卷积神经网络结构中，经多个卷积层和池化层后，通常连接着 1 个或多个全连接层。全连接层中的每个神经元与其前一层的所有神经元进行全连接，其可以整合卷积层或者池化层中具有类别区分性的局部信息并输出至输出层。

4.4.1.4　经典卷积神经网络架构

本节介绍四种广泛使用的典型卷积神经网络：AlexNet、VGGNet、GoogleNet、ResNet。

（1）AlexNet

AlexNet 这个名字取自提出这个网络的作者 Alex Krizhevsky，其取得了 2012 年 ImageNet 图像识别大赛冠军，这是深度学习首次大幅超越传统方法，也掀起了计算机视觉研究深度学习的热潮。AlexNet 包含 6.3 亿个连接，6000 万个参数和 65 万个神经元，网络结构图如图 4-42 所示。

AlexNet 的成功，除了深层次的网络结构，还有以下几点：①采用 ReLU 作为激活函数，避免了梯度耗散问题，提高了网络训练速度；②通过平移、翻转等扩充训练集以及 dropout，避免产生过拟合；③采用 LRN（Local Response Normalization，局部响应归一化处理），利用

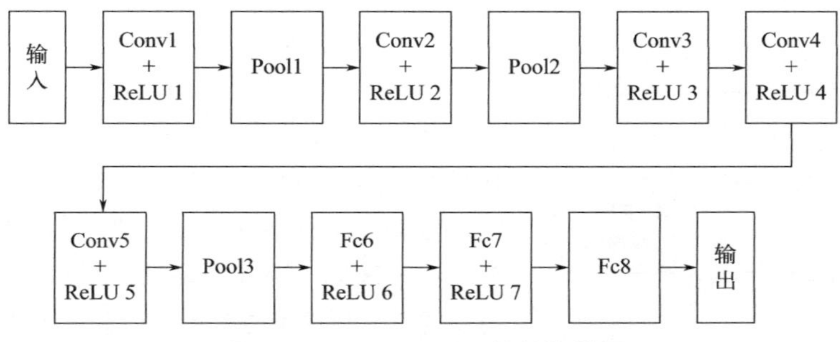

图 4-42 AlexNet 网络结构简图

临近的数据做归一化处理技术，提高深度学习训练时的准确度；④使用 GPU 进行并行训练，提升了网络的训练效率。

（2）VGGNet

VGGNet 是牛津大学与 Google 公司旗下 DeepMind 科技公司的研究员一起合作开发的一种深度卷积神经网络架构，并在 2014 年取得了 ILSVRC 比赛分类项目的亚军和识别项目的冠军。VGGNet 探索了网络深度与其性能的关系，通过搭建 16～19 层深的卷积神经网络，Top 5 错误率为 7.5%，在整个卷积神经网络中，全部采用 3×3 的卷积核与 2×2 的池化方式。

VGGNet 包含一系列不同深度的卷积网络模型，深度从 11 层到 19 层不等，最常用的是 VGG-16 和 VGG-19。VGGNet 把网络分成了 5 段，每段都把多个 3×3 的网络串联在一起来替代一个相对较大的感受野卷积核 5×5(堆叠两个 3×3 得到一个类似 5×5 卷积核的效果)，每段卷积后接一个最大池化层，最后是 3 个全连接层和一个 softmax 层。图 4-43 展示了 VGG-16 的网络结构简图。

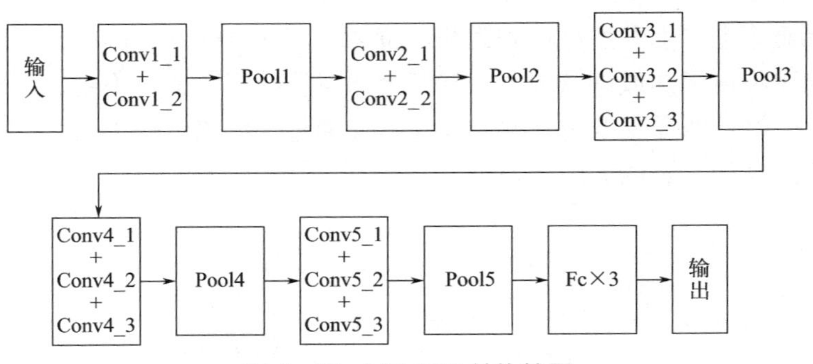

图 4-43 VGG16 结构简图

VGGNet 有两个创新点。①通过网络分段增加网络深度、采用多层小卷积代替一层大卷积，2 个 3×3 的卷积核相当于 5×5 的感受野，3 个相当于 7×7 的感受野。这样改动的优势在于：首先包含三个 ReLU 层增加了非线性操作，对特征的学习能力更强；其次减少了参数，使用 3×3 的 3 个卷积层需要 $3\times(3\times3\times n)=27n$ 个参数，使用 7×7 的一个卷积层需要 $7\times7\times n=49n$ 个参数。②在训练过程中采用了多尺度图像并采用交替训练的方式，同时对一些层进行预训练，这使得 VGGNet 能够在较少的周期内收敛，以减轻神经网络训练时间过长的问题。和 AlexNet 一样，VGGNet 的出现再一次强调了卷积神经网络的深度增加对于性能的提升有着重要的意义。

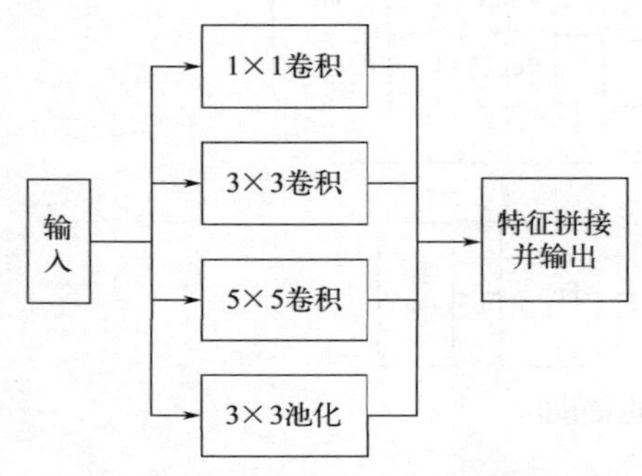

图 4-44 Inception v1 模块的结构

（3）GoogLeNet

GoogLeNet 是由谷歌研究院提出的卷积神经网络，获得 2014 年的 ILSVRC 比赛分类任务的冠军，Top5 误差率仅为 6.656%。GoogLeNet 的网络共有 22 层，但参数仅有 700 万个，比之前的网络模型都少很多。一般来说，提升网络性能最直接的办法就是增加网络深度，随之增加的还有网络中的参数，但过量的参数容易产生过拟合，也会增大计算量。GoogLeNet 采用稀疏连接解决这种问题，为此提出了 Inception 的结构，如图 4-44 所示。

在 Inception v1 模块中，同时使用了 1×1、3×3、5×5 等不同大小的卷积核和 3×3 的最大池化，并将得到的特征映射在深度上拼接起来作为输出，即通过增加网络宽度的策略来提高卷积神经网络性能。同时，为了提高计算效率，减少参数数量，Inception 模块在进行 3×3、5×5 的卷积之前、3×3 的最大池化之后，进行一次 1×1 的卷积来减少特征映射的深度。

在整个网络中，越靠后提取到的特征也越抽象，每个特征所对应的感受野也随之增大，因此随着层数的增加，3×3、5×5 卷积核的比例也要随之增加，这样也会带来巨大的参数计算，为此 GoogLeNet 也有过诸多改进版本：GoogLeNet Inception V2、V3 以及 V4，通过增加 BN、在卷积之前采用 1×1 卷积降低维度、将 $n×n$ 的卷积核分解为 $1×n$ 和 $n×1$ 等方法降低网络参数，提升网络性能。

（4）ResNet

ResNet 于 2015 年被提出，获得了 ILSVRC 比赛的冠军，ResNet 的网络结构有 152 层，但 Top 5 错误率仅为 3.57%，之前的网络都很少有超过 25 层的，这是因为随着神经网络深度的增加，模型准确率会先上升然后达到饱和，持续增加深度时，准确率会下降；因为随着层数的增多，会出现梯度爆炸或衰减现象，梯度会随着层数累积变得不稳定，数值会特别大或者特别小；因此网络性能会变得越来越差。ResNet 通过在网络结构中引入残差网络来解决此类问题，残差网络结构示意图如图 4-45 所示。

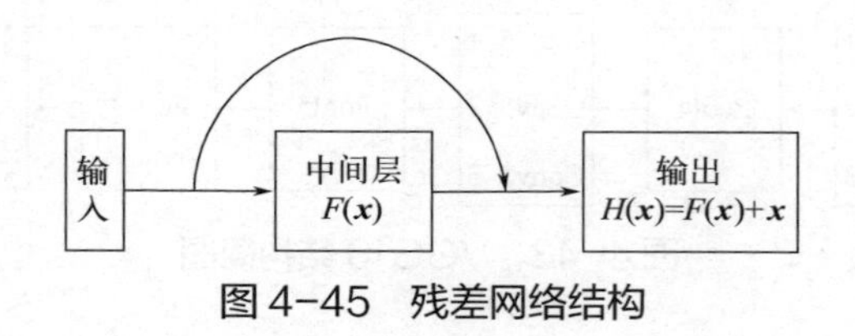

图 4-45 残差网络结构

很明显，残差网络是跳跃结构，残差项原本是带权值的，但 ResNet 用恒等映射代替了它。在图 4-45 中，输入为 $\boldsymbol{x}$，期望输出为 $H(\boldsymbol{x})$，通过跳跃连接的方式将 $\boldsymbol{x}$ 传到输出作为初始结果，输出为 $H(\boldsymbol{x})=F(\boldsymbol{x})+\boldsymbol{x}$，当 $F(\boldsymbol{x})=0$ 时，$H(\boldsymbol{x})=\boldsymbol{x}$。于是，ResNet 相当于将学习目标改变为目标值 $H(\boldsymbol{x})$和 $\boldsymbol{x}$ 的差值，也就是所谓的残差 $F(\boldsymbol{x})=H(\boldsymbol{x})-\boldsymbol{x}$，因此，后面的训练目标就是要将残差结果逼近于 0。ResNet 通过提出残差学习，将残差网络作为卷积神经网络的基本结构，通过恒等映射，来解决因网络模型层数过多导致的梯度爆炸或衰减问题，可以最大程度地加深网络，并得到非常好的分类效果。

4.4.2 经典神经网络 2：循环神经网络

循环神经网络（recurrent neural network，RNN）是一类具有短期记忆能力的神经网络，其擅长处理序列数据。常见的循环神经网络架构有以下五种：一对一、一对多、多对一、异步多对多、同步多对多，见图 4-46。目前循环神经网络已经被广泛应用于自然语言处理和语音处理等领域。例如，在一个自动问答系统中输入“IMED is a research team?”这个问题，自动问答系统回答会根据已学习的知识回答“是（Yes）或否（No）”。本节主要通过以上例子来介绍简单循环神经网络(simple recurrent network, SRN)和长短期记忆网络（long short-term memory network，LSTM）。最后，列举一些其他具有代表性的循环神经网络。

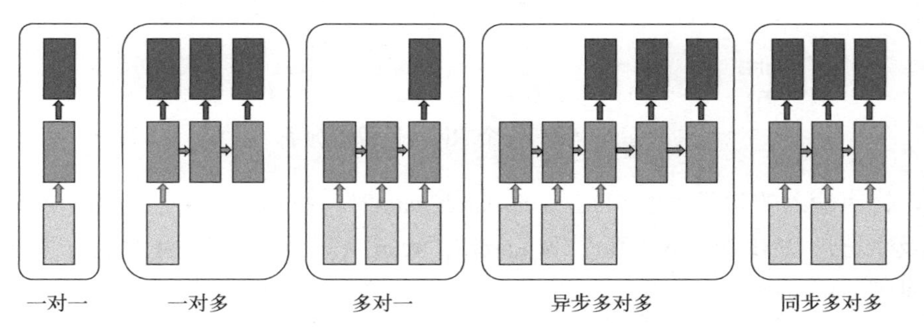

图 4-46　常见的循环神经网络架构

4.4.2.1　简单循环神经网络

循环神经网络中神经元都具有自反馈性质（回路），其不仅可以接收其他神经元的信息，还能接收自身的信息。这种特性使得循环神经网络可以处理任意长度的序列数据。

首先来看一个简单的循环神经网络（simple recurrent network, SRN）结构示意图，它由输入层、隐藏层和输出层组成（见图 4-47）。由于其“回路”的特性，为方便理解，图 4-47 也给出了 SRN 按时间序列展开的结构图。其中，$\boldsymbol{x}$ 表示输入向量，$\boldsymbol{W}$ 是输入层到隐藏层的权重矩阵；$\boldsymbol{o}$ 表示输出向量，$\boldsymbol{V}$ 是隐藏层到输出层的权重矩阵；$\boldsymbol{U}$ 则代表上一轮隐藏层的输出到当前隐藏层的权重矩阵。

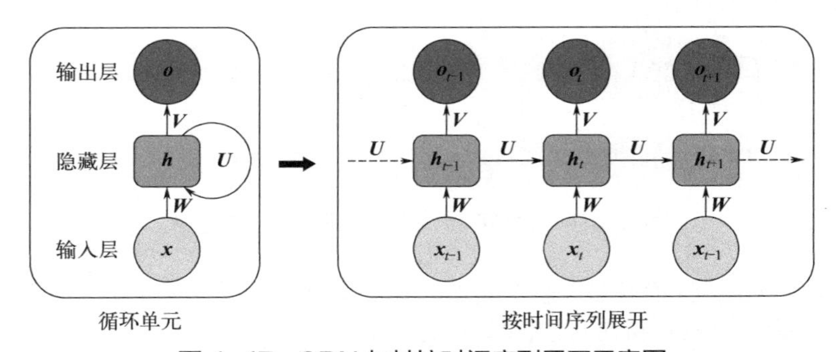

图 4-47　SRN 与其按时间序列展开示意图

对于某一时刻 t，假设 $\boldsymbol{x}_t \in \mathbf{R}^N$ 为该时刻的输入向量，$\boldsymbol{h}_{t-1} \in \mathbf{R}^D$ 表示 $t-1$ 时刻的隐藏层输出，则其当前时刻的隐藏层 $\boldsymbol{h}_t \in \mathbf{R}^\mathrm{D}$ 以及输出 $\boldsymbol{o}_t$ 计算公式如下

$$\boldsymbol{h}_t = f(\boldsymbol{b} + \boldsymbol{W}\boldsymbol{x}_t + \boldsymbol{U}\boldsymbol{h}_{t-1})$$

$$o_t = \mathrm{softmax}(\boldsymbol{c} + \boldsymbol{V}\boldsymbol{h}_t)$$

式中，$\boldsymbol{b}$ 和 $\boldsymbol{c}$ 是偏置向量，f 为激活函数；softmax 为归一化函数。

下面以向自动问答系统输入“IMED is a research team？”这个问题为例子，本例需要采用多对一循环神经网络，如图 4-48 所示，其包括 6 个时间序列并最后一个时间序列输出预测结果。基于图 4-48，我们将详细地一步步介绍一个简单循环神经网络的计算过程，见图 4-49 到图 4-53。

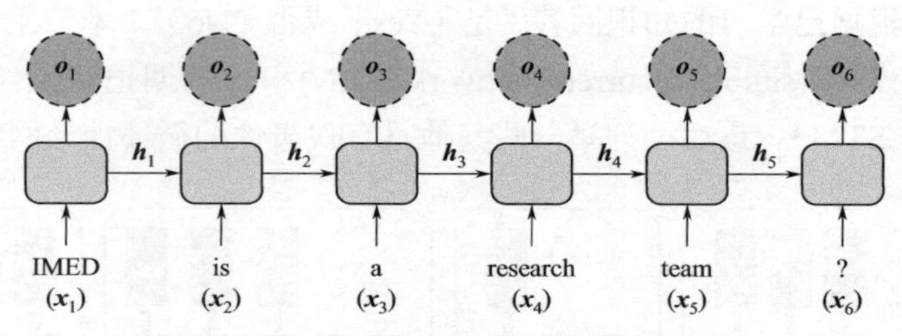

图 4-48　一个 RNN 计算的例子

首先，针对输入的句子“IMED is a research team?”，我们首先将这个句子拆分为 6 个独立的单词及字符：“IMED”“is”“a”“research”“team”以及“？”，并对这 6 个部分进行独热编码，见表 4-9。

表 4-9　单词独热编码展示

单词及字符	编号	独热编码
IMED	x_1	000001
is	x_2	000010
a	x_3	000100
research	x_4	001000
team	x_5	010000
?	x_6	100000

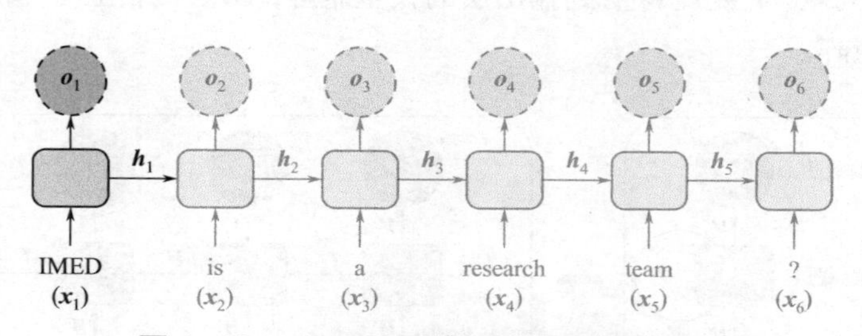

图 4-49　“IMED”输入到循环神经单元中

其次，将第一个单词“IMED”输入到循环神经单元中，见图 4-49，可以得到第一个时间序列输出 $\boldsymbol{o}_1$（这里不需要）和其对应的隐藏状态 $\boldsymbol{h}_1$：

$$\boldsymbol{h}_1 = f(\boldsymbol{W}\boldsymbol{x}_1 + \boldsymbol{U}\boldsymbol{h}_0 + \boldsymbol{b})$$

式中，$\boldsymbol{U}$，$\boldsymbol{W}$，$\boldsymbol{b}$ 为参数；$\boldsymbol{h}_0$ 为初始化的隐藏层状态；f 为激活函数，一般为 tanh。

接下来是将单词“is”输入到循环单元，见图 4-50，可以得到其对应的隐藏层状态 $\boldsymbol{h}_2$：

$$\boldsymbol{h}_2 = f(\boldsymbol{W}\boldsymbol{x}_2 + \boldsymbol{U}\boldsymbol{h}_1 + \boldsymbol{b})$$

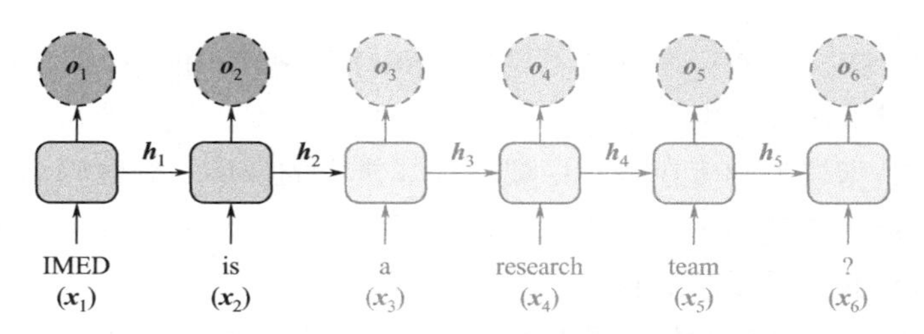

图 4-50 “is”输入到循环神经单元中

之后单词“a”“research”“team”也按照上述流程依次输入到循环单元并得到对应的隐藏层状态 $\boldsymbol{h}_3$ 、 $\boldsymbol{h}_4$ 和 $\boldsymbol{h}_5$ ，见图 4-51 到图 4-53。

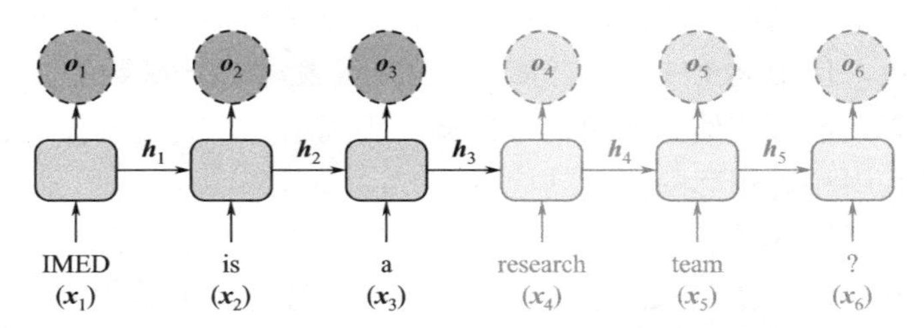

图 4-51 “a”输入到循环神经单元中

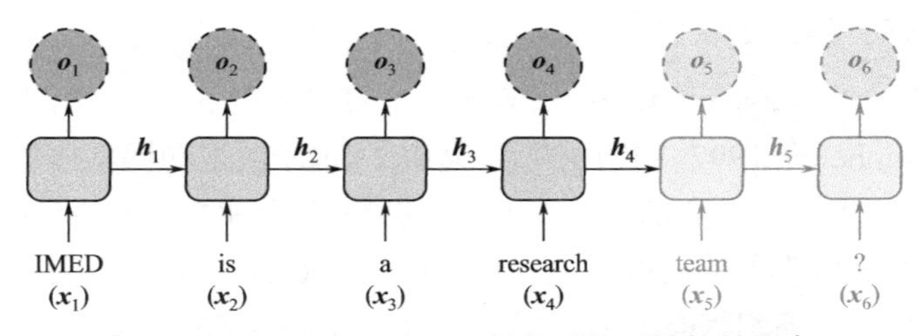

图 4-52 “research”输入到循环神经单元中

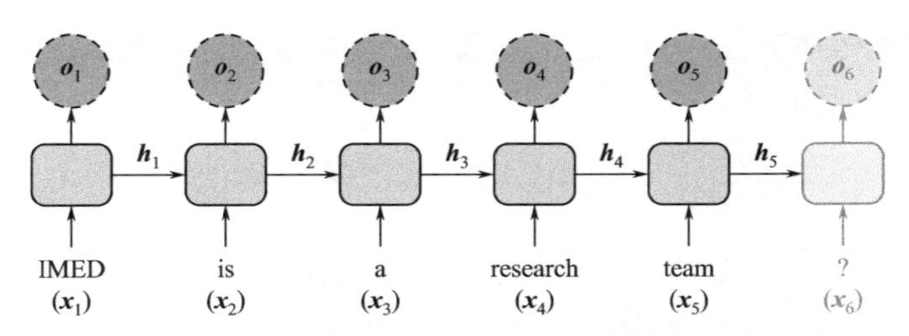

图 4-53 “team”输入到循环神经单元中

这一系列的计算公式表达如下

$$\boldsymbol{h}_3 = f(\boldsymbol{W}\boldsymbol{x}_3 + \boldsymbol{U}\boldsymbol{h}_2 + \boldsymbol{b})$$

$$\boldsymbol{h}_4 = f(\boldsymbol{W}\boldsymbol{x}_4 + \boldsymbol{U}\boldsymbol{h}_3 + \boldsymbol{b})$$

$$\boldsymbol{h}_5 = f(\boldsymbol{W}\boldsymbol{x}_5 + \boldsymbol{U}\boldsymbol{h}_4 + \boldsymbol{b})$$

最后，当末位字符“?”输入到循环单元，模型会输出最终结果 o_6

$$\boldsymbol{h}_6 = f(\boldsymbol{W}\boldsymbol{x}_6 + \boldsymbol{U}\boldsymbol{h}_5 + \boldsymbol{b})$$

$$\boldsymbol{o}_6 = \text{softmax}(\boldsymbol{V}\boldsymbol{h}_6 + \boldsymbol{c})$$

其中， softmax 将输出结果转化为概率向量，模型会将概率值最大的预测结果当作输出。至此，多对一循环神经网络计算结束并给出“Yes”的预测结果。

在实际应用中，SRN 结构存在一定不足。当 SRN 处理较长的序列时，会出现梯度消失和梯度爆炸的问题，很难建模长距离（long-range）的依赖关系，这就是循环神经网络的长程依赖问题。梯度爆炸是指误差梯度在更新中累积成非常大的梯度，导致网络权重的大幅更新，使得网络变得不稳定。梯度消失与其正相反，在反向传播过程中，梯度消失是梯度过于小接近于无，导致模型参数几乎无法更新。

前馈神经网络的梯度消失和梯度爆炸仅发生在深度神经网络架构结构中，然而对于 RNN，只要序列长度足够，上述现象就可能发生。在实际操作中，梯度爆炸问题虽然对网络的学习有明显影响，但很少出现。在处理梯度爆炸问题时，可以使用梯度截断的方法：设置一个梯度阈值，当梯度超过这个阈值时做截断处理。梯度消失问题经常出现，往往难以察觉。有一些方式可以改善梯度消失问题：恰当的权重初始化，在权重初始化时避免选择极大值或者极小值；替换激活函数，使用 ReLU 函数替换 sigmoid 函数与 tanh 函数等。

可以看出，随着当前预测信息以及信息来源的距离增大，普通的循环神经网络处理任务的效果变差，很难利用相隔较远的时刻的信息。

为了改善循环神经网络的长程依赖问题，一种解决方案是引入门控机制来控制信息的累积速度，包括有选择地学习新输入的信息，并有选择地遗忘之前累积的信息。长短期记忆网络就是用于解决长程依赖问题的一个经典循环神经网络变体，在下一小节会详细讲述。

4.4.2.2 长短期记忆网络

长短期记忆网络（long-short term memory，LSTM）是循环神经网络的一个变体，是 Hochreiter & Schmidhuber 在 1997 年提出的，它克服了 SRN 模型的梯度爆炸与梯度消失问题。图 4-54 给出了 LSTM 单元的示意图，相较于简单循环神经网络，LSTM 中引入隐藏状态功能类似的细胞状态以及三种类型的门控机制：输入门（input gate）、遗忘门（forget gate）和输出门（output gate）。其中，细胞状态是 LSTM 的关键（如图 4-55 所示），其贯穿整个 LSTM 单元结构，细胞状态类似于传送带，沿着时间向前延伸，只受到一些线性操作的影响，因此信息很容易保持稳定地传播下去。同时，细胞状态中记忆的信息也会被选择性地遗忘或者更新，这是通过门控机制实现的。

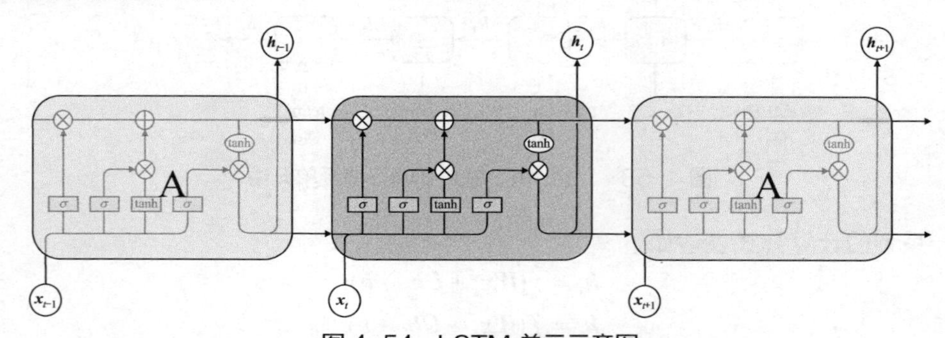

图 4-54　LSTM 单元示意图

门控机制通过“门”来实现，在数字电路中，门为一个二值变量{0, 1}，0 代表关闭状态，不许任何信息通过；1 代表开放状态，允许所有信息通过。在 LSTM 中，门控机制用于控制信息传递的路径。

下文将一步步拆解 LSTM 单元的组件，按照遗忘门、输入门、细胞状态、输出门来介绍 LSTM 单元的组件。

在 LSTM 单元中，第一步需要确定从细胞状态中丢弃什么信息，这时候需要引入遗忘门来实现：

$$\boldsymbol{f}_t = \sigma(\boldsymbol{W}_f \cdot [\boldsymbol{h}_{t-1}, \boldsymbol{x}_t] + \boldsymbol{b}_f)$$

式中，σ 表示 sigmoid 激活函数；$\boldsymbol{W}_f$ 和 $\boldsymbol{b}_f$ 分别为权重参数和偏置向量；$\cdot$ 表示矩阵乘法；[,] 表示向量拼接。

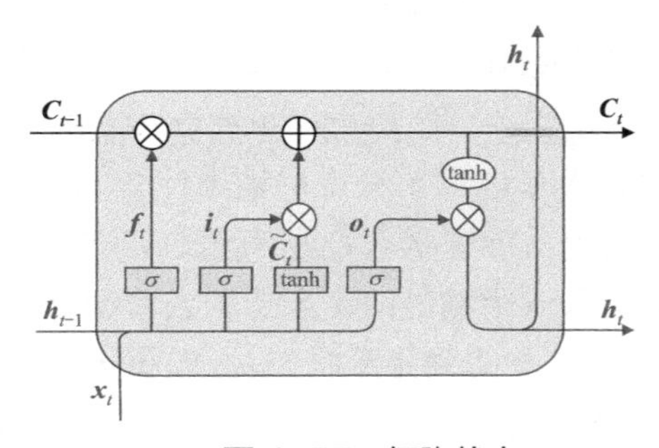

图 4-55　细胞状态

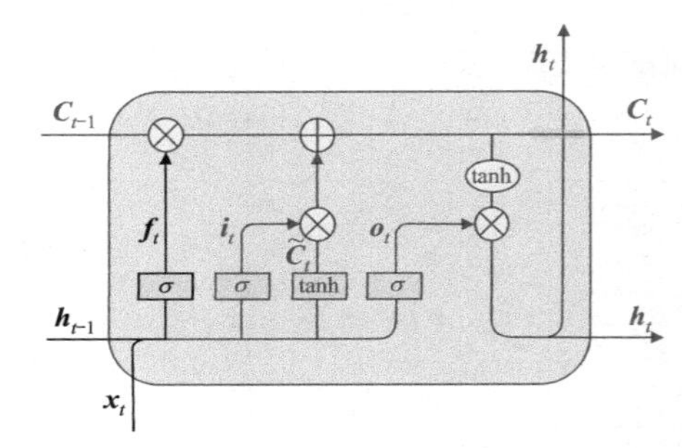

图 4-56　遗忘门

如图 4-56 所示，遗忘门以 $\boldsymbol{h}_{t-1}$ (前一时刻的输出)与 $\boldsymbol{x}_t$ (当前序列 t)为输入，计算得到 $\boldsymbol{f}_t$ 以决定上一时刻的细胞状态 $\boldsymbol{C}_{t-1}$ 中各个信息分别被记忆或者遗忘的“比例”。以语言模型为例，有时需要根据之前的语料信息来预测下一个单词，比如通过细胞状态包含的主语性别决定使用正确的代词。于是每当我们看到一个新主语时，就要选择是否需要忘记旧主语的性别，这正是遗忘门的作用。

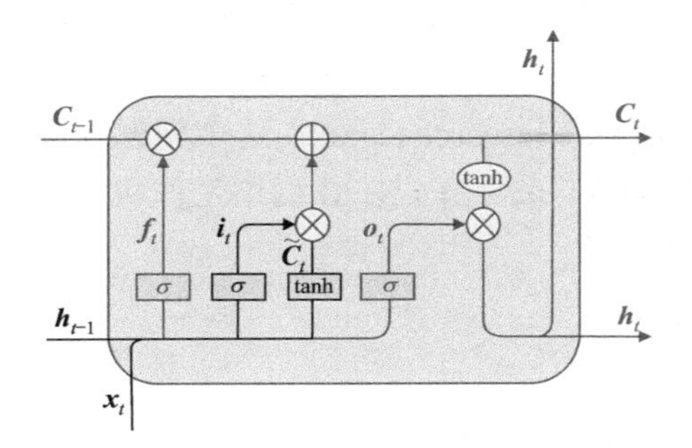

图 4-57　计算输入门和候选细胞状态

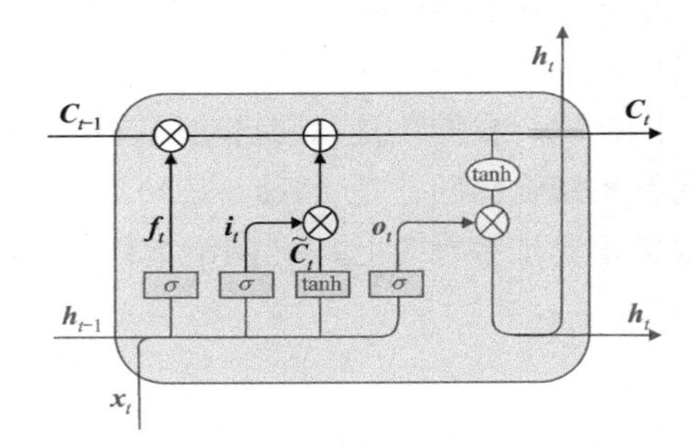

图 4-58　计算细胞状态

上一步介绍了利用遗忘门来控制细胞状态丢弃什么信息，这一步需要确定的是细胞状态存储什么信息，如图 4-57 所示，可分为两步实现：

① 引入输入门确定更新细胞状态哪些信息

$$\boldsymbol{i}_t = \sigma(\boldsymbol{W}_i \cdot [\boldsymbol{h}_{t-1}, \boldsymbol{x}_t] + \boldsymbol{b}_i)$$

② 创建一个候选记忆细胞

$$\tilde{\boldsymbol{C}}_t = \tanh(\boldsymbol{W}_c \cdot [\boldsymbol{h}_{t-1}, \boldsymbol{x}_t] + \boldsymbol{b}_c)$$

其中 $\boldsymbol{i}_t$ 决定候选细胞状态 $\tilde{\boldsymbol{C}}_t$ 中的各分量将分别被记忆的“比例”；$\tilde{\boldsymbol{C}}_t$ 表示候选细胞状态。将两者对应元素相乘，得到输出的向量表示将会被加到细胞的状态的“新记忆”。在上面提到的语言模型的例子中，当希望将新主语的性别添加到单元格状态，就需要输入门来完成。

在输入门之后是计算当前时刻 t 的细胞状态更新值 C_t，如图 4-58 所示，其由两部分组成：旧的“记忆”与新的“记忆”：

$$C_t = f_t C_{t-1} + i_t \tilde{C}_t$$

其中，f_t 表示遗忘门，C_{t-1} 表示 t–1 时的细胞状态，i_t 表示输入门，$\tilde{C}_t$ 是候选细胞状态。旧的“记忆”由上一个状态值 C_{t-1} 乘以遗忘门的输出 f_t 得到，以此表达期待忘记的部分。新的“记忆”由候选细胞状态 $\tilde{C}_t$ 乘以输入门的输出 i_t 得到。将两部分相加，这样 LSTM 就能够将之前的记忆状态和当前的记忆状态结合到一起，得到细胞状态的更新值 C_t。

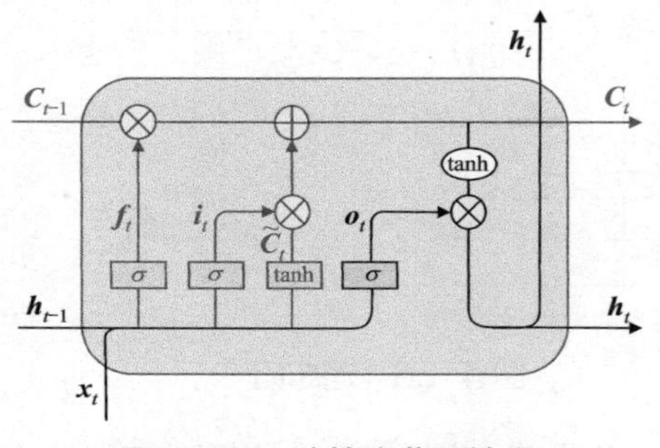

图 4-59　计算隐藏层输出

细胞状态在上一阶段已经更新完，最后，我们基于当前细胞状态 C_t 需要决定要输出什么，然而，我们不是输出当前细胞状态 C_t 所有信息，类似于遗忘门，此处引入一个输出门 o_t 来控制当前细胞状态 C_t 的输出信息，从而得到隐藏状态 h_t，如图 4-59 所示。其计算公式如下：

$$o_t = \sigma(W_o \cdot [h_{t-1}, x_t] + b_o)$$

$$h_t = o_t \tanh(C_t)$$

为方便理解隐藏状态的计算，我们继续以语言模型举例。假设当前输入为一个主语，那么后续很有可能会出现与其相关的动词。这时模型隐藏层的输出可能就会是主语的单复数，以便于后续模型能够正确预测动词的正确形式。

至此，我们讲解完了一个完整的 LSTM 单元结构，包括细胞状态、遗忘门、输入门以及输出门。

同样地，我们还是以向自动问答系统输入“IMED is a research team?”这个问题为例，自动问答系统给出回答是“Yes（是）”或“No（否）”为例子来讲解 LSTM 网络工作机制，这里需要采用异步多对多 LSTM 网络架构，如图 4-60 所示。

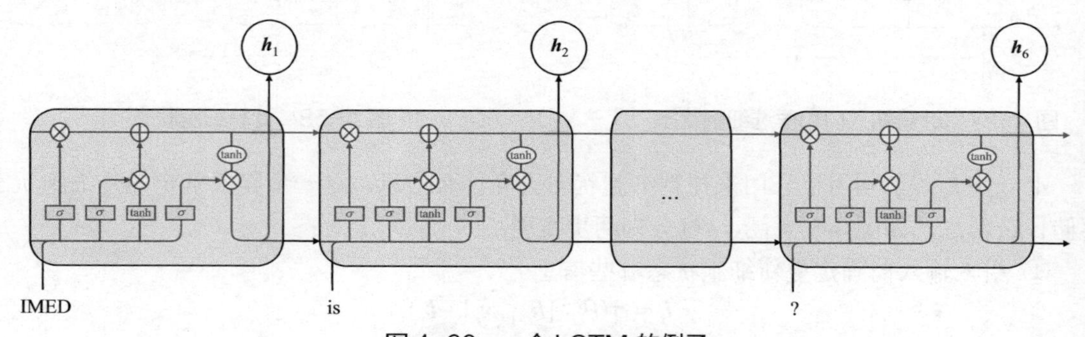

图 4-60　一个 LSTM 的例子

在这一例子中，我们采用与在简单循环神经网络小节中同样的处理步骤。首先，将“IMED is a research team?”拆分为 6 个独立的单词（符号）和进行独热编码，参考表 4-9。同样地，这里 x_1 指代“IMED”，在第一个 LSTM 单元结构中计算过程如下：

$$f_1 = \sigma(W_f \cdot [h_0, x_1] + b_f)$$

$$i_1 = \sigma(W_i \cdot [h_0, x_1] + b_i)$$
$$\tilde{C}_1 = \tanh(W_c \cdot [h_0, x_1] + b_c)$$
$$C_1 = f_1 C_0 + i_1 \tilde{C}_1$$
$$o_1 = \sigma(W_o \cdot [h_0, x_1] + b_o)$$
$$h_1 = o_1 \tanh(C_1)$$

式中，h_0 为初始化隐藏层状态；C_0 为初始化细胞状态。

中间 4 个 LSTM 单元采用一样计算流程，当最后一个 LSTM 单元的计算得到隐藏层状态 h_6 后，通过一些函数变换得到最终的模型预测输出 y，其计算公式如下：

$$y = \mathrm{softmax}(W_y \cdot h_6)$$

到目前为止，我们介绍了 LSTM 的结构，并且举例说明了 LSTM 是如何计算的。接下来我们会介绍其他的一些经典循环神经网络。

4.4.2.3 其他循环神经网络

除了上述提到的简单循环神经网络和 LSTM 循环神经网络，还有许多其他经典的循环神经网络，如门控循环单元（gated recurrent unit, GRU）循环神经网络、堆叠循环神经网络、双向循环神经网络等。这里我们简单介绍门控循环单元循环神经网络和双向循环神经网络。

图 4-61（b）展示了门控循环单元的示意图,它其实是 LSTM 其中的一种变体。相比与 LSTM，GRU 结构更简单，但同时保持了与 LSTM 接近的效果，因此得到广泛使用。

与 LSTM 结构不同，GRU 只有两个门：重置门与更新门，同时把细胞状态和隐藏层状态合并为一个状态值。图 4-61 展示了 LSTM 的单元与 GRU 的单元的结构对比。图 4-61（a）中 i, o, f 分别表示输入门、输出门与遗忘门，C 表示单元格状态，$\tilde{C}$ 表示新的单元格状态。图 4-61（b）中 r 和 z 分别表示重置门和更新门，h 表示隐藏层状态，$\tilde{h}$ 表示候选隐藏层状态。

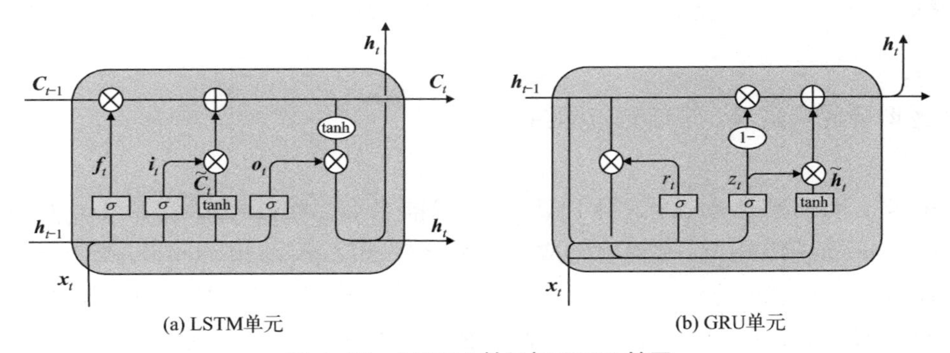

图 4-61 LSTM 单元与 GRU 单元

GRU 的计算过程如下：

h_t 表示 t 时刻 GRU 记忆单元的激活状态，它是由 h_{t-1} 和 $\widetilde{h_t}$ 线性计算得到的：

$$h_t = (1 - z_t) h_{t-1} + z_t \widetilde{h_t}$$

更新门 z_t 决定由多少单元将更新其激活状态或内容：

$$z_t = \sigma\left(\boldsymbol{W}_z \boldsymbol{x}_t + \boldsymbol{U}_z \boldsymbol{h}_{t-1}\right)$$

候选隐藏层状态 $\widetilde{\boldsymbol{h}_t}$ 的计算与传统循环神经网络单元的计算类似：

$$\widetilde{\boldsymbol{h}_t} = \tanh\left(\boldsymbol{W}\boldsymbol{x}_t + \boldsymbol{U}\left(r_t \odot \boldsymbol{h}_{t-1}\right)\right)$$

其中 $\odot$ 代表逐元素相乘重置门有效地使单元起到如同正在读取输入序列的第一个符号的作用，从而允许它忘记先前计算的状态：

$$r_t = \sigma\left(\boldsymbol{W}_r \boldsymbol{x}_t + \boldsymbol{U}_r \boldsymbol{h}_{t-1}\right)$$

综上，可以看出 $z_t=1$，$r_t=1$ 时，GRU 网络退化成简单循环网络；若 $z_t=1$，$r_t=0$ 时，当前状态 $\boldsymbol{h}_t$ 只与当前输入 $\boldsymbol{x}_t$ 相关，与历史状态 $\boldsymbol{h}_{t-1}$ 无关。当 $z_t=0$ 时，当前状态 $\boldsymbol{h}_t = \boldsymbol{h}_{t-1}$，即保持上一时刻的状态，与当前输入 $\boldsymbol{x}_t$ 无关。

双向循环神经网络，本质上是将标准循环神经网络的神经元分成正时间方向（前向）和负时间方向（后向），其结构如图 4-62 所示。

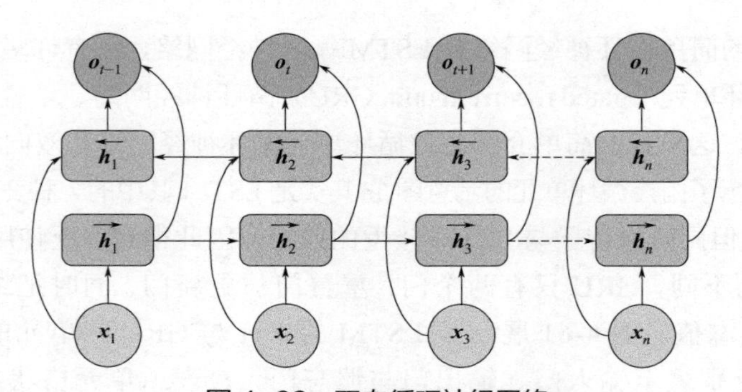

图 4-62　双向循环神经网络

双向神经网络在序列的某点处不仅可以获取之前的信息，还可以获取未来的信息。相比于普通 RNN，其具有获取上下文语义的优势，可以更好地完成前后语义关联的任务。

4.4.3　经典神经网络 3：生成对抗网络

2014 年，Goodfellow 在国际顶级人工智能会议 Advances in Neural Information Processing Systems（NIPS）首次提出生成对抗网络（generative adversarial network，GAN）。GAN 是通过对抗训练的方式使得生成网络产生的样本服从真实数据分布。在生成对抗网络中，有两个网络互相对抗博弈，通过两者的对抗博弈提升自我的能力：一个是判别网络，目标是尽量准确地判断一个样本是来自于真实数据还是由生成网络产生；另一个是生成网络，目标是尽量生成判别网络无法区分来源的样本。这两个目标相反的网络不断地进行交替训练。当最后收敛时，如果判别网络再也无法判断出一个样本的来源，那么也就等价于生成网络可以生成符合真实数据分布的样本。在眼科医疗图像处理领域，生成对抗网络被应用于多种学习任务，图 4-63 以眼底图片为例，展示了生成对抗网络的主要四种应用场景。

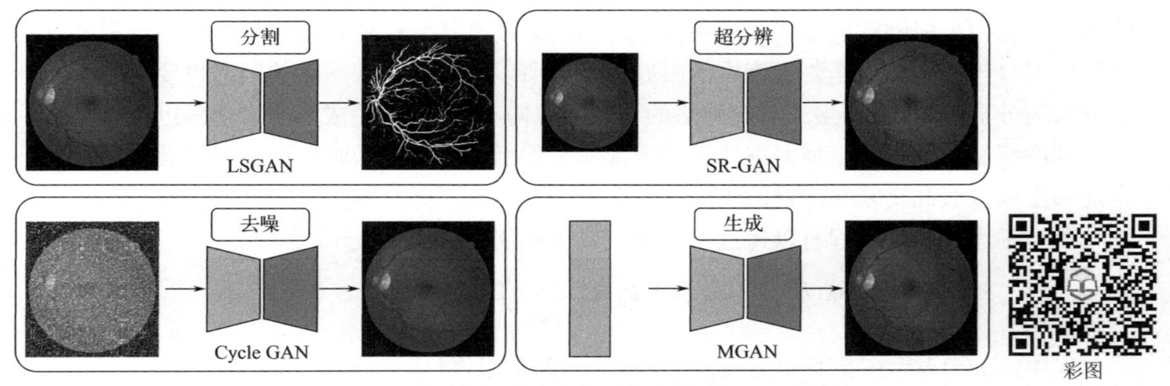

图 4-63　生成对抗网络的一些应用场景（以眼底图为例）

本小节接下来以眼底图像生成为例，详细地介绍一个生成对抗网络是如何被一步步构建起来的，以及生成对抗网络的变体。

4.4.3.1　生成对抗网络

图 4-64（a）展示了一个自动生成眼底图片的生成对抗网络，可以看到整个网络模型主要由两部分构成：生成网络和判别网络。生成网络负责通过输入一张噪声图，生成一张眼底图像。判别网络输入这张图像，输出对这张图像是否为真实眼底图像的判断。

换成公式化的描述，假设用 D 来表示判别网络，θ_d 表示判别网络中需要优化的参数，x 表示输入判别网络的图片，判别网络输出结果 $D(x,\theta_d)$代表判别模型预测样本 x 属于真实数据分布的概率。类似地，使用 G 表示生成网络，θ_g 表示生成网络的优化参数，z 表示输入的随机噪声，$G(z;\theta_g)$表示输出的生成眼底图像。其流程框图如图 4-64（b）所示。

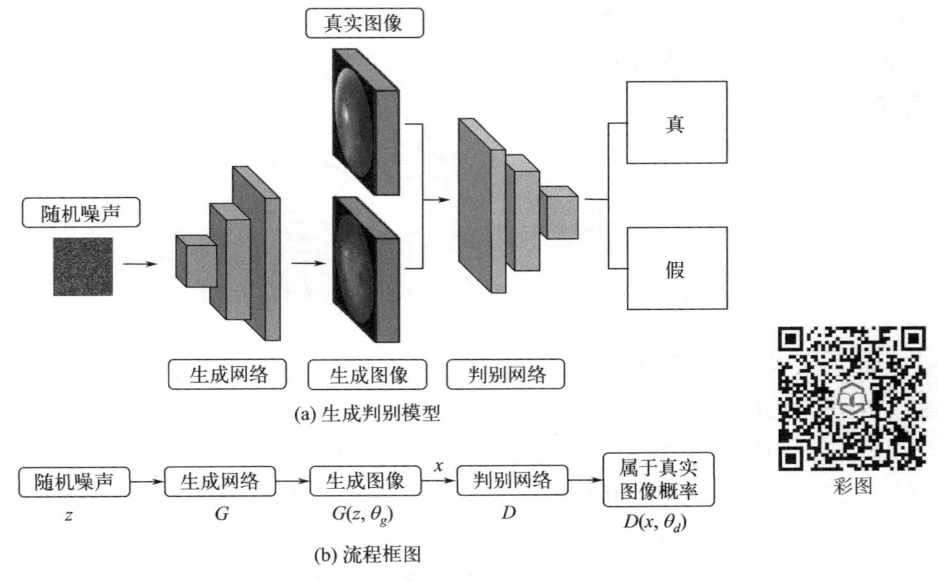

图 4-64　生成判别模型和流程框图

经过以上介绍，我们已经了解了生成对抗网络的构成，接下来说说如何训练一个生成对抗网络。生成网络目标是生成一张以假乱真的眼底图像，但如何判断是否达到了预期是一个令人头疼的问题。为此生成对抗模型提出了一个巧妙的解决思路，只要让判别网络无法区分就证明生成网络的生成眼底图像是能够以假乱真的。这就使得判别网络本身需要有足够的能力分辨一张图像是否为真实的眼底图像，所以在训练生成网络的同时也要同时提高判别网络的分辨能力。整个生成对抗网络的训练类似博弈的过程，生成网络希望骗过判别网络，而判别网络又希望找出生成网络的破绽或漏洞。最后当模型收敛时，我们就能够同时得到一个能够生成以假乱真眼底图像的生成网络和一个能够有很强判别能力的判别网络。

以上描述的整个过程可以通过一个最大最小化优化目标来表示，

$$\min_{\theta_g}\max_{\theta_d}(E_{x\sim p_r(x)}[\log D(x,\theta_d)]+E_{z\sim p(z)}[\log(1-D(G(z,\theta_g);\theta_d))]) \tag{4-50}$$

式中，$p_r(x)$表示图像真实分布；$p(z)$表示输入噪声分布。

为了方便理解这个公式，我们先只看判别网络的优化部分，假设$x'=G(z,\theta_g)$表示生成的眼底图像，那么整个优化公式就简化为如下形式：

$$\max_{\theta_d} E_{x\sim p_r(x)}[\log D(x,\theta_d)]+E_{x'\sim p_f(x')}[\log(1-D(x',\theta_d))] \tag{4-51}$$

式中，$p_f(x')$表示生成图像的分布。

这里我们可以发现这和训练分类模型时的交叉熵损失很类似。其实，判别网络本质上来说是一个二分类模型，当我们使用交叉熵作为优化目标，可以得到：

$$\min_{\theta_d} -(E_x[y\log p(y=1|x)+(1-y)\log p(y=0|x)]) \tag{4-52}$$

$$\max_{\theta_d} E_x[y\log D(x,\theta_d)+(1-y)\log p(D(x,\theta_d))] \tag{4-53}$$

其中标签$y=1$代表图片x属于真实眼底图像，$y=0$代表图片x为生成的眼底图像；$D(x,\theta_d)=p(y=1|x)$代表判别网络判断图片x是真实眼底图的概率，那么$1-D(x,\theta_d)=p(y=0|x)$表示图片是生成眼底图的概率。当输入为真实眼底图片，即$y=1$，那么上述公式变为以下形式：

$$\max_{\theta_d} E_{x\sim p_r(x)}[\log D(x,\theta_d)] \tag{4-54}$$

类似的当输入为生成眼底图片则有

$$\max_{\theta_d} E_{x'\sim pf(x')}[\log(1-D(x',\theta_d))] \tag{4-55}$$

我们可以发现这刚好就是式（4-51）的两个部分。这里是有一个理想假设：真实图像数目和生成图像相同，于是整个优化目标就是两者的直接相加和。

现在已经解释了整个生成对抗网络优化判别网络的优化目标，剩下的生成网络部分优化就很明显了。生成网络的目标就是和判别网络相互博弈，通过优化自己的图片生成能力，让判别网络无法轻易区分图片真假。

在实际的生成对抗网络优化过程中需要使用一些技巧，使得在每次迭代中，判别网络比生成网络的能力强一些，但又不能强太多。在实际生成对抗网络的训练流程中，判别网络每更新k次生成网络更新一次。每次迭代过程中先保证判别网络更强一些，然后再通过判别网络来监督生成网络的训练。按此流程不断的迭代，最终得到训练好的生成对抗模型。在此算法中k是一个超参数，具体根据不同任务自行选择。

4.4.3.2 生成对抗网络的变体

生成对抗网最开始只是用于简单的图像生成，但经过多年来的发展也衍生出了不同变体以适应如图 4-64 所示的各种应用场景。以下简单介绍两种经典的变体模型。

（1）条件生成对抗网络

无论是培训医生筛查疾病还是训练一个自动疾病筛查辅助系统，都需要一定量的病例数据支撑。但往往存在一些疾病缺乏相应疾病类型的图像，此时就希望计算机可以通过学习自动生成一些特定疾病的数据。条件生成对抗网络（conditional GAN, CGAN）就可以满足这一生产特定疾病图像的需求，接下来我们还是以生成眼底图像为例来介绍 CGAN 是如何生成满足条件的图像。

图 4-65 是一个条件生成对抗网络的结构图，可以看到和普通生成对抗网络的区别在于其生成网络与判别网络的输入添加了一个条件项。同时判别网络不仅需要判断图片是否为真实眼底图像，还要判断该图像是否满足患青光眼这一条件。这样在输入端添加约束条件的做法，使得模型可以根据需求生成包含各种疾病的眼底图片。

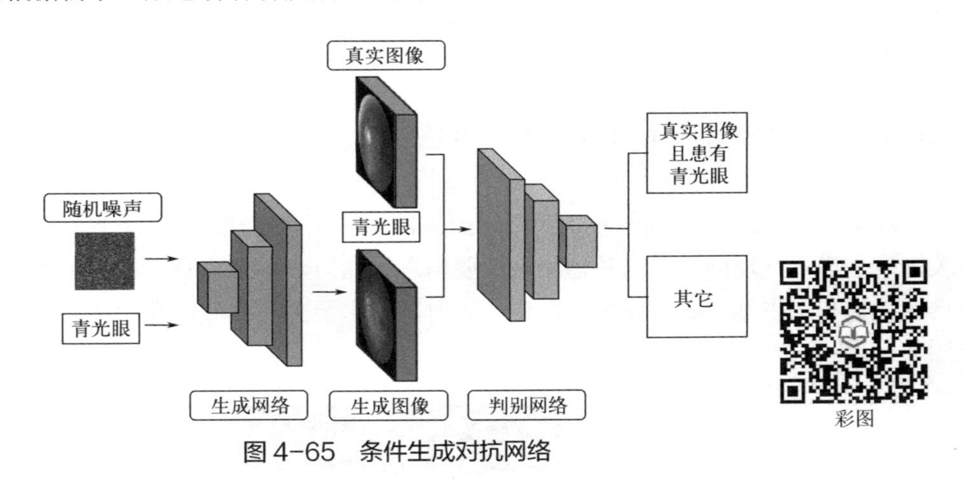

图 4-65 条件生成对抗网络

（2）循环一致性生成对抗网络

在眼科图像处理领域，除了生成图像，如何提高图像的质量也是一个存在已久的问题。在眼科图像拍摄的时候，出于各种原因（仪器局限、病理、操作失误）可能会有图像质量低下的情况。循环一致性生成对抗网络（Cycle-consistent GAN, CycleGAN）可以通过域迁移的方式达到图像质量增强的目的。

如图 4-66 所示，CycleGAN 的设计很巧妙，包含了两个生成网络 G_x、G_y 和两个判别网络 D_x、D_y。其中，G_x 负责通过低质量图像生成高质量图像，D_x 负责判断输入的图像是否为高质量图像；相反 G_y 则是通过高质量图像生成低质量图像，D_y 负责判断输入的图像是否为低质量图像。对于一张输入的低质量眼底图像，CycleGAN 先通过生成网络 G_x 将低质量图像转换为高质量图像，再通过生成网络 G_y 将其转换为低质量图像。为了保证在整个转换过程中不会损失过多信息，CycleGAN 在输入低质量图像与生成低质量图像间建立了一致性约束。

除了以上所列举的生成对抗网络变体，近年来还不断有研究在此基础上改进，比如说用于图像分割的 LSGAN，用于图像超分辨重建的 SR-GAN 等。

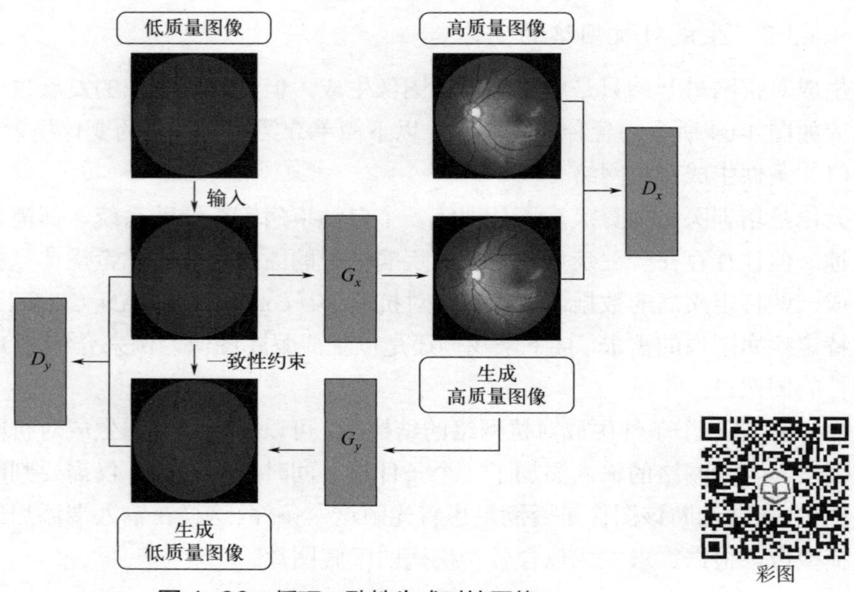

图 4-66 循环一致性生成对抗网络

4.4.4 经典神经网络 4：注意力机制网络

注意力（attention）是一种人类不可或缺的复杂认知功能，即人类具有有意识地选择一些关键信息进行处理同时忽略其他相对次要信息的能力，在第 2 章已有相关生物学基础介绍。例如，眼科医生基于眼底图像诊断青光眼时，会主要关注眼底图像中杯盘区域病理信息，如图 4-67 所示。

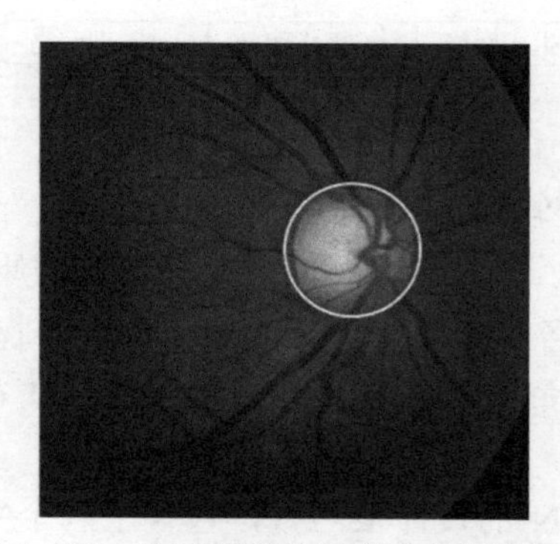

图 4-67 青光眼眼底图像中的杯盘区域

受人类这种认知功能启发，人工智能研究学者设计了适用于神经网络的注意力机制（attention mechanism），其作用是让神经网络中神经元去学习重要的特征表示信息并抑制不重要的特征表示信息，提高信息处理效率。其处理过程可以简单表述如下：

$$\text{Attention} = f\left(g\left(x\right), x\right)$$

其中 $g\left(x\right)$ 可以理解为针对特定任务设计的注意力模块；$f\left(g\left(x\right), x\right)$ 表示为设计的注意力模块 $g\left(x\right)$ 对输入特征表示 x 进行有选择地高效信息处理的范式。

近年来，注意力机制已经成功应用于自然语言处理、计算机视觉、人机博弈等领域。目前，国内外文献对注意力机制研究已有多种分类方法，如软注意力和硬注意力；全局注意力和局部注意力；通道注意力、空间注意力以及两者结合。本节参考计算机视觉研究中注意力机制的分类方法并将其分为三大类：通道注意力、空间注意力以及通道和空间混合注意力。其中，针对每一个注意力机制类型都选用一个具有代表性的注意力方法进行介绍，并以图 4-67 的青光眼的眼底图像为示例来解释这三种注意力机制类型的工作机制。

（1）通道注意力机制

通道注意力机制（channel attention mechanism）是一种被广泛应用的注意力机制，其作用是神经网络模型有意识地决定关注什么特征表示类型，就好比眼科医生在眼底图像下诊断青光眼时会关注杯盘比这个特征。本小节主要介绍最具代表性的压缩激励（squeeze and excitation，SE）注意力机制，如图 4-68 所示。

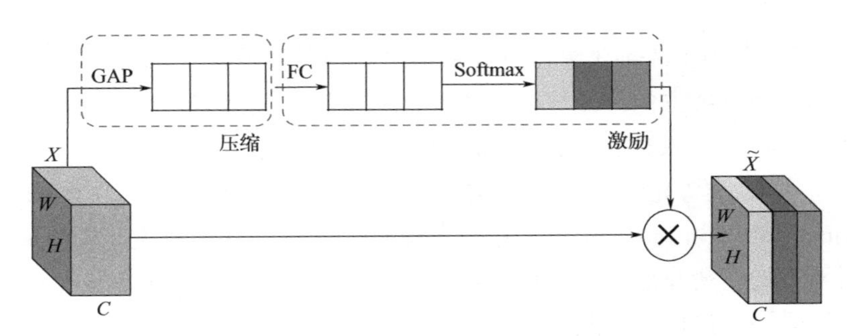

图 4-68　SE 架构图

压缩激励注意力机制由一个挤压模块（squeeze module）和一个激励模块（excitation module）组成。其中，挤压模块的作用是对每张特征图的空域信息进行压缩编码，从而得到一个全局特征表示。在挤压模块中，研究学者采用全局平均池化方法（global average pooling，GAP）来实现以上空域信息压缩编码，可通过以下公式表述：

$$z_c = \frac{1}{H \times W} \sum_{i=1}^{H} \sum_{j=1}^{W} x_c(i,j) \tag{4-56}$$

其中，z_c 表示从每个通道或特征图中提取到的全局特征表示；H,W 表示特征图的高和宽。

紧随挤压模块之后是激励模块，其由两个全连接层（fully-connected layer，FC）和一个门控机制操作符组成。第一个全连接层可以当作一个编码层，其作用是对所有通道的全局特征表示进行编码和构建通道之间的依赖性；第二个全连接层可以当作一个解码层，其作用是对通道维数进行还原和得到校正以后的通道全局特征表示。同时，为了突出重要的通道并弱化不重要的通道，门控机制操作符用于生成每个通道的注意力权重，通过与每个通道对应的特征图中所有元素相乘，得到增强以后的特征图。上述处理过程可通过以下公式进行描述：

$$s = \sigma\big(g(z,W)\big) = \sigma\big(W_2\delta(W_1 z)\big)$$

$$\tilde{x}_c = s_c \cdot x_c$$

其中，δ表示 ReLU 激活函数；s 和σ表示注意权重和 sigmoid 函数；W_1 和 W_2 表示可学习的权重参数；$\tilde{x}_c$ 表示第 c 个通道的增强特征图表示。

为了进一步解释通道注意力机制如何让神经网络模型关注的特征表示类型，此处对青光眼的眼底图像的模型学习到的不同通道特征图进行可视化。其中特征图较亮的像素点表明较高的特征图全局特征相似度，如图 4-69 简略展示了通道注意力机制让神经网络模型关注不同的特征表示信息，可以看出，在单张特征图上，通道注意力机制引导神经网络关注的特征位置分布比较散乱，其主要与通道的全局特征表示的差异性有关。

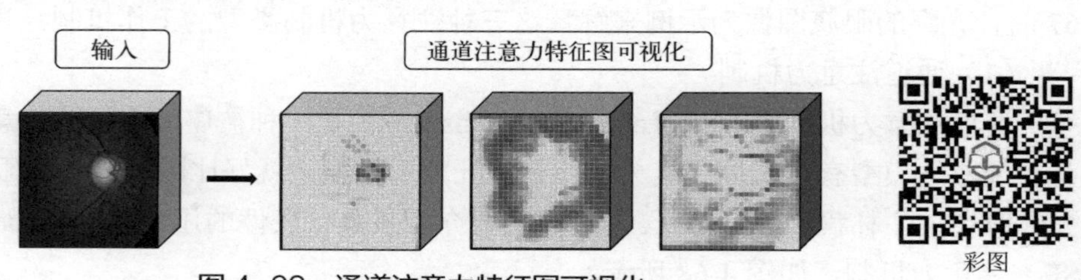

图 4-69 通道注意力特征图可视化

近年来，研究学者为了改善压缩激励注意力机制不足并设计了多种通道注意力机制变体，它们大致可分为三个发展方向：空域信息提取、通道依赖关系构建以及门控机制设计，比如临床意识注意力机制（clinical-awareness attention mechanism，CCA）采用全局均值池化、全局最大值以及全局标准差池化方法分别提取了三种全局特征表示；高效通道注意力机制（efficient channel attention mechanism，ECA）设计了一个局部通道交互模块来构建部分通道之间依赖性而不是构建所有通道之间依赖性。门控注意力机制（get attention mechanism）则引入了长短期记忆模型中的门控机制。

（2）空间注意力

空间注意力机制（spatial attention mechanism）是另一种广泛应用于图像识别、视频分类等领域的注意力机制。不同于通道注意力机制，它主要是引导神经网络关注特定的空间位置信息。例如在眼底图像中，空间注意力机制神经网络会重点关注对青光眼诊断更为重要的杯盘区域。

2014 年，Google 大脑研究团队首次尝试结合空间注意力机制与循环神经网络（RNN）模型并在计算机视觉任务上并取得了优越的性能。这次成功尝试引起了研究学者对空间注意力机制的研究兴趣。如上一节一样，本小节只介绍空间注意力机制中具代表性的自注意力机制（self-attention mechanism），它在自然语言处理和计算机视觉领域都取得了巨大成功。借鉴数据库相关理论中的术语，自注意力机制通常使用查询-键-值（query-key-value，QKV）的概念来描述其计算模式，如图 4-70 所示。

假设输入特征张量 $\boldsymbol{X} \in \mathbf{R}^{D_x \times N}$，输出增强特征向量 $\boldsymbol{H} \in \mathbf{R}^{D_v \times N}$，自注意力机制的具体计算过程中如下：

① 针对输入特征张量，通过三个线性映射将其映射到三个不同的空间，并获得 $\boldsymbol{Q},\boldsymbol{K},\boldsymbol{V}$ 三个由查询向量 $\boldsymbol{q}_i$、键向量 $\boldsymbol{k}_i$ 和值向量 $\boldsymbol{v}_i$ 构成的矩阵，其中 $\boldsymbol{W}_q$，$\boldsymbol{W}_k$，$\boldsymbol{W}_v$ 分别为线性映射的参数矩阵：

$$\boldsymbol{Q} = \boldsymbol{W}_q \boldsymbol{X} \in \mathbf{R}^{D_k \times N}$$

$$\boldsymbol{K} = \boldsymbol{W}_k \boldsymbol{X} \in \mathbf{R}^{D_k \times N}$$

$$\boldsymbol{V} = \boldsymbol{W}_v \boldsymbol{X} \in \mathbf{R}^{D_v \times N}$$

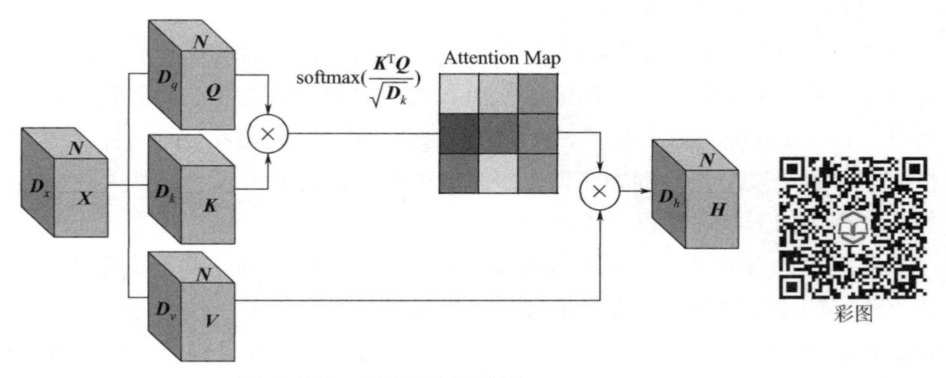

图 4-70 自注意力架构图

② 对于每一个查询向量，构建**键值对**（key-value pair）来表示特征张量信息，用$(\boldsymbol{K},\boldsymbol{V})=[(k_1,v_1),\cdots,(k_N,v_N)]$表示$N$组输入信息，给定查询向量$\boldsymbol{q}$时，可以得到增强特征张量：

$$\text{att}\left((\boldsymbol{K},\boldsymbol{V}),\boldsymbol{q}\right)=\sum_{n=1}^{N}a_n v_n=\sum_{n=1}^{N}\text{softmax}\left(s\left(k_n,\boldsymbol{q}\right)\right)v_n=\sum_{n=1}^{N}\frac{\exp\left(s\left(k_n,\boldsymbol{q}\right)\right)}{\sum_j \exp\left(s\left(k_j,\boldsymbol{q}\right)\right)}v_n$$

其中 $s(\cdot)$表示距离计算函数（此处为点积计算）；n 表示查询键值对序号。首先通过计算查询向量 $\boldsymbol{q}$ 与键值 k_n 的距离得到相似度评价，接着通过 softmax 函数得到权重 a_n，最后基于该权重对 V_n 进行加权求和。

$$\boldsymbol{H}=\text{Attention}\left(\boldsymbol{Q},\boldsymbol{K},\boldsymbol{V}\right)=\text{softmax}\left(\frac{\boldsymbol{K}^{\text{T}}\boldsymbol{Q}}{\sqrt{d_k}}\right)\boldsymbol{V}$$

点积运算可以使用高度优化的矩阵乘法来实现，这使得它在提高速度的同时占用更小的运算空间。而为了防止点积过大的问题，则使用$\frac{1}{\sqrt{d_k}}$对其进行缩放。

同样地，本小节对自注意力模型学习到的眼底图像中青光眼病理区域信息进行可视化，如图 4-71 所示，其中眼底图像中，比较亮的区域是神经网络重点关注的病理区域，不同于通道注意力机制，空间注意力机制引导神经网络模型关注的特征表示信息的位置比较集中。

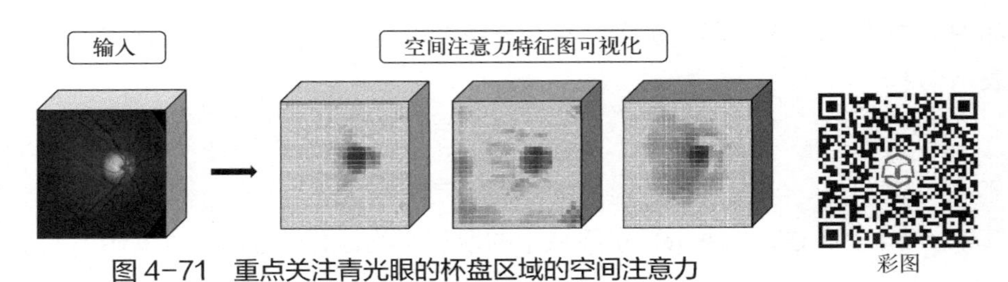

图 4-71 重点关注青光眼的杯盘区域的空间注意力

近年来，基于 self-attention 构建的 Transformer 模型已经成为循环神经网络和卷积神经网络架构之外一种神经网络架构，且已经出现很多超大神经网络模型，比如 GPT、Bert、ELMo，并且广泛应用于各种领域。

（3）通道&空间混合注意力

通道注意力机制能引导神经网络关注特定的特征表示信息，空间注意力机制能引导神经网络关注特定的空间位置表示信息。而人类在实际场景中并不只依赖于单一注意力机制筛选信息，是结合多种注意力机制。为了结合两者的优点，通道&空间混合注意力机制自然而然地被研究学者研发出来。例如在青光眼影像检查中，模型不仅会重点关注杯盘区域，也会关注与疾病相关的形状、颜色、纹理等特征信息。

残差注意力网络（residual attention network，RAN）首次将通道&空间混合注意力机制与残差连接的模块结合，它在经典计算机视觉任务上取得了卓越性能。此后，研究学者也基于它的架构设计了各种各样的衍生通道&空间混合模块，并且强调了信息特征在空间和通道维度上的重要性。与之前的小节一样，本节着重讲解具有标志性的卷积注意力模块(convolutional block attention module, CBAM)，其由一个通道注意力子模块和一个空间注意力子模块串联组成，如图 4-72 所示。

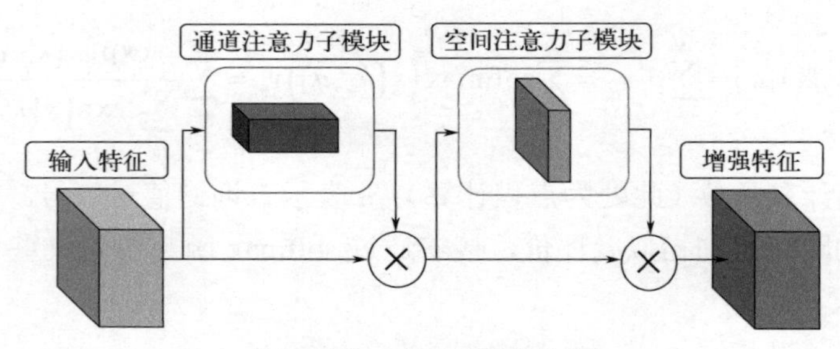

图 4-72　CBAM 总构图

给定一个输入特征映射 $\boldsymbol{X}\in\mathbf{R}^{C\times H\times W}$，它利用通道注意力子模块和空间注意力子模块依次生成一个一维通道注意向量 $\boldsymbol{s}_c\in\mathbf{R}^{C}$ 和一个二维空间注意力特征图 $\boldsymbol{s}_s\in\mathbf{R}^{H\times W}$ 。CBAM 的总体处理流程可用以下公式表达：

$$\boldsymbol{X}'=\boldsymbol{M}_c\left(\boldsymbol{X}\right)$$

$$\boldsymbol{Y}=\boldsymbol{M}_s\left(\boldsymbol{X}'\right)$$

其中，$\boldsymbol{X}'$ 和 $\boldsymbol{Y}$ 表示经过通道注意力 $\boldsymbol{M}_c\left(\boldsymbol{X}\right)$ 和空间注意力 $\boldsymbol{M}_s\left(\boldsymbol{X}'\right)$ 之后的增强特征表示。

下面我们将详细介绍通道注意力子模块和空间注意力子模块的详细构造。

① 通道注意力子模块的整体结构与 SE 类似，也可以认为是由挤压模块和激励模块组成，如图 4-73 所示。在挤压模块中，利用全局平均池化和全局最大池化来聚合两种不同全局特征表示信息：

$$\boldsymbol{F}_{\text{avg}}^{c}=GAP^{s}\left(\boldsymbol{X}\right)$$

$$\boldsymbol{F}_{\max}^{c}=GMP^{s}\left(\boldsymbol{X}\right)$$

其中，GAP^{s} 和 GMP^{s} 表示了空间域中的全局平均池化和全局最大池化操作；$\boldsymbol{F}_{\text{avg}}^{c}$ 和 $\boldsymbol{F}_{\max}^{c}$ 为两种池化操作以后得到的特征表示向量。

在激励模块中，利用一个共享多层感知机对两种全局特征进行重建和相加并输入到门控机制操作符（sigmoid），用于生成通道注意力权重：

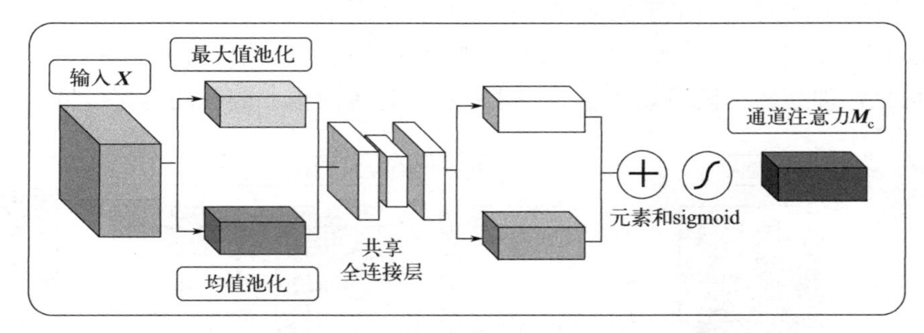

图 4-73　CBAM 通道注意力模块

$$s_c = \sigma\left(W_2\delta(W_1F_{\text{avg}}^c) + W_2\delta(W_1F_{\text{max}}^c)\right)$$

其中，s_c 表示第 c 个通道注意力权重，σ为 sigmoid 函数,δ为激活函数 ReLU，$W_1 \in \mathbf{R}^{C \times C/r}$ 和 $W_2 \in \mathbf{R}^{C/r \times C}$ 为权重参数。

由通道注意力机制生成的增强特征表示如下：

$$x' = s_c x$$

其中，x' 表示第 c 个通道特征图的增强表示。

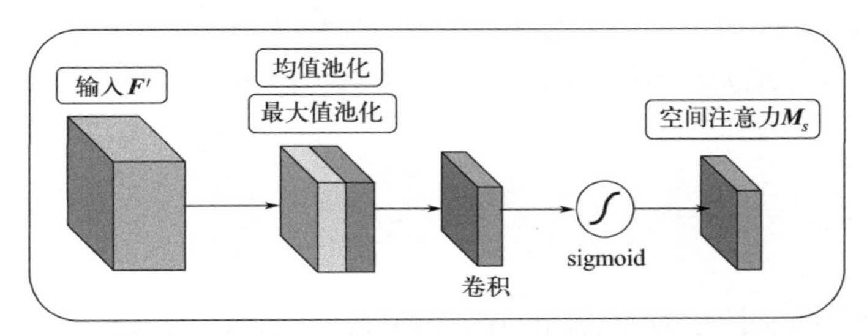

图 4-74　CBAM 空间注意力模块

② 空间注意力子模块主要是对空间位置信息关系进行建模，突出重要的空间位置和抑制不重要的空间位置信息，其好与通道注意力互补。它也包括两个模块：通道挤压模块和空间域激励模块。如图 4-74 所示。

在通道挤压模块中，它分别利用全局均值通道池化和全局最大通道池化方法来提取通道均值和通道最大值特征表示，并形成通道特征表示向量，表达式如下：

$$F_{\text{avg}}^s = GAP^c\left(X'\right)$$

$$F_{\text{max}}^s = GMP^c\left(X'\right)$$

$$s_s = \sigma\left(\text{Conv}([F_{\text{avg}}^s; F_{\text{max}}^s])\right)$$

其中，GAP^c 和 GMP^c 分别表示通道全局池化操作，Conv 表示卷积运算，[；] 代表矩阵拼接，它利用一个拥有大卷积核 7×7 的标准卷积层对局部空间位置信息进行建模，同样采用一个门控机制操作符即 sigmoid 函数去生成空域注意力权重。

由通道注意力机制生成的特征图增强特征表示如下：

$$Y = s_s X'$$

其中，Y 表示特征图的增强表示。

CBAM 可以引导神经网络模型去关注特定的特征表示类型和重要的空间位置区域。此处我们同样对 CBAM 学习到的青光眼的眼底图像特征表示和空间位置信息进行说明，如图 4-75 所示，可见，神经网络模型既特定的特征表示，也关注重要的空间位置区域。

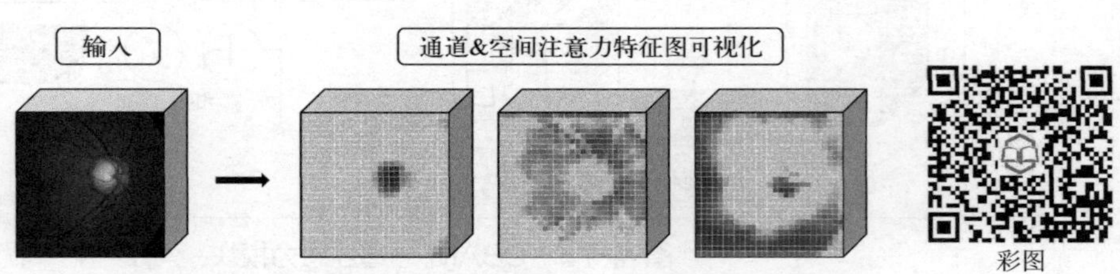

图 4-75　重点关注青光眼的杯盘区域的通道&空间混合注意力

4.5 深度学习前沿

经过本章前面的讲解，大家对于深度学习有了一定的了解，本节将探讨深度学习的前沿发展研究方向，但是由于人工智能技术更新迭代较快，本节介绍最新的深度技术前沿进展，可能在不久以后会成为过时技术。本节选择了当下比较热门的自监督学习、可解释性深度学习、对抗攻击与防御、超大规模模型四个研究方向进行阐述。

4.5.1 自监督学习

在 2020 年的国际表征学习大会(international conference of learning representation, ICLR)上，图灵奖获得者 Yann Lecun 和 Yoshua Bengio 将自监督学习（self-supervised learning, SSL）列为让人工智能接近人类智能的关键技术之一。自监督学习方法又称自我监督学习，是一类将无监督学习转换为监督学习的算法，参考综述论文 *Self-supervised Learning: Generative or Contrastive*，自监督学习方法分为生成式方法、基于对比学习的方法和混合方法这三大类，以下将近三年的自监督学习算法进行了归类，如图 4-76 所示，以供有兴趣的同学参考。

自监督学习		
基于生成式的方法	基于对比学习的方法	混合式的方法
BERT及其变体 VGAE GPT系列 FastText 掩码自编码器（MAE） NICE word2vec DeepWalk-based	Moco系列 SimCLR系列 BYOL Barlow Twins PiCO DINO M3S GCC	Adversarial AE BigBiGAN WKLM GraphSGAN

图 4-76　自监督学习算法总结

4.5.2 可解释性深度学习

目前对于什么是模型可解释性尚无统一的定义。本节以清华大学、宾夕法尼亚大学、俄勒冈大学与百度共同撰写的可解释性深度学习综述文章 *Interpretable Deep Learning: Interpretations, Interpretability, Trustworthiness, and Beyond* 中关于模型可解释性的定义为准，即模型可解释性是指模型以可理解的术语向人类解释或者展示的能力。我们根据深度学习可解释性的表示形式，将当前可解释性深度学习算法研究可分为特征（feature）、模型响应（model response）、模型推理过程（model rationale process）以及数据集（dataset）这四个研究方向，其中特征就是评估深度学习学习到的各种特征对于最终输出的影响或重要性来解释神经网络模型；模型响应则是通过变换输入样本观察模型的行为变化来解释模型；模型推理过程则尝试推理出模型做出决策的过程；数据集则不再聚焦于模型本身，而是聚焦在训练模型的数据集中，观察训练数据是如何影响模型的训练过程。图 4-77 对现有可解释性深度学习研究方向作了简单总结，对可解释性深度学习这个研究方向感兴趣的同学去查阅相关资料和学习相关知识。

图 4-77 可解释性深度学习研究方向

4.5.3 对抗攻击与防御

对抗样本是由 Szegedy 等人于 2013 年首次发现，2014 年由 Ian Goodfellow 等人提出，对抗样本的定义为由不易察觉的噪声扰动的输入样本，它可以欺骗模型使其输出不正确的结果。其中对抗攻击指的是利用某种方法生成对抗样本以欺骗模型，而防御则是让模型免疫对抗样本，在对抗攻击的条件下也能得到正确的输出。根据对抗攻击所能获取到的信息量，研究学者通常将对抗攻击分为白盒攻击和黑盒攻击两类。其中，白盒攻击是指在能够获得关于模型所有或者大部分信息的条件下对模型进行攻击；而黑盒攻击往往不知道模型的相关信息，仅能够获取到一些查询信息，如模型输出结果等。目前，对抗攻击研究集中于白盒方法，参考对抗攻击综述论文 *A Survey of Robust Adversarial Training in Pattern Recognition: Fundamental, Theory, and Methodologies*，我们将白盒方法分为基于优化的方法、基于梯度的方法和基于近似的方法这三类，而黑盒方法只有一个大类，如图 4-78 所示，感兴趣的同学可以自行查阅相关论文。

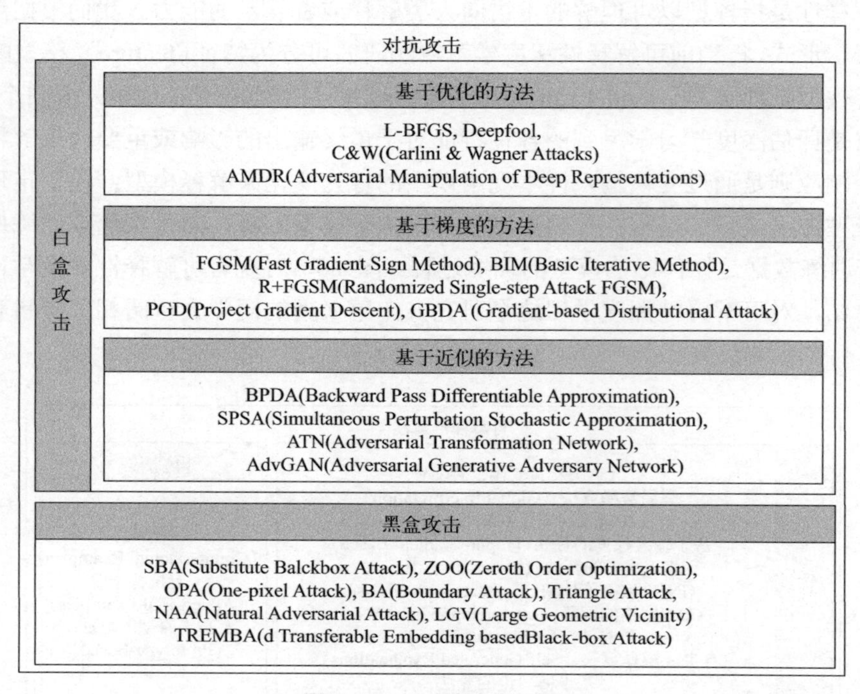

图 4-78　对抗攻击总结

目前，对抗样本防御方面的研究主要集中于对抗训练(因为对抗训练是最直接有效的抵抗对抗样本攻击的方法)，此处仅总结一些对抗训练的方法，见图 4-79。

对抗训练

Prior-Guided Adversarial Initialization for Fast Adversarial Training,
ATLD(Adversarial Training with Latent Distribution),
MAT(Manifold Adversarial Training),
FS(Feature Scattering based Adversarial),
FAT(Friendly Adversarial Training)及其变体,
TRADS,
PGD-AT及其变体，
FGSM-AT(FGSM Adversarial Training),
对抗性Logit匹配(Adversarial Logit Pairing),
集成对抗学习(Ensemble Adversarial Training)

图 4-79　对抗训练总结

4.5.4　超大规模模型

近年来，随着计算资源的丰富，国内外各大研究机构和高校开始研究超大规模神经网络模型的构建，图 4-80 为从 1950 年至 2022 年 6 月的人工智能系统训练计算量的变化趋势图，可见近几年出现了很多超大计算量的人工智能系统，这与最近构建超大规模模型的研究热潮有着密不可分的关系。超大规模模型是指具有超大规模参数(至少亿级)的模型，并且此类模型需要利用超大规模数据进行训练，这些数据包含图像、文本等多元类别的数据。例如，2021 年 OpenAI 研发的 GPT-3 就是其中一个比较有代表性的超大规模模型，其拥有 1750 亿参数，同时利用 4900 亿个 Token 级别的数据进行训练，如此大规模的参数量与训练数据让 GPT-3 在很多项任务中都取得了不错的成绩。我国在超大模型构建方面也取得了不错的成绩，北京智源人工智能研究院在 2021 年发布了世界最大参数的模型悟道 2.0，其拥有 1.75 万亿参数。同年，清华大学构建的虚拟学生“华智冰”引起了社会广泛关注。对超大规模模型研究方向比较感兴趣的同学可参考论文 *Pre-Trained Models: Past, Present and Future* 或自行去了解关于超大规模模型最新研究进度。

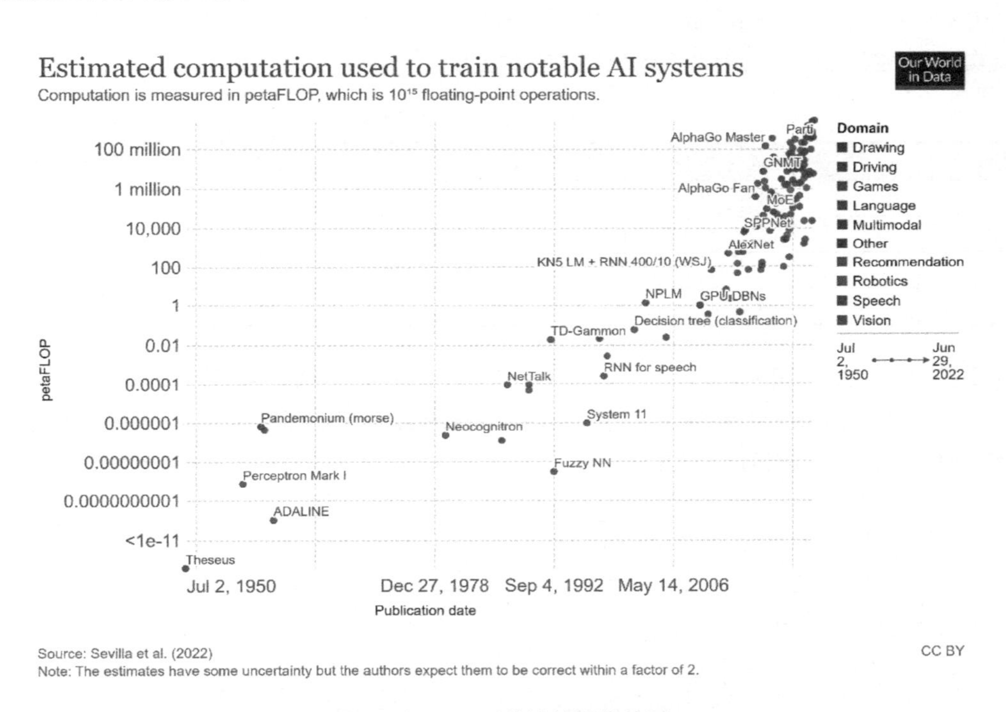

图 4-80　AI 系统计算量趋势图

除了以上提到的四个深度学习研究方向以外，因果推理、分布外（out of distribution, OOD）模型预测、多任务学习、多模态学习、模型隐私保护、混合模型、神经网络构架设计等也是热门深度学习研究方向，感兴趣同学可以查阅相关资料，了解更多研究动态。

本章小结

本章从深度学习的三个主要发展脉络开始，总体概述了什么是深度学习以及目前主要研究方向。其次，介绍简单的人工神经网络并通过实例讲解了其计算过程，同时，着重讲述并总结了激活函数与损失函数。再次，以图和公式结合形式介绍了深度学习参数更新需要用到的梯度下降算法和反向传播算法。随后，结合具体应用实例重点介绍了四种经典神经网络模型，旨在帮助读者更好应用这些神经网络模型去解决实际应用问题。最后，本章节还介绍了四种比较受欢迎的深度学习研究方向。

习题

1. 以数据点(0,0)，(0,1)，(1,0)，(1,1)为例，构造两个简单的人工神经网络，分别实现 or 和 and 运算（只需设计网络结构和参数，不用训练模型），并演示如何使用网络来预测标签。

2. 请解释为什么要引入激活函数，好的激活函数应该有什么性质？

3. 当 sigmoid 激活函数$\left(\text{sigmoid}(x)=\dfrac{1}{1+\mathrm{e}^{-x}}\right)$输入 x 为 5,那么其输出值为多少？其对应的梯度值为多少？如果当前激活函数位于网络中部，会出现什么问题，如何解决？

4. 表 4-10 是 4 例近视样本数据，其标签依次为{0, 1, 2, 3}，其中 0 代表正常样本，1 代表为轻度近视，2 代表中度近视，3 代表重度近视。表中给出了模型将样本预测为各个类的结果，请根据表中数据写出样本真实标签对应的 one-hot 编码并计算交叉熵损失函数。

表 4-10　4 例近视样本数据

编号	正常	轻度近视	中度近视	重度近视
1	0.6	0.3	0.06	0.04
2	0.2	0.5	0.25	0.05
3	0.0	0.1	0.8	0.1
4	0.0	0.05	0.2	0.75

5. 给定一个简单的卷积神经网络结构如图 4-81，包含一个输入层、两个卷积层（Conv1 和 Conv2）、一个最大池化层、一个全连接层，其中所有层都不包含偏置向量并且权重已在图中给出。假设有一个如图所示 6x6 的矩阵输入到该模型中，请计算出模型的输出值，同时给出中间层的计算结果。（注：**卷积计算要翻转**）

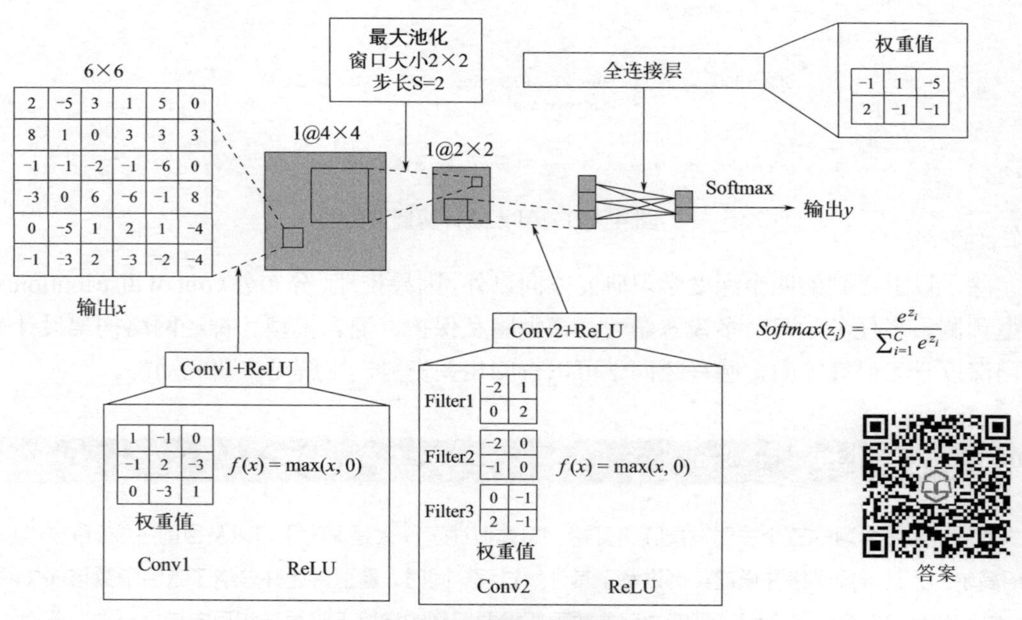

图 4-81　一个简单卷积神经网络

本章参考文献

[1] 夏瑜潞.循环神经网络的发展综述[J].电脑知识与技术,2019,15(21):182-184.DOI:10.14004/j.cnki.ckt.2019.2379.

[2] 胡铭菲, 左信, 刘建伟. 深度生成模型综述. 自动化学报, 2022, 48(1): 40-74 doi: 10.16383/j.aas.c190866.

[3] 章晓庆,肖尊杰,东田理沙,等.多区域融合注意力网络模型下的核性白内障分类[J].中国图象图形学报,2022,27(03):948-960.

[4] 章晓庆. 基于深度学习的多疾病风险预测模型研究[D].郑州大学,2019.

[5] 周飞燕,金林鹏,董军.卷积神经网络研究综述[J].计算机学报,2017,40(06):1229-1251.

[6] 杨丽,吴雨茜,王俊丽,等.循环神经网络研究综述[J].计算机应用,2018,38(S2):1-6,26.

[7] 邱锡鹏. 神经网络与深度学习. 北京: 机械工业出版社, 2020.

[8] 任欢,王旭光.注意力机制综述[J].计算机应用,2021,41(S1):1-6.

[9] Fu H, Xu Y, Lin S, et al. Deepvessel: Retinal vessel segmentation via deep learning and conditional random field[C]//International conference on medical image computing and computer-assisted intervention. Springer, Cham, 2016: 132-139.

[10] Mou L, Zhao Y, Chen L, et al. CS-Net: channel and spatial attention network for curvilinear structure segmentation[C]//International Conference on Medical Image Computing and Computer-Assisted Intervention. Springer, Cham, 2019: 721-730.

第5章

人工智能之强化学习

本章导读

2021年，我国自主研发的人工智能围棋程序“星阵围棋”夺得世界人工智能围棋大赛冠军。人工智能围棋程序中的关键组件是强化学习技术。强化学习是一种从环境交互过程中不断主动地学习问题以及解决问题的方法。它被广泛应用于诸多领域，其中最典型的包括各种棋类游戏、电子游戏、无人驾驶、机器人控制等。

如图5-1所示，本章节首先详细介绍了强化学习的定义和基本要素，再通过棋类游戏实例来分别介绍强化学习中马尔可夫决策过程、目标函数以及常用算法。在强化学习算法小节中，我们集中介绍几种经典的强化学习算法，包括动态规划、蒙特卡罗和时序差分算法。除此之外，我们还介绍了结合深度学习和强化学习的深度强化学习算法(deep Q-network，DQN)，并以机器人控制为例简单介绍了深度强化学习在连续动作空间上的应用。

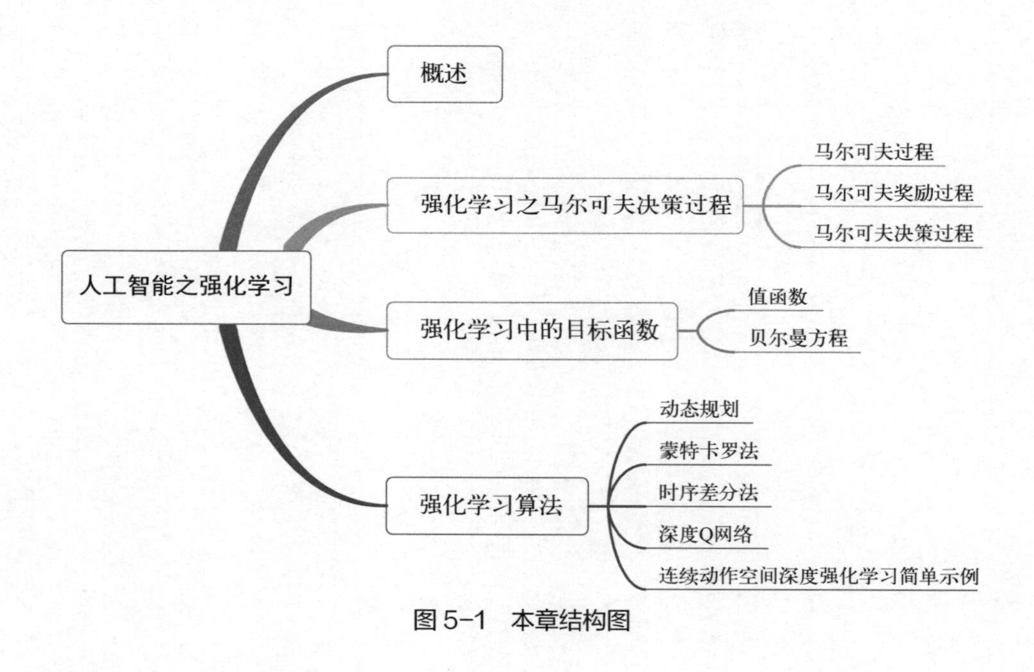

图5-1　本章结构图

5.1 ➲ 强化学习概述

强化学习广泛应用于诸多领域，其中最典型的应用包括各种棋类游戏、电子游戏、无人驾驶等。强化学习（reinforcement learning，RL），又称增强学习，属于人工智能行为主义研究方法范畴，不同于第 3 章提到的监督学习和非监督学习，它是一种从环境交互过程中不断主动地学习问题以及解决问题的方法。简单来说，强化学习用于描述、解决智能体（agent）在与环境的交互过程中通过不断学习以达到奖励最大化或实现特定目标的问题，在无人驾驶、机器人等领域被广泛应用，详见第 7 章介绍。图 5-2 为一个强化学习过程的示意图，其由智能体（agent）、环境（environment）、状态（state）、动作（action）、奖励（reward）五个部分组成。

① 智能体：智能体是强化学习的主体，它在与环境的交互中进行学习和决策，是整个智能系统的核心。

② 环境：智能体之外的一切统称环境，它受智能体的动作影响而改变，并向智能体反馈状态和奖励。在算法设计时，通常会忽略不相关因素，以建立理想的环境模型来对算法功能进行模拟。

③ 状态：状态可以理解为智能体对环境的一种理解和编码。不同的状态将对智能体的决策产生影响。

④ 动作：动作是智能体影响环境的方式，可能改变环境的状态。

⑤ 奖励：奖励是智能体采取一系列动作后从环境中获得的收益。奖励为正值代表实际的奖励或收益，负值代表实际的惩罚或损失。

强化学习在环境与智能体的交互过程中，不断学习如何根据环境状态来决定下一步动作，这一学习目标被称为策略（policy）。通常，策略可以分为确定性策略与随机性策略。随机性策略（stochastic policy）是指给定环境状态时，智能体采取某个动作的概率分布。确定性策略（deterministic policy）则是一个状态到对应动作的一对一映射，即每一种状态都有唯一对应的一个动作。

如果用强化学习过程中的要素来描述围棋游戏，如图 5-3 所示，下棋代理程序可以视作智能体，围棋的盘面状况可以视作状态，下棋代理程序在棋盘上落子是动作，动作对对弈胜负的影响就是奖励（胜为+1，负为–1）。

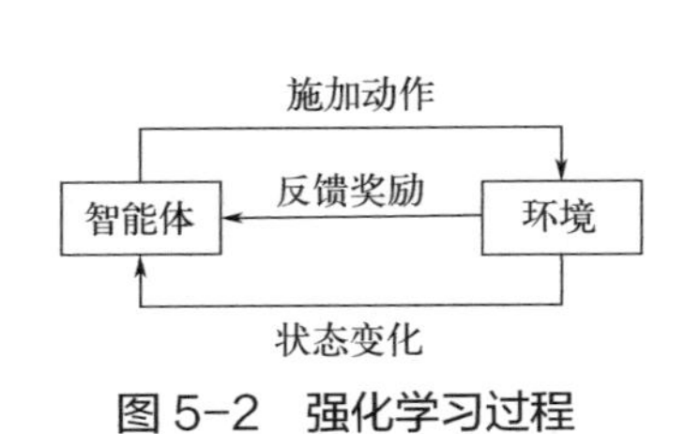

图 5-2　强化学习过程

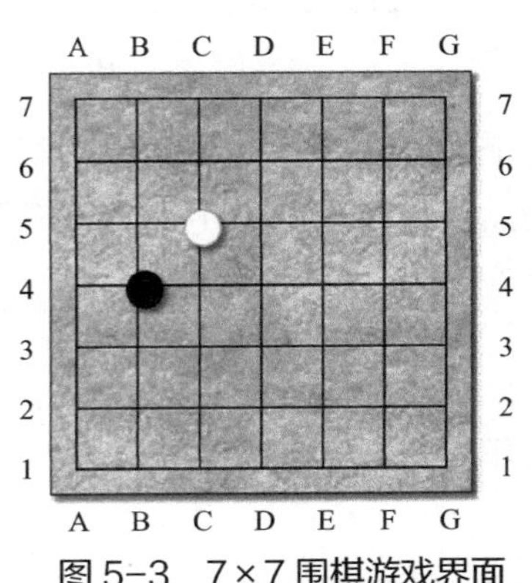

图 5-3　7×7 围棋游戏界面

目前对强化学习研究方法分类有很多种，最常用的分类方式之一是基于智能体是否能够获得（或学习）环境模型，我们采用这种分类方法来介绍强化学习算法。这里的环境模型主要指的是转移函数和奖励函数。有模型的算法被称为基于模型的方法（model-based），而不使用模型的算法则被称为无模型的方法（model-free）。同时，为了让读者了解强化学习有关概念，本节以棋类游戏为例，来介绍马尔可夫决策过程、强化学习目标函数、强化学习算法。

5.2 强化学习之马尔可夫决策过程

马尔可夫决策过程（Markov decision process, MDP）的名称来自俄国数学家安德雷·马尔可夫，是为了纪念他研究马尔可夫链算法所作出的贡献而命名。马尔可夫决策过程是一个序贯决策（sequential decision）的数学模型，用于在系统状态具有马尔可夫性质的环境中模拟智能体可实现的随机性策略与回报。

在 5.1 节中，我们以围棋游戏为例介绍了强化学习中的五个要素。本节我们将继续借用该例介绍如何将其建模为马尔可夫过程。

5.2.1 马尔可夫过程

随机过程是指一个随时间变化的随机状态序列。当时间可以用离散变量 t 表示时，随机过程可以表示为 $\{s_t\}_{t=0,1,2,\cdots}$，其中每个随机变量 s_t 表示时刻 t 的状态，这称为离散随机过程。

当一个离散随机过程满足马尔可夫性（Markov property）时，即 t+1 时刻的状态 s_{t+1} 只与 t 时刻状态 s_t 有关，而与更早之前的状态没有关系，这个过程就被称为马尔可夫过程（Markov process，MP），本小节用 MP=（S, P）表示，其中 S 是所有状态构成的状态空间，P 是状态转移概率。马尔可夫性可以用式（5-1）来描述：

$$P(s_{t+1} \mid s_t) = P(s_{t+1} \mid s_1, \cdots, s_t) \tag{5-1}$$

本节以围棋游戏中利用下棋代理程序根据盘面状况不断落子的过程为示例，介绍马尔可夫过程 $\{s_t\}_{t=0,1,2,\cdots}$，s_t 是下棋代理程序在第 t 步时棋盘面的状态。从状态 s_t 转移到 s_{t+1} 的概率是 $P(s_{t+1} \mid s_t)$。

5.2.2 马尔可夫奖励过程

马尔可夫奖励过程（Markov reward process, MRP）在马尔可夫过程的基础上增加了奖励

R 和折扣系数γ的概念，其形式化定义为$\text{MRP} = (S, P, R, \gamma)$。

奖励反映了智能体在与环境交互过程中所获得的收益。从第 t 步的状态 s_t 转移到第 t+1 步的状态 s_{t+1} 的奖励可以描述为 $R(s_t, s_{t+1})$，记作 $r_{t+1} := R(s_t, s_{t+1})$，$R$ 称为奖励函数。

在围棋中，奖励可以是后吃掉敌方棋子的数目，也可以是占据的区域大小改变之类。而在一些特殊情况下，例如“倒脱靴”，讲究先舍弃从而获得更大的利益，这样的奖励比较单一和短视，无法考虑长远的利益。

为了更好地考虑长远奖励，可以在每个时刻定义回报（return）来反映一个马尔可夫奖励链从时刻 t 开始往后所有的奖励总和期望。回报 $G(t)$可以用式（5-2）描述：

$$G(t) = \sum_{k=0}^{\infty} \gamma^k r_{t+k+1} \tag{5-2}$$

式中，$\gamma \in [0,1]$是折扣因子（discount factor），体现了未来的奖励在当前时刻的价值比例。极端情况下，如当γ接近 0，则表明趋向于“近视”性评估，几乎只关注当前奖励；当γ接近 1，则表明偏重考虑远期的利益。而通常情况下，即 $0<\gamma<1$ 时，距离当前时刻越远的奖励，对当前时刻反馈贡献越少。这时，强化学习中的奖励机制更注重短期回报，而非长期回报。

5.2.3 马尔可夫决策过程

马尔可夫决策过程（Markov decision process, MDP）在 MRP 的基础上引入了动作 a_t。这一过程可以用 MDP=(S,P,A,R,γ)来表示，其中 A 表示所有可能的动作 a_t 的集合。

引入动作后，下一时刻的状态 s'不仅与当前时刻状态 s 有关，还与该时刻的动作 a 有关。在 MDP 中，状态转移概率重新定义为 $P(s' \mid s, a)$；同时，奖励也受到状态和动作的共同影响，奖励函数重新定义为 $R(s, a, s')$。

这里我们用围棋游戏的例子来介绍马尔可夫决策过程 MDP=(S,A,P,R,γ)中涉及的参数。

① 状态集合 S：所求解问题中所有可能出现的状态所构成的集合。在围棋游戏中，所有可能出现的盘面状况构成了状态集合 S。

② 动作集合 A：动作是对智能体行为的描述。在 7×7 围棋的例子中，假设下棋代理程序只能在棋盘格落子，那么动作就是在所有落子的 49 种动作中的一种，第 i 种动作 A_i 是指把棋子放到第 i 个位置上。所有可能动作的集合就构成了动作空间 A。

③ 状态转移概率 $P(s' \mid s, a)$：是智能体根据当前状态 s 做出一个动作 a 后，环境在下一个时间步骤转变为新状态 s'的概率。

④ 奖励函数 $R(s, a, s')$：定义了强化学习问题的目标，是一个标量函数，表示在当前状态 s 下，智能体做出动作 a 后到达状态 s'时，环境向智能体反馈的奖励。

⑤ 折扣因子γ：同 5.2.2 中的折扣因子，$\gamma \in [0,1]$。

5.3 强化学习中的目标函数

马尔可夫决策过程刻画了智能体与环境的交互过程。但要让智能体学到选择动作的方法，就要先建立智能体选择动作的模型，即策略函数$\pi(a|s)$，简称策略π。π描述了在感知到环境状态s时做出动作a的概率。

强化学习的目标是学习到一个策略函数$\pi_\theta(a|s)$来最大化期望回报（expected return），即希望智能体的执行策略可以获得尽可能多的平均回报。

5.3.1 值函数

为了评估策略$\pi(a|s)$的期望回报，可以定义两个值函数：状态值函数与状态-动作值函数。

5.3.1.1 状态值函数

状态值函数表示从某个状态s开始，执行策略π得到的期望总回报,其计算过程可以表示为式（5-3）。

$$V_\pi(s)=E_\pi(G(t)|s_t=s) \tag{5-3}$$

$V_\pi(s)$评估的是在执行策略π时该状态的好坏。

5.3.1.2 状态-动作值函数

状态-动作值函数表示初始状态为s，并进行动作a，然后执行策略π从而得到轨迹τ时的期望总回报，计算过程如式（5-4）所示：

$$Q_\pi(s,a)=E_\pi(G(t)|s_t=s,a_t=a) \tag{5-4}$$

状态-动作值函数常被称为Q-函数（Q function）。Q-函数与状态值函数之间也存在关联，$V_\pi(s)$可以视为$Q_\pi(s,a)$关于动作a的期望。$Q_\pi(s,a)$评估的是某一状态下特定动作的好坏。

5.3.2 贝尔曼方程

贝尔曼方程由理查德·贝尔曼（Richard Bellman）提出，也被称为动态规划方程（dynamic programming equation）。贝尔曼方程揭示了当前状态的值函数与下个状态的值函数之间的计算关系。以状态值函数式（5-3）与状态-动作值函数式（5-4）为例。

当对状态值函数进行迭代展开之后，就可以得到关于$V_\pi(s)$的贝尔曼方程：

$$\begin{aligned}V_\pi(s)&=E_\pi\left[G(t)|s_t=s\right]=E_\pi\{\sum_{k=0}^{\infty}\gamma^k r_{t+k+1}\,|\,s_t=s\}\\&=E_\pi\left[r_{t+1}+\gamma\sum_{k=0}^{\infty}\gamma^k r_{t+k+2}\,|\,s_t=s\right]\\&=\sum_{a\in A}\pi(a|s)\sum_{s'\in S}p_{ss'}^a(r_{ss'}^a+\gamma E_\pi(G(t+1)|s_{t+1}=s'))\end{aligned}$$

$$= \sum_{a \in A} \pi(a|s) \sum_{s' \in S} p_{ss'}^{a} \left(r_{ss'}^{a} + \gamma V_{\pi}(s') \right)$$

$$= E_{\pi}[r_{t+1} + \gamma V_{\pi}(s_{t+1}) | s_t = s] \tag{5-5}$$

其中$\pi(a|s)$表示在状态s下采取动作a的概率，$p_{ss'}^{a}$表示在状态s下采取动作a到达状态s'的概率，$r_{ss'}^{a}$表示在状态s下采取动作a到达状态s'的回报。关于$V_{\pi}(s)$的贝尔曼期望方程告诉我们，当遵循某个策略π时，特定状态的价值由即时奖励加上后继状态的价值决定。

同理，对Q函数展开之后可以得到关于$Q_{\pi}(s,a)$的贝尔曼方程：

$$Q_{\pi}(s,a) = \sum_{s' \in S} p_{ss'}^{a} \left(r_{ss'}^{a} + \gamma V_{\pi}(s') \right)$$

$$= \sum_{s' \in S} p_{ss'}^{a} \left(r_{ss'}^{a} + \gamma \sum_{a' \in A} \pi(a'|s') Q_{\pi}(s',a') \right) \tag{5-6}$$

这说明$Q_{\pi}(s,a)$描述的是，在某状态s下执行动作a所取得的价值，可以通过执行该动作之后进入的所有状态获得的回报与后续状态可取得的价值的期望来表示。

其中，$V_{\pi}(s)$和$Q_{\pi}(s,a)$的关系可表示为

$$V_{\pi}(s) = \sum_{a \in A} \pi(a|s) Q_{\pi}(s,a) \tag{5-7}$$

这说明$V_{\pi}(s)$用该状态下可以采取的所有动作而取得的期望价值来描述了状态s的价值。

结合两个贝尔曼方程分析，可以得知$V_{\pi}(s)$和$Q_{\pi}(s,a)$的回报值不一样。$V_{\pi}(s)$表示某个状态下选择所有可能的动作执行后的回报期望；$Q_{\pi}(s,a)$表示某个状态下选择某一个具体动作后的回报期望。

有了贝尔曼方程，只要求解$\pi^* = \arg\max_{\pi} V_{\pi}(s)$对于$\forall_s$，即可求得最优策略$\pi^*$。通常我们可以使用迭代法（见5.4.1节）。

5.4 强化学习算法

图5-4概括了本章中主要介绍的强化学习算法：基于模型的方法（model-based）和无模型的方法（model-free）。基于模型的方法的主要好处在于感知体能够预知一系列可能的动作选择会发生什么，并明确地在其动作选项之间做出决定。然后，感知体可以将提前规划的结果提炼成一个学习的策略。与无模型的方法相比，它可以大幅提高效率。然而，在现实中感知体通常无法获得环境的真实模型。在这种情况下，如果感知体想要使用模型，它必须从经验中学习获得模型，而模型学习是很难的。虽然无模型方法放弃了使用模型在样本效率方面的潜在收益，但是它们往往更容易实现和调整。所以，目前无模型方法比基于模型的方法更受欢迎，也得到了更广泛的开发和测试。

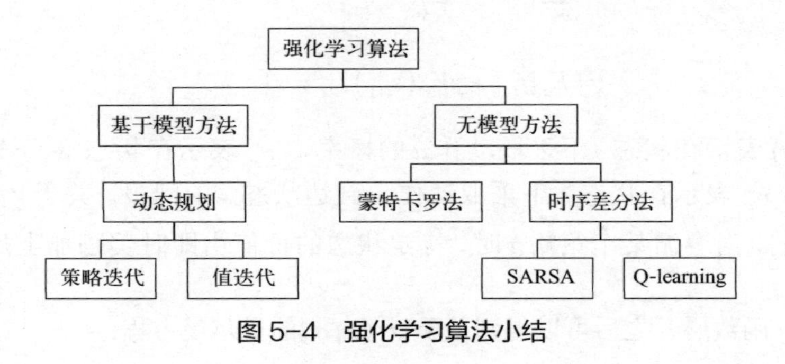

图 5-4 强化学习算法小结

5.4.1 动态规划

动态规划（dynamic programming, DP）是一种将复杂问题简单化的思想，常被用于求解第 2 章中介绍到的最优控制问题。动态规划算法通过把复杂问题分解为子问题，再求解子问题来得到整个问题的解。在解决子问题时，通常需要将其结果存储起来用来解决后续复杂问题。

使用动态规划思想来求解复杂问题需要满足两个条件：

① 该复杂问题的最优解由数个小问题的最优解构成，可以通过寻找子问题的最优解来得到复杂问题的最优解；

② 子问题在复杂问题中重复出现，使得子问题的解能够被存储以便重复利用。

强化学习要解决的问题刚好满足动态规划求解的两个条件。从贝尔曼方程中可以看出，当环境模型已知，即 MDP 的五元组全部已知时，可以定义出子问题求解每个状态的状态值函数。状态值函数相当于存储了一些子问题的解，可以复用。同时，贝尔曼方程又是一个递推的公式。这意味着通过贝尔曼方程，我们可以使用上一个迭代周期内的状态价值来计算更新当前迭代周期某状态 s 的状态价值。

基于动态规划的强化学习算法主要有两种：策略迭代（policy iteration）和值迭代（value iteration）。策略迭代使用贝尔曼期望方程来得到一个策略的状态价值函数，而价值迭代则直接使用贝尔曼最优方程来进行动态规划，得到最终的最优状态价值。

5.4.1.1 策略迭代

策略迭代算法包括策略评估（policy evaluation）和策略改进（policy improvement）两个子过程。策略评估是为了对给定的策略计算状态值，而策略改进是为了基于新的状态值，找到更优的策略。

回顾 5.3 节中所介绍的贝尔曼期望函数式（5-5）：

$$V_\pi(s)=\sum_{a\in A}\pi(a\mid s)\sum_{s'\in S}p_{ss'}^{a}\left(r_{ss'}^{a}+\gamma V_\pi(s')\right)$$

不难看出，当奖励函数和状态转移函数已知时，可以根据下一个状态的价值来递推计算当前状态的价值。基于此便获得了策略评估的核心思想。从任意一个状态价值函数开始，根据给定的策略π，结合贝尔曼期望方程、状态转移概率和奖励同步迭代更新状态价值函数，直至其收敛，就可以得到该策略下最终的状态价值函数$V_\pi(s)$。状态价值函数的更新公式为：

$$V_{k+1}(s)=\sum_{a\in A}\pi(a\mid s)\sum_{s'\in S}p_{ss'}^{a}\left(r_{ss'}^{a}+\gamma V_k(s')\right)$$

当迭代次数k足够大时，$V_k(s)$收敛到当前策略π的价值函数$V_\pi(s)$。

策略改进是根据通过策略评估获得的上一个策略的每个状态下的状态值来对策略进行改进，计算新的策略。在每个状态s时，对每个可能的动作a，计算采取这个动作后达到的下一个状态 s'的期望价值。选取能使状态动作值函数$Q_\pi(s,a)$最大的动作，以此来更新策略$\pi(s)$。

策略迭代算法的伪代码如下所示：

算法 5.1：策略迭代算法

输入：MDP 五元组：S, A, P, R, γ;
初始化：对所有状态s, $V(s)\in R$，$\pi(s)\in A(s)$；

循环：
　　// 策略评估
　　循环：
　　　　$\Delta\leftarrow 0$
　　　　对每个状态$s\in S$：
　　　　　$v\leftarrow V(s)$
　　　　　$V(s)\leftarrow\sum_{a\in A}\pi(a\mid s)\sum_{s'\in S}p_{ss'}^{a}\left(r_{ss'}^{a}+\gamma V(s')\right)$
　　　　　$\Delta\leftarrow\max\left(\Delta,\left|v-V(s)\right|\right)$
　　直到收敛，即$\Delta<\theta$（θ为一个较小的正数）
　　// 策略改进
　　policy-stable ← true
　　对每个状态$s\in S$：
　　　　old-action ← $\pi(s)$
　　　　$\pi(s)\leftarrow\operatorname{argmax}_a\sum_{s'\in S}p_{ss'}^{a}\left(r_{ss'}^{a}+\gamma V(s')\right)$
　　　　如果 old-action $\neq\pi(s)$，那么 policy-stable ← false
直到 policy-stable 为 true，停止循环。$V\approx v_*$，$\pi\approx\pi_*$
输出：策略π

5.4.1.2 值迭代

策略迭代算法中的策略评估和策略改进交替进行，其中策略评估需要通过很多次迭代才能完成。事实上，在每次迭代过程中，不需要估计出每次策略对应的精确的值函数，即内部迭代不需要执行到完全收敛。在实践中，经常出现的情况是策略评估可以被截断，在一些中间状态值（即收敛之前）应用策略改进以产生最优策略。

如果在策略评估中仅迭代一次就截断来进行策略提升，就会有：

$$V_{k+1}(s)=\max_a \sum_{s'\in S} p_{ss'}^a\left(r_{ss'}^a+\gamma V_k(s')\right)$$

这被称为在状态值 $V(s)$ 上的值迭代。从任意 V_0 开始，通过该公式生成的序列 $\{V_k\}$ 会收敛到最优值 V_*。

一旦找到最优值 V_*，就可以计算最优策略：

$$\pi_*(s)\leftarrow \underset{a}{\operatorname{argmax}} \sum_{s'\in S} p_{ss'}^a\left(r_{ss'}^a+\gamma V_*(s')\right)$$

值迭代算法的核心思想是将策略评估和策略改进两个过程合并，直接计算最优策略。即对每一个当前状态 s，对每个可能的动作 a，计算采取这个动作后到达的下一个状态 s' 的期望价值。将获得的最大的期望价值函数作为当前状态的价值函数 $V(s)$。循环执行这个步骤，直到价值函数收敛。

值迭代算法的伪代码如下所示：

算法 5.2:值迭代算法

输入：MDP 五元组：S, A, P, r, γ；

初始化：对所有状态 s，初始化 $V(s)$；

循环：

$\Delta \leftarrow 0$

对每个状态 $s \in S$：

$v \leftarrow V(s)$

$V(s)\leftarrow \max_a \sum_{s'\in S} p_{ss'}^a\left(r_{ss'}^a+\gamma V(s')\right)$

$\Delta \leftarrow \max\left(\Delta, \left|v-V(s)\right|\right)$

直到收敛，即 $\Delta<\theta$

输出：策略 π 使得 $\pi(s)\leftarrow \underset{a}{\operatorname{argmax}} \sum_{s'\in S} p_{ss'}^a\left(r_{ss'}^a+\gamma V(s')\right)$

显然，动态规划方法计算状态的值函数时利用了环境模型，但是在实际应用中环境模型难以获取，比如在围棋案例中下棋代理程序无法得知对手会在何处落子，这会使得我们无法确定 MDP 中的转移概率 P，此时动态规划方法就会失效。此外，由于动态规划算法需要在每一次更新某一个状态的价值时，回溯到该状态的所有可能的后续状态，会致使面对复杂问题时计算量很大。那么在环境模型信息不全的时候我们该如何求解强化学习问题呢？下面介绍的蒙特卡罗法和时间差分法就可以用来求解无模型的强化学习问题。

5.4.2 蒙特卡罗法

蒙特卡罗法（Monte Carlo）是一种基于大数定律的统计方法，常见的投针法就是基于蒙特卡罗法实现对真实值的估算。蒙特卡罗法采用随机采样来估计结果，其基本思想为：用事件发生的“频率”来替代事件发生的“概率”。例如，要估计掷骰子得到 6 的概率，我们可以掷骰子多次（例如 n 次），将骰子出现 6 的次数记为 m，并将这个概率估计为：m/n。在这个例子中，我们从掷骰子获得了经验（experience），而 m 和 n 是从经验中获得的采样数据。蒙特卡罗法中，这种经验也可以通过计算机模拟获得。

在强化学习面对的实际问题中，我们通常很难获得环境的准确模型。例如下棋的时候，我们不知道对手会如何落子，根据每个棋子的不同位置，环境中也存在非常多种不同的状态以及棋子下一步的可能性，这样各个状态间的转移概率就不容易直接表示。然而相对而言，获得采样数据通常比较容易实现。根据统计数学的思想，有一种潜在的解决方法是不停地下棋逐渐抓住对手的棋风，这就是所说的从经验中学习。

在强化学习中，蒙特卡罗方法依靠从经验中获得的采样数据来估计状态或动作值，从中获得最优策略。具体而言，在不清楚 MDP 状态转移概率和即时奖励的情况下，智能体执行随机选择的多个回合（episode，即以终止状态结束的转移序列）并根据从采样数据计算的平均回报来估计状态或动作值。通常情况下，某状态的价值被估算为在多个回合中以该状态算得的所有收获的平均。通过该方法可以实现强化学习任务中因环境未知而导致的未知量的估算。

5.4.2.1 蒙特卡罗预测

首先考虑用蒙特卡罗法来学习给定策略的状态价值函数。显然，根据经验来估计一个状态的价值的一种方法就是平均该状态发生后观察到的回报。每个回报都是$V_\pi(s)$的独立同分布的估计，当观察到很多回合的收益时，根据大数定律，这个收益的平均值应该收敛于该状态的价值函数。这个思想是所有蒙特卡罗方法的基础。

按照这样的思路，我们也可以对$V_\pi(s)$进行策略估计。给定状态 s，每次从该状态出发，不断采样后续状态，得到不同的采样序列。通过这些采样序列（即回合）来分别计算 s 的回报值，并取均值，该均值则为$V_\pi(s)$的估计值。

这样的策略估计又分为首次访问（first visit）蒙特卡罗法和每次访问（every visit）蒙特卡罗法。状态 s 在一个回合中的每一次发生都被称为对状态 s 的访问。而状态 s 可能在同一个回合中被多次访问，其中第一次访问被称为 s 的首次访问。首次访问蒙特卡罗法估计首次访问状态 s 后的收益，而每次访问蒙特卡罗法平均每次访问状态 s 后的收益。这两种蒙特卡罗法非常相似但略有不同的理论属性。首次访问蒙特卡罗法的研究最为广泛，可追溯到 20 世纪 40 年代，在本书中我们仅介绍这个方法。算法 5.3 给出了首次访问蒙特卡罗法的流程。

算法 5.3：首次访问蒙特卡罗法预测

输入：待评估的策略π；
初始化：对所有状态 s，初始化$V(s)$为任意值，回报 Returns(s)为空列表；

循环 maxIter 次：
　　采用策略π生成一个随机回合
　　对这个回合中的每个状态 s：
　　　　$G \leftarrow$ 首次访问状态 s 获得的回报
　　　　添加 G 到 $\text{Returns}(s)$
　　　　$V(s) \leftarrow \text{average}(\text{Returns}(s))$

5.4.2.2 动作价值的蒙特卡罗估计

如果模型确定，那么仅使用状态价值就可以决定策略。决定下一步动作只需要看哪个动作导致的奖励和下一状态组合最佳，就像在动态规划中所讲的一样。但是在模型未知的情况下，仅使用状态价值是不够的。我们必须清楚地估计每个动作的价值，以使价值在建议策略时有用。因此，必须首先考虑对动作价值的策略估计问题，即估计 $Q_\pi(s,a)$。

当访问次数趋近于无穷时，每次访问蒙特卡罗法和首次访问蒙特卡罗法都会收敛到期望值。然而，可能会有许多状态-动作对从未被访问到。如果π是一个确定性的策略，那么遵循策略π，在每个状态下只会观察到一个动作的回报。如果不能观察到其他动作的回报，也就不能求平均，那么蒙特卡罗的估计就不能随着经验的增多而提高。

为了比较所有的可能，需要估计每个状态下的所有可能的动作，即维护探索（maintaining exploration）。要使策略评估能够工作，我们必须保证持续的探索。一个直观的办法是从任意的状态-动作对开始生成回合序列，使每种动作都有大于零的概率选择到，而非固定地选择使动作值函数最佳的动作。这能够保证经历无限个回合后，所有的状态-动作对都会被访问到无限次。这被称为探索开端（exploration start）。

5.4.2.3 蒙特卡罗控制

策略迭代算法的蒙特卡罗版本简单来说就是交替执行策略估计和策略提升。如图 5-6 所示，图中 E 为策略估计，I 为策略提升，蒙特卡罗迭代从一个随机的策略 π_0 开始，以最优策略和最优的动作-价值函数结束。

$$\pi_0 \xrightarrow{E} Q_{\pi_0} \xrightarrow{I} \pi_1 \xrightarrow{E} Q_{\pi_1} \xrightarrow{I} \pi_2 \xrightarrow{E} \cdots \xrightarrow{I} \pi_* \xrightarrow{E} Q_*$$

图 5-6 蒙特卡罗迭代

策略估计的方法已经在上一节中介绍。策略提升的核心思想则是基于当前的值函数采取贪婪策略来确定策略。对于任意的行为值函数 $Q(s,a)$，相应的贪婪策略就是对于每个状态 s，选择使行为值函数最大的动作：

$$\pi(s) = \underset{a}{\operatorname{argmax}}\, Q(s,a)$$

探索开端假设下的首次访问蒙特卡罗控制方法（Monte Carlo ES）表述如下：

算法 5.4：首次访问蒙特卡罗控制方法

初始化：对所有的 $s \in S$，$a \in A$，初始化 $\pi(s) \in A(s)$，$Q(s,a) \in R$，回报 Returns(s,a) 为空列表;

循环（对每个回合）：

  随机选择初始状态 s_0 和动作 a_0

  从 (s_0,a_0) 开始根据策略 π 生成回合序列

  对这个回合中的每个(s,a)对：

    $G \leftarrow$ 首次访问状态(s,a)获得的回报

    添加 G 到 Returns(s,a)

    $Q(s,a) \leftarrow \text{average}(\text{Returns}(s,a))$

  对这个回合中的每个状态 s：

    $\pi(s) \leftarrow \underset{a}{\operatorname{argmax}}\, Q(s,a)$

基于探索开端条件的方法具有很大的局限性。在一些特殊情况下，必须和环境交互才能学习策略，就不能指定初始状态了。那么如何在初始状态不变的同时，保证每个状态行为对

都可以被访问到呢？主要有两种方法：在线策略（on-policy）方法和离线策略（off-policy）方法。在线策略方法尝试去估计和提升用作决策的那个策略；而离线策略方法在估计和提升的策略与用来生成数据的策略不同。本书仅介绍在线策略方法。

在线策略方法中的策略一般不是确定性策略。即使某个动作并不优秀，也不能直接将其被选取的概率设为 0。在线策略方法中，好的动作更容易被选上，同时不好的动作也有一定的机会。常用的动作选取方法为ε−贪婪策略，即大多数时间选择有最大估计动作价值的动作，但是有ε的概率选择随机的动作。ε−贪婪策略可以表述为：

$$\pi(a \mid s)=\begin{cases}\dfrac{\varepsilon}{|A(s)|}, & a \neq a^* \\ 1-\varepsilon+\dfrac{\varepsilon}{|A(s)|}, & a=a^*\end{cases}$$

其中 $A(s)$表示状态 s 下可选择的动作构成的集合；a^*表示当前的最优动作。

在线策略蒙特卡罗控制方法的大体思想还是跟蒙特卡罗控制方法相似，但是没有探索初值假定的条件：

算法 5.5：在线策略蒙特卡罗控制方法

初始化：ε-贪婪策略 π^{ε}，初始化 $Q(s,a)\in R$，回报 $\mathrm{Returns}(s,a)$ 为空列表；

循环：

　　采用策略 π 生成一个随机回合

　　对这个回合中的每个(s,a)对：

　　　　$G \leftarrow$ 首次访问状态(s,a)获得的回报

　　　　添加 G 到 $\mathrm{Returns}(s,a)$

　　　　$Q(s,a) \leftarrow \mathrm{average}(\mathrm{Returns}(s,a))$

　　对这个回合中的每个状态 s：

　　　　$a^* \leftarrow \underset{a}{\mathrm{argmax}}\, Q(s,a)$

　　　　对于所有 $a\in A(s)$：$\pi^{\varepsilon}(a|s) \leftarrow \begin{cases}1-\varepsilon+\dfrac{\varepsilon}{|A(s)|}, a=a^* \\ \dfrac{\varepsilon}{|A(s)|}, a\neq a^*\end{cases}$

5.4.3 时序差分法

蒙特卡罗法只能用于回合性的 MDP，需要拿到完整的轨迹才能对策略进行评估和更新，因此效率也比较低。时序差分方法（temporal difference，TD）是蒙特卡罗法的一种改进，通过引入动态规划算法来提高学习效率。时序差分方法模拟一段轨迹，每行动一步（或者几步），就利用贝尔曼方程来评估行动前状态的价值。它也可以分为在线策略方法和离线策略方法。目前在线策略最常见的算法是 SARSA 算法，离线策略最常见的是 Q 学习（Q-learning）算法。

在线策略和离线策略主要的区别在于：

① 在线策略中当前状态下的动作选择和下一状态下的动作选择一般都是ε-贪婪法（下一状态的动作选择决定了下一状态的Q值，而下一状态的Q值是TD目标中的一部分）;

② 离线策略中当前状态的动作选择用ε-贪婪法，而下一状态的动作选择用max贪婪法。

时序差分法的核心思想在于采用更新规则来迭代地更新值，可以表示为：

更新值←当前值+学习率×(估计目标值–当前值)

在这个公式中，（估计目标值–当前值）即为时序差分误差。

其中，在行动一步后就更新的时序差分方法被称为TD(0)方法。

5.4.3.1 SARSA 算法

SARSA（state action reward state action）算法的原始策略和更新策略是一致的。而其更新策略方式和蒙特卡罗法不一样的地方在于，其策略更新不需要采样一个完整的轨迹，而是在执行完一个动作后就可以更新其值函数。SARSA 通过学习特定的状态下，特定动作的价值Q，最终建立和优化一个Q表。Q表是状态-动作与估计的未来奖励之间的映射表，以状态为列，动作为行。一个简单的Q表示例如表 5-1 所示。

表 5-1　Q表示例

状态 \ 动作	上	下	左	右
s_1	1	6	6	7
s_2	4	8	33	0
…	…	…	…	…
s_n	3	9	5	2

SARSA 根据与环境交互得到的奖励来更新Q表格，更新公式为：

$$Q(s,a) \leftarrow Q(s,a) + \alpha\left[\underbrace{r + \gamma Q(s',a')}_{\text{估计目标值}} - Q(s,a)\right]$$

在迭代的时候，首先基于ε-贪婪法在当前状态s选择一个动作a，这样智能体会进入一个新的状态s',同时返回一个即时奖励r。在新的状态s'，基于ε-贪婪法在状态s'选择一个动作a'，但是这个动作a'并不需要执行，只是用来更新价值函数。SARSA 的具体流程如下：

算法 5.6:SARSA

输入：状态空间S，动作空间A，折扣率γ，学习率α；
初始化：随机初始化$Q(s,a) \in R$，ε-贪婪策略π^{ε}
循环：
　　初始化起始状态s，选择动作$a = \pi^{\varepsilon}(s)$
　　循环：
　　　　执行动作a，得到即时奖励r和新状态s'
　　　　在状态s'，选择策略$a' = \pi^{\varepsilon}(s')$
　　　　更新 Q 函数：$Q(s,a) \leftarrow Q(s,a) + \alpha\left[r + \gamma Q(s',a') - Q(s,a)\right]$

更新 ε -贪婪策略 π^{ε} 中的 $a^{*} \leftarrow \underset{a}{\operatorname{argmax}} Q(s,a)$

$s \leftarrow s', a \leftarrow a'$

直到 s 为终止状态

直到 $Q(s,a)$ 收敛

输出：最终策略 $\pi(s) = \underset{a}{\operatorname{argmax}} Q(s,a)$

5.4.3.2　Q-learning 算法

Q 学习（Q-learning）算法是一种离线策略的时序差分学习方法。Q-learning 算法迭代时，基于 ε-贪婪法在状态 s 时选择动作 a，获得实时回报 r 并转到状态 s',这里与 SARSA 方法相同。Q-learning 和 SARSA 算法不同之处在于 Q-learning 在 s'状态时会根据 max 贪婪策略采取动作 a'（即选择使 Q 值最大的动作 a'），动作值函数更新公式为：

$$Q(s,a) \leftarrow Q(s,a) + \alpha\left[\underbrace{r + \gamma \max_{a'} Q(s',a')}_{\text{估计目标值}} - Q(s,a)\right]$$

Q-learning 算法的具体流程如下：

算法 5.7：Q-learning

输入：状态空间 S，动作空间 A，折扣率 γ，学习率 α；

初始化：随机初始化 $Q(s,a) \in R$， ε -贪婪策略 π^{ε}

循环：

　　初始化起始状态 s

　　循环：

　　　　在状态 s，选择动作 $a = \pi^{\varepsilon}(s)$

　　　　执行动作 a，得到即时奖励 r 和新状态 s'

　　　　更新 Q 函数：$Q(s,a) \leftarrow Q(s,a) + \alpha\left[r + \gamma \max_{a'} Q(s',a') - Q(s,a)\right]$

　　　　更新 ε -贪婪策略 π^{ε} 中的 $a^{*} \leftarrow \underset{a}{\operatorname{argmax}} Q(s,a)$

　　　　$s \leftarrow s'$

　　直到 s 为终止状态

直到 $Q(s,a)$ 收敛

输出：最终策略 $\pi(s) = \underset{a}{\operatorname{argmax}} Q(s,a)$

下面以五子棋为例讲解如何用 Q-learning 算法解决实际问题。在五子棋场景中，强化学习的五个基本要素可以定义为：

agent（智能体）：下棋代理程序。

environment（环境）：整个五子棋游戏的大背景

state（状态）：当前下棋代理程序所处的状态，因为在对弈过程中，场上的棋子数目也在不停变化，可以落子的位置也在不停变化，所以整个状态处于变化中。

action（动作）：基于当前的状态，下棋代理程序可以采取的行动，在何处落子。

reward（奖励）：根据当前的棋局形式定义即时奖励。比如“三连子”“四连子”的数量等。

在实际中会将 $Q(s,a)$ 以 Q 表的形式储存起来，在查询时，键是(状态、动作)，值就是对应的 Q 值。每当智能体进入到某个状态下时，就会对这张 Q 表进行查询，选择当前状态

下对应 Q 值最大的动作，执行这个动作进入到下一个状态，然后继续查表选择动作，这样不断循环，直到游戏结束。在五子棋游戏中，假设棋盘大小为 $W \times W$，那么我们可以把状态表示一个 $W \times W$ 的一维向量。下棋代理程序最多有 $W \times W$ 个可能的动作（落子位置），这样就能得到一个 Q 表。

在训练中，首先随机初始化这个 Q 表。从初始状态 s_0 开始，从 Q 表中以 ε-贪婪法找到对应状态下最大的 Q 值对应的动作 a_0，然后执行这个动作到达新的状态位置 s_1，并获得奖励。在新的状态位置 s_1，依旧从 Q 表中找到对应状态下最大的 Q 值对应的动作 a_1，然后就可以根据更新公式更新 Q 表。重复上述流程训练直到 Q 表收敛，则训练停止。训练好后的下棋代理程序就可以自主选择动作下棋以争取获得胜利。

从这个例子中可以发现，当环境复杂（棋盘空间大，状态数非常多甚至是无限）时，这个 Q 表将会是非常巨大的。在这种情况下，传统的强化学习方法就很难发挥作用，需要借助深度强化学习来解决任务。

5.4.4 深度 Q 网络

深度强化学习是强化学习和第 4 章中详细介绍的深度学习的结合。深度强化学习利用强化学习的决策能力，来定义问题和优化目标。同时，深度学习强大的表示学习能力被用来解决策略和值函数的建模问题，通过误差反向传播算法来优化目标函数。在本节中，我们集中介绍最基础也是最常用的深度强化学习算法：深度 Q 网络（deep Q- network，DQN）。DQN 主要结合了值函数近似和神经网络技术，采用目标网络和经验回放的方法进行网络的训练。

在 Q-learning 中，Q 表格被用来存储每一个状态下行为的奖励，即状态-动作值函数 $Q(s,a)$。但是在实际任务中状态数量通常是巨大的，在连续的任务中更是会遇到维度灾难的问题。在这种情况下，使用真正的值函数通常是很困难的，需要使用价值函数近似的表示方法。价值函数近似指的是拟合一个函数来输出 Q 值，一般为输入一个状态，给出不同动作的 Q 值。深度学习善于提取复杂特征，适用于值函数近似的任务，研究者们便将强化学习与深度学习结合得到 DQN。

DQN 使用深度卷积神经网络来逼近值函数。此处的值函数对应着一组参数，在神经网络里参数是每层网络的权重，用θ表示。DQN 中的值函数可以表示为 $Q(s,a;\theta)$，此时更新值函数实际上是更新网络参数θ，更新方法是梯度下降法。因此，值函数更新实际上变成了监督学习的一次更新过程，其梯度下降法为：

$$\theta_{t+1} = \theta_t + \alpha\left[r + \gamma \max_{a'} Q(s',a';\theta) - Q(s,a;\theta)\right]\nabla Q(s,a;\theta)$$

其中，$r + \gamma \max_{a'} Q(s',a';\theta)$ 为 TD 目标，在计算 $\max_{a'} Q(s',a';\theta)$ 值时用到的网络参数为 θ。

但是，如果仅仅只是简单地结合强化学习和深度学习会带来一些问题：

① 使用非线性网络来表示值函数时可能过高估计动作价值。

② 深度学习需要大量带标签的样本进行监督学习；强化学习只有奖励返回值，而且伴随着噪声、延迟（过了几十毫秒才返回）、稀疏（很多状态的回报是 0）等问题。

③ 深度学习的样本独立；强化学习前后状态相关。

④ 深度学习目标分布固定；强化学习中的分布一直在变化，比如在游戏中一个关卡和下一个关卡的状态分布是不同的，所以训练好了前一个关卡，下一个关卡也要重新训练。

针对这些问题，DQN 采用了以下方法来解决：

针对问题①，使用双神经网络结构来估计 Q 值，目标网络用于计算目标 Q 值；评估网络用于估计 Q 值，即时更新目标网络参数，每过几步才根据目标网络参数更新评估网络。

针对问题②，基于 Q-learning 的奖励构造标签。基于 Q-learning 来确定损失函数，使目标 Q 值和估计 Q 值相差越小越好。

针对问题③和④，通过经验回放池（experience replay）方法来解决相关性及非静态分布问题。每个时间步 agent 与环境交互得到的转移样本(s,a,r,s')储存到经验回放池中形成小批量（minibatch），在训练时就随机拿出一些转移样本来训练。

下面我们将具体介绍 DQN 的两个核心思想，经验回放和目标网络。

5.4.4.1 经验回放池

构建经验回放池的具体操作是在环境中不断执行策略π，然后收集数据，把所有的数据以(s,a,r,s')形式放到一个缓存区里面，这个缓存区里面就存了很多数据。其优点如下：

① 高效。强化学习中往往最花时间的地方是跟环境进行互动，训练网络反而是比较快的。用经验回放池可以减少跟环境做互动的次数。在训练过程中，经验不需要通通来自于某一个策略。一些过去的策略所得到的经验可以放在数据缓冲区里面被多次反复利用，这样是比较高效的。

② 数据多样。在训练网络的时候，一个批量里面的数据越多样越好。如果批量里面的数据都是同样性质的，会导致模型的性能比较差。如果经验回放池里面的经验来自于不同的策略，采样到的一个批量里面的数据会是比较多样的。

5.4.4.2 目标网络

在 Q-learning 中，动作价值估计和网络权重有关。当权重变化时，动作价值的估计也会发生变化。在网络学习的过程中，目标函数试图追逐一个变化的回报，容易出现不稳定的情况。为了避免在更新 Q 函数时，一边获取 Q 值和一边更新 Q 函数带来的不稳定问题，研究者们引入一个目标网络，从目标网络获取目标 Q 值进行 Q 函数的更新，一段时间后再更新目标网络。

目标网络是在原有的神经网络之外重新搭建的一个结构完全相同的网络。原先的网络被称为评估网络，新构建的网络被称为目标网络。在学习过程中，使用目标网络进行自益得到回报的评估值，作为学习目标。在更新过程中，只更新评估网络的权重，而不更新目标网络的权重。这样，更新权重时针对的目标不会在每次迭代都发生变化，是一个固定的目标。在更新一定次数后，再根据评估网络的权重更新目标网络，进而进行下一批更新，这样目标网络也能得到更新。由于在目标网络没有变化的一段时间内回报的估计是相对固定的，因此目标网络的引入增加了学习的稳定性。

目标网络的更新方式可以分为硬更新(hard update)和软更新(soft update)。

在一段时间内固定目标网络，一定次数后将评估网络权重复制给目标网络的更新方式为硬更新，即：

$$w_t \leftarrow w_e$$

式中，表示 w_t 目标网络权重；w_e 表示评估网络权重。

而软更新通过引入一个学习率，将旧的目标网络参数和新的评估网络参数直接做加权平均后的值赋值给目标网络：

$$w_t \leftarrow \tau w_e + (1-\tau) w_t$$

式中，学习率 $\tau \in (0,1)$。

引入目标网络后，值函数的更新变为：

$$\theta_{t+1} = \theta_t + \alpha\left[r + \gamma \max_{a'} Q\left(s', a'; \theta^-\right) - Q(s, a; \theta)\right] \nabla Q(s, a; \theta)$$

式中，θ^- 表示目标网络参数；θ表示评估网络参数。

DQN 的网络结构可以表示为图 5-6 所示。

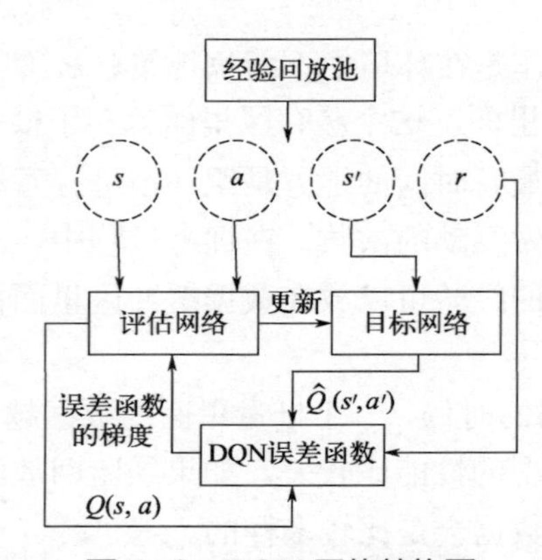

图 5-6　DQN 网络结构图

算法 5.8：DQN

输入：状态空间 S，动作空间 A，折扣率γ，学习率 α，参数更新间隔 C;

初始化经验回放池 D，容量为 N;

随机初始化 Q 网络的参数 $\varnothing$;

随机初始化目标 Q 网络的参数 $\hat{\varnothing} = \varnothing$;

循环：

　　初始化初始状态 s;

　　循环：

　　　　// 交互

　　　　在状态 s，使用当前 Q 函数得到的策略（例如ε-贪婪）从 s 可能的动作中选择 a;

　　　　执行动作 a，观测环境，得到即时奖励 r 和新的状态 s'

　　　　将(s,a,r,s')放入 D 中;

　　　　// 网络训练

　　　　从 D 中采样小批量(ss, aa, rr, ss');

$$y = \begin{cases} rr, ss'\text{为终止状态} \\ rr + \gamma \max_{aa'} Q_{\hat{\varnothing}}(ss', aa'), \text{其他} \end{cases}$$

以$(y-Q_{\varnothing}(ss,aa))^2$为损失函数来训练 Q 网络

$s \leftarrow s'$；

每隔 C 步，$\hat{\varnothing} \leftarrow \varnothing$；

直到 s 为终止状态；

直到 $Q_{\varnothing}(s,a)$ 收敛

输出：Q 网络 $Q_{\varnothing}(s,a)$

5.4.5 连续动作空间深度强化学习简单示例

深度强化学习已被广泛用于解决连续控制问题，在本节以一个简单的机器人手臂控制为例讲解连续动作空间深度强化学习。

控制多关节机械臂到达并跟随目标位置是智能机器人制造的重要步骤(机器人详细介绍，读者可自行阅读第 6 章的相关内容)。比如手术中使用的多关节机械臂可以根据手术图像数据自动到达指定位置并跟随特定的目标位置进行操作。在这个案例中，我们为多关节机械臂训练深度强化学习模型，使其在三维空间中持续跟踪一个可移动的目标。如图 5-7 所示，多关节机器人的机械臂由四个关节和四条不等长的手臂组装而成，每个关节只有一个自由度，即运动只能沿着一个轴进行。多关节机械臂需要不断旋转各个关节，在轴向移动的限制下，控制每个机械臂的角度，最终到达并跟踪目标位置。

我们可以将问题抽象建模为图 5-7 所示。我们的目标是让机械臂到达并跟随红色目标的位置，该目标可以在三维空间中连续移动。在学习过程中，一个小目标被随机放置在连续的三维空间中。然后，机器人手臂可以调整其关节的角度，以达到红色目标。在测试过程中，一个小目标被随机放置并以随机轨迹移动，一个训练有素的机械臂可以到达并跟随目标移动。

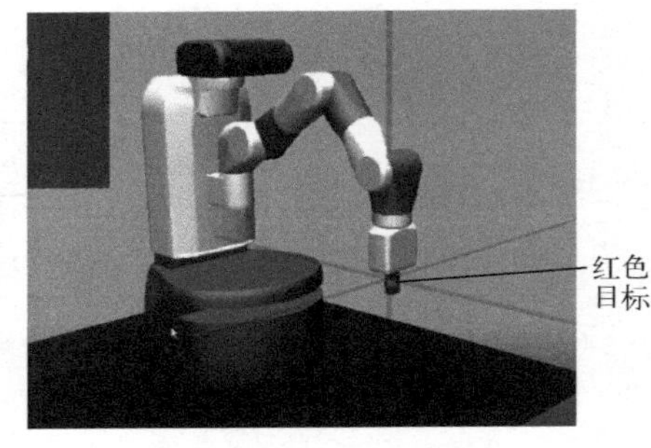

图 5-7　机器人手臂模型

在这个任务中，状态空间和行动空间是连续的。状态空间有 13 个维度，包括三维的观察空间和目标位置。观察空间由抓手的位置信息、抓手移动的速度、抓手打开的程度和抓手打开和关闭的速度组成。动作空间有 4 个维度，包括 3 个抓手位置元素和两个手指之间的距离。我们将奖励类型设置为稀疏奖励。即当抓手和目标的距离小于阈值时，奖励为 0；否则，奖励为–1。实际中也可以设计为密集奖励，即根据机器人的抓手和目标的距离的来计算。

关节的旋转是一个连续动作，基于值函数的方法如 DQN 不适用于这样的任务中。接下来我们将介绍如何用 DDPG 算法来处理此类连续动作任务。

DDPG (Deep Deterministic Policy Gradient)是一种深度确定性的策略梯度算法，它是为了解决连续动作控制问题而提出的算法。之前学习的 Q-learning 算法、SARSA 算法以及 DQN 算法针对的问题的动作空间都是离散的。DDPG 是对 DQN 算法的扩展，可以简单地看成是 DQN 算法加上 Actor-Critic 框架。使得其能够解决连续动作控制的问题。

DDPG 中的 Deterministic 确定性指的是连续动作输出的是一个具体的值。当动作是离散

动作时，策略函数依据最大化长期收益这一目标，输出每个动作发生的概率大小；而当动作连续时，在追求最大化长期收益目标下，输出的只能是一个具体的数值，代表一个具体的动作，由此就变成了一个确定性的策略。

演员-评论员（actor-critic）框架是一种结合策略梯度和时序差分学习的强化学习方法。其中演员（actor）是指策略函数 $\pi_\theta(a|s)$，即学习一个策略来得到尽量高的回报，评论员（critic）是指值函数 $V_\varnothing(s)$，对当前策略的值函数进行估计，即评估演员的好坏。借助于值函数，演员-评论员算法可以进行单步更新参数，不需要等到回合结束才进行更新。

DDPG 的网络结构如图 5-8 所示，其中四个网络的功能定位可以总结为：

① actor 当前网络：负责策略网络参数 θ 的迭代更新，负责根据当前状态 s 选择当前动作 a，用于和环境交互生成 s' 和 r 。

② actor 目标网络：负责根据经验回放池中采样的下一状态 s' 选择最优下一动作 a'。网络参数 θ' 定期从 θ 复制。

③ critic 当前网络：负责价值网络参数 w 的迭代更新，负责计算当前 Q 值 $Q(s,a;w)$。

④ critic 目标网络：负责计算目标 $y_i = r + \gamma Q'(s',a';w')$ 中的 $Q'(s',a';w')$ 部分。网络参数 w' 定期从 w 复制。

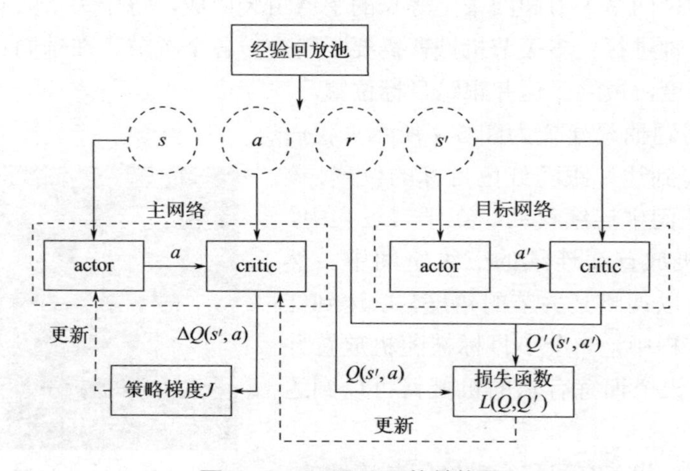

图 5-8 DDPG 网络结构图

首先，我们需要构建一个 actor 当前网络和一个 critic 当前网络，然后构建一个与当前网络具有相同结构和初始参数的 actor 目标和 critic 目标网络。然后，我们使用 actor 当前网络来产生一个确定性动作代表机械臂 3 个抓手位置元素和两个手指之间的距离。执行动作以获得奖励和下一个状态，并将 (s,a,r,s') 存入经验回放池。在更新阶段，首先从经验回放池中随机抽取一个小批量的转移序列。然后将 s' 送入 actor 目标网络，得到 a'，并将 s' 和 a' 作为 critic 目标网络的输入，得到目标值 Q'，然后计算目标回报 y_i。同时，用 s，a 通过 critic 当前网络计算得到 actor 当前网络的实际值 Q，然后最小化预测 Q 值的损失以更新这个网络。actor 网络的更新是通过最大策略梯度 J 进行的。DDPG 中使用软更新来提高学习的稳定性，即只根据行为网络的权重来更新目标网络的一小部分。在训练的过程中，探索和更新都是需要的。agent 将以一个探索概率（通常设置为 0.2）进行探索。探索是为了让 agent 尽可能多地探索完整的行动状态空间。因此，可以在训练过程中引入随机噪声，将行动的决策过程从确定性变为随机过程，然后从这个随机过程中采样出行动的值。这个过程如图 5-9 所示。

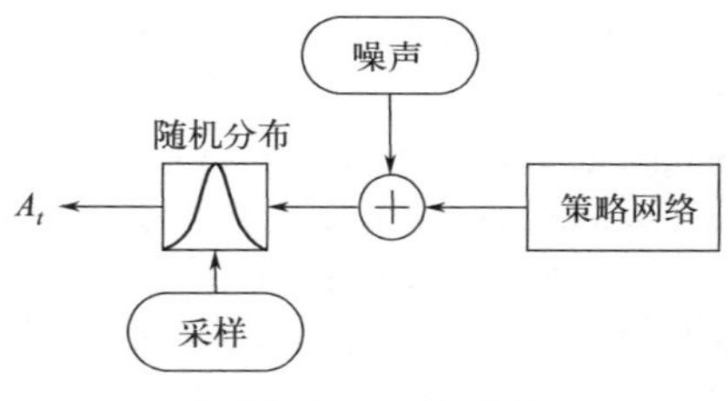

图 5-9 决策过程

通过上述操作训练好模型后，给定一个目标，机械臂就能自动到达目标的位置并不断跟踪目标。actor 当前网络使用观察空间的信息来生成机械臂的抓手位置元素和两个手指之间的距离。基于 actor 产生的动作，各个关节应该旋转的角度就可以计算出来，从而实现连续控制的目的。

本章小结

本章从强化学习的五个主要组成部分开始，总体概述了什么是强化学习以及目前主要研究发展。其次，介绍强化学习的基础：马尔可夫决策过程，来描述智能体与环境的交互。再次，介绍了强化学习的目标函数。随后，本章介绍了三种经典的强化学习算法和一种最为基础的深度强化学习算法。最后，本章节还结合具体应用实例简单介绍了深度强化学习在连续动作空间上的应用，旨在帮助读者更好应用深度强化学习算法去解决实际应用问题。

习题

1. 强化学习中不断交互的两个对象是什么？它们在交互过程中，通过什么向对方施加影响？两者交互过程中，学习的目标是什么？
2. 满足什么特性的离散随机过程可以称为马尔可夫过程？请详细解释该特性。
3. 马尔可夫过程（MP）到马尔可夫奖励过程（MRP），再到马尔可夫决策过程（MDP），分别引入了什么参数？引入的新参数有什么作用？
4. 请简述动态规划、蒙特卡洛和时间差分算法的异同。
5. 请简述 on-policy 和 off-policy 的区别。
6. 使用经验回放池有什么意义？

答案

本章参考文献

[1] Puterman, M.L. Markov Decision Processes: Discrete Stochastic Dynamic Programming[M]. 1st ed., John Wiley & Sons, Inc., 1994.

[2] 刘全,翟建伟,章宗长,等.深度强化学习综述[J].计算机学报,2018,41(01):1-27.

[3] 陈学松,杨宜民. 强化学习研究综述[J]. 南京师范大学学报（工程技术版）, 2022, 22(1):7.

[4] 万里鹏,兰旭光,张翰博,等.深度强化学习理论及其应用综述[J].模式识别与人工智能,2019,32(01):67-81.DOI:10.16451/j.cnki.issn1003-6059.201901009.

[5] Kuzmin V. Connectionist Q-learning in robot control task[C]//Scientific proceedings of riga technical university. 2002, 5: 88-98.

[6] Silver D, Lever G, Heess N, et al. Deterministic policy gradient algorithms[C]//International conference on machine learning. PMLR, 2014: 387-395.

[7] Fu H, Cheng J, Xu Y, et al. Joint optic disc and cup segmentation based on multi-label deep network and polar transformation[J]. IEEE transactions on medical imaging, 2018, 37(7): 1597-1605.

[8] Fu H, Xu Y, Wong D W K, et al. Retinal vessel segmentation via deep learning network and fully-connected conditional random fields[C]//2016 IEEE 13th international symposium on biomedical imaging (ISBI). IEEE, 2016: 698-701.

应用篇

人工智能开发平台及应用

第6章

人工智能开发平台

本章导读

2017年7月8日，国务院印发的《新一代人工智能发展规划》指出：人工智能发展进入新阶段，已经成为国际竞争的新焦点、经济发展的新引擎，面对人工智能发展的重大战略机遇，我国需构筑人工智能发展的先发优势，加快建设创新型国家和世界科技强国。2018年12月，中央经济工作会议首次提出了包含人工智能在内的“新基建”概念，提出要加快人工智能芯片等底层硬件的发展，加强通用智能计算平台的搭建。人工智能开发平台作为人工智能的“操作系统”，对行业的发展起着重大的支撑作用。

如图6-1，本章先从人工智能领域最常用的编程语言——Python开始，简要介绍基础的编程知识；随后重点介绍机器学习、深度学习两个领域中较为常用的开发平台，带领大家熟悉现有的工具包；最后用两个实例演示如何具体使用开发平台完成指定任务，带领大家感受算法实现的实际流程。

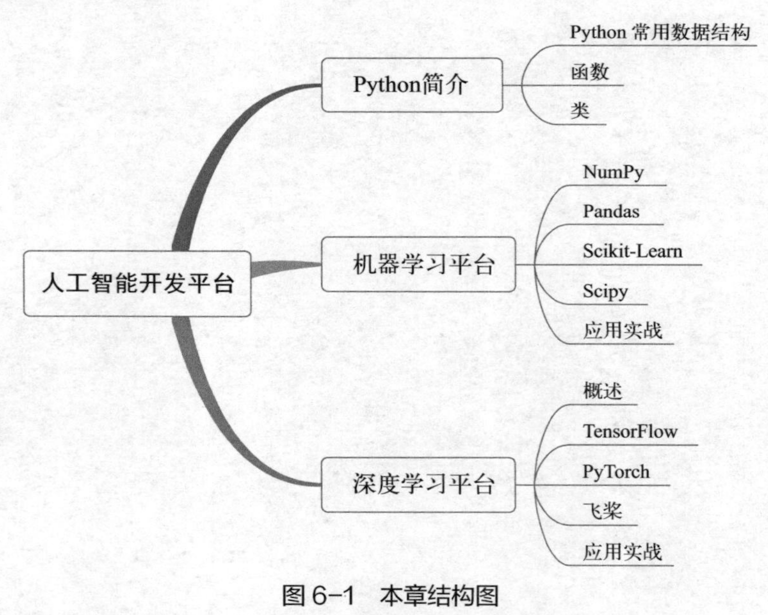

图6-1 本章结构图

6.1 Python语言简介

近年来，Python凭借其简洁、高效、易于学习、第三方库丰富、应用广泛等优势迅速崛起。据 HelloGitHub 网站显示，截至 2022 年 5 月，Python 以 12.74%的流行度持续位居榜首，Python 还曾获 2007、2010、2018、2020、2021 年度明星语言，如图 6-2 所示。

排名	编程语言	流行度	年度明星
1	Python	14.51%	2021, 2020
2	C	14.41%	2019, 2017
3	Java	13.23%	2015, 2005
4	C++	12.96%	2022, 2003
5	C#	8.21%	-
6	Visual Basic	4.40%	-
7	JavaScript	2.10%	2014
8	SQL	1.68%	-
9	PHP	1.36%	2004
10	Go	1.28%	2016, 2009

图 6-2 HelloGitHub 网站排行榜部分截图（基于 2023 年初数据）

在数据科学、大数据和机器学习（深度学习）领域，Python 被视为最简洁和最直接的脚本编程语言，被科研领域和工程领域广泛采用。如果读者有其他编程语言的使用基础，例如 Java、C/C++、MATLAB 等，那么学习 Python 将不是一件难事，如果读者熟悉数据结构知识，那么学习 Python 将更加轻松。由于 Python 细节繁杂、内容众多，所以本小节仅列举一些最常用的语法，其他细节请参考专门介绍 Python 的书籍或者网站。

6.1.1 Python 常用数据结构

在 Python 中，常用的数据结构有序列（sequence）和字典（dictionary）。其中序列是最基本的数据结构，序列中的元素都有位置编号，称为索引。序列又有多种形式，例如列表（list）、元组（tuple）和字符串（string）等。

序列指的是一块可存放多个值的连续内存空间，这些值按一定顺序排列，可通过每个值所在位置的编号（称为索引）访问它们。下面代码展示了对字符串的几种简单操作：

```
>>> string = '人工智能导论' # 字符串是特殊的序列
>>> string[0]   # 索引
'人'
>>> string[0:4] # 切片
'人工智能'
```

```
>>> string+string  # 序列相加
```

字典是 Python 中唯一的内置映射类型，其中存储的值不按顺序排列，并通过键进行访问和修改。键可能是数、字符串或元组。字典（日常生活中的字典和 Python 字典）旨在让使用者能够轻松地找到特定的单词（键），以获悉其定义（值）。在字典中，习惯将各元素对应的索引称为键（key），各个键对应的元素称为值（value），键及其关联的值称为“键值对”。

不同于列表通过下标来访问元素，字典通过键来访问对应的值。因为字典中的元素是无序的，每个元素的位置都不固定，所以字典也不能像列表那样采用切片的方式来一次性访问多个元素。字典的访问方式如下所示：

```
>>> d = {'数学': 95, '英语': 92, '语文': 84}    # 创建字典
>>> d['语文']    # 键存在时，访问字典元素
84
>>> d['生物']    # 若键不存在，则会报错
---------------------------------------------------------
KeyError                                  Traceback (most recent call last)
/tmp/ipykernel_324752/1527600351.py in <module>
----> 1 d['生物']KeyError: '生物'
```

需要注意的是：字典只能访问存在的键值对，如果输入的键不存在则会报错。除了上面这种方式外，Python 更推荐使用 dict 类型提供的 get() 方法来获取指定键对应的值。当指定的键不存在时，get() 方法不会抛出异常。注意，当键不存在时，get() 返回空值 None，如果想明确地提示用户该键不存在，那么可以手动设置 get() 的第二个参数。

6.1.2 函数

当需要反复执行某些语句以完成特定目的时，可以把这些反复执行的语句封装成函数。再次需要实现同样功能时就可以直接调用函数完成。函数的本质就是一段有特定功能、可以重复使用的代码，这段代码被提前写好且被命名。

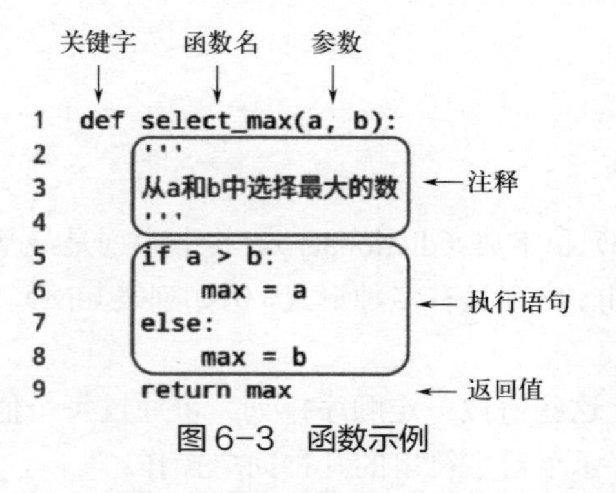

图6-3 函数示例

函数的定义如图 6-3 所示。

各部分参数的含义如下：

• def：定义函数的关键字，行末尾必须以冒号结尾。

• 函数名：一个符合 Python 语法的标识符，但不建议读者使用 a、b、c 这类简单的标识符作为函数名，函数名最好能够体现出该函数的功能（如上面的 select_max），同时建议写好函数的注释，方便其他人调用，也防止自己后续遗忘。

• 参数：设置该函数可以接收多少个参数，多个参数之间用逗号（,）分隔。

• return[返回值]：该语句是函数的选择性实现语句，用于设置该函数的返回值。也就是说，一个函数，可以有返回值，也可以没有返回值，是否需要根据实际情况而定。

6.1.3 类

Python 语言在设计之初，就定位为一门面向对象的编程语言，“Python 中一切皆对象”就是对 Python 这门编程语言的完美诠释。类和对象是 Python 的重要特征，相比其它面向对象的语言，Python 很容易就可以创建出一个类和对象。同时，Python 也支持面向对象的三大特征：封装、继承和多态。

面向对象编程（Object-oriented Programming，OOP）是在面向过程编程的基础上发展而来的，它比面向过程编程具有更强的灵活性和扩展性。面向对象编程，是一种封装代码的方法。其实，在前面章节的学习中，我们已经接触了封装，比如说，将乱七八糟的数据扔进列表中，这就是一种简单的封装，是数据层面的封装；把常用的代码块打包成一个函数，这也是一种封装，是语句层面的封装。代码封装，就是隐藏实现功能的具体代码，仅留给用户使用的接口。

类仅仅充当图纸的作用，本身并不能直接拿来用，而只有根据图纸造出的实际物品（类的实例化）才能直接使用。因此，Python 程序中类的使用顺序是这样的：

① 创建（定义）类，也就是制作图纸的过程；

② 创建类的实例对象（根据图纸造出实际的物品），通过实例对象实现特定的功能。

为了方便理解，假设我们要定义一个鸟的类，用面向对象的思想很简单，可以从以下两个方面描述：

① 从表面特征来描述，例如，绿色的、有 2 条腿、重 100g、年龄 1 岁等。

② 从所具有的行为来描述，例如，它会跳、会飞、会吃东西和会睡觉等。

用类的方式表达鸟，如图 6-4 所示。

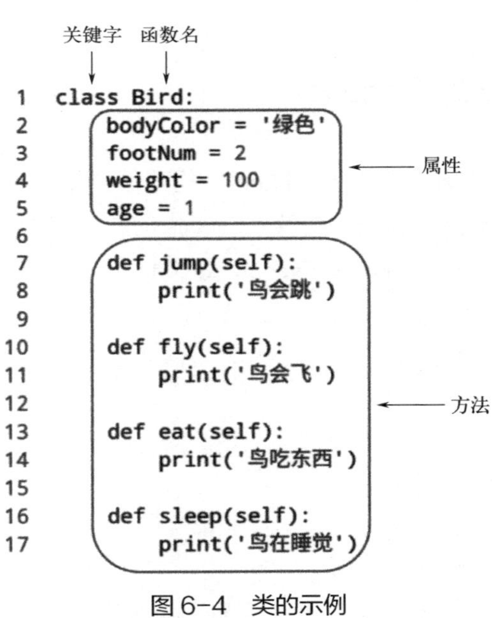

图 6-4 类的示例

图 6-4 中，我们定义了 Bird 类，其中包含了身体颜色、腿的数量、体重、年龄等属性，还包括了跳、飞、吃、睡等方法。如果我们想要一个真正的鸟，就要将 Bird 类实例化，然后才可以执行鸟的各种动作，如下所示：

```
>>> bird = Bird()    # 类的实例化
>>> bird.age
1
>>> bird.weight
100
>>> bird.fly()
鸟会飞
```

6.2 机器学习平台

在简要介绍完 Python 后，我们继续介绍基于 Python 的开源框架和工具库。人工智能发展到今天，Python 凭借其丰富、完善的工具库一举超越其他语言成为人工智能领域的首选。这些开源的工具库为人们提供了便捷的算法实现，促进了人工智能技术的普及。本节将介绍几个被学术界和工业界广泛使用的开源工具库。

6.2.1 NumPy

如果从狭义的机器学习平台定义来讲，NumPy 并不能被称为机器学习的库，因为它并没有实现机器学习算法，但是从广义范围来看，NumPy 又是所有机器学习平台的底层基础，我们无法绕开 NumPy 而直接介绍其他库，所以我们先简要介绍 NumPy。

NumPy 是 Numerical Python 的缩写，它是一个由多维数组对象（ndarray）和处理这些数组的函数（function）集合组成的库，可以简单理解为高维的列表。NumPy 提供了更加高效的存储和数据操作。使用 NumPy 库，可以对数组执行数学运算和相关逻辑运算，NumPy 是 Python 科学计算的基础包之一。

NumPy 定义了一个 n 维数组对象，简称 ndarray 对象，这是 NumPy 库的核心。它是一系列相同类型元素组成的集合。高维数组中的每个元素占有相同大小的内存块，可以使用索引和切片操作获取其中的元素。

NumPy 功能强大而繁杂，如果想了解更多关于 NumPy 的知识，可以去 NumPy 中文网，学习更加详尽的细节知识。

6.2.2 Pandas

Pandas 是基于 NumPy 构建的数据分析库，旨在简单、直观地处理关系型数据，让数据分析工作更加快捷高效。Pandas 的数据结构分为两种：Series 和 DataFrame。

```
>>> import pandas as pd
>>> a = pd.Series([1, 2, 3, 4])
0    1
1    2
2    3
3    4
dtype: int64
```

```
>>> import pandas as pd
>>> b = pd.DataFrame({'姓名': ['张三', '李四'],
'年龄': [21, 22], '性别': ['男', '女']})
    姓名  年龄 性别
0  张三  21  男
1  李四  22  女
```

① Series 是带标签的一维数组，它由一组数据（各种 NumPy 数据类型）以及一组与其相关的标签组成，标签统称为索引。Series 的表现形式是索引在左侧、值在右侧，如上面代码左侧所示。由于我们没有指定索引，Pandas 会自动创建一个 0 到 N−1（N 为数据长度）的整数索引。我们可以通过索引获取指定的值。Pandas 不仅可以通过列表创建 Series，还可以通过字典的形式创建，此时可将 Series 看成是固定长度的有序字典，Series 还会将缺失值填充为 NaN，同时缺失值可以用 Pandas 的 isnull 和 notnull 函数检测。

② DataFrame 是表格型结构，类似于 Excel 软件，可以对数据做多种变换操作。它含有一组有序的列，每列可以是不同的值类型。它既有行索引也有列索引，也可以被视为由 Series 组成的字典。DataFrame 有丰富的行列操作，它的行索引在左侧、列索引在上侧。同样的，如

果我们没有指定索引，Pandas 依然会创建默认索引（即 0 到 N−1）。DataFrame 的创建有多种方式，例如直接传入字典、直接导入 NumPy 数组和直接读取表格型文档等。

Pandas 功能强大、函数繁多，如果想了解更多细节内容，可以参考其官方网站的入门示例，或者介绍 Pandas 的专业书籍。

6.2.3 Scikit-Learn

Scikit-Learn 是目前最流形的机器学习库之一，它高效地实现了各种常用的机器学习算法，且代码干净、风格统一、在线文档丰富实用。这种统一的代码风格、丰富的文档资源，使得 Scikit-Learn 成为机器学习领域最受欢迎的库之一。

Scikit-Learn 的代码功能可以大致分为六个部分：分类、回归、聚类、降维、模型选择、预处理，如图 6-5 所示。

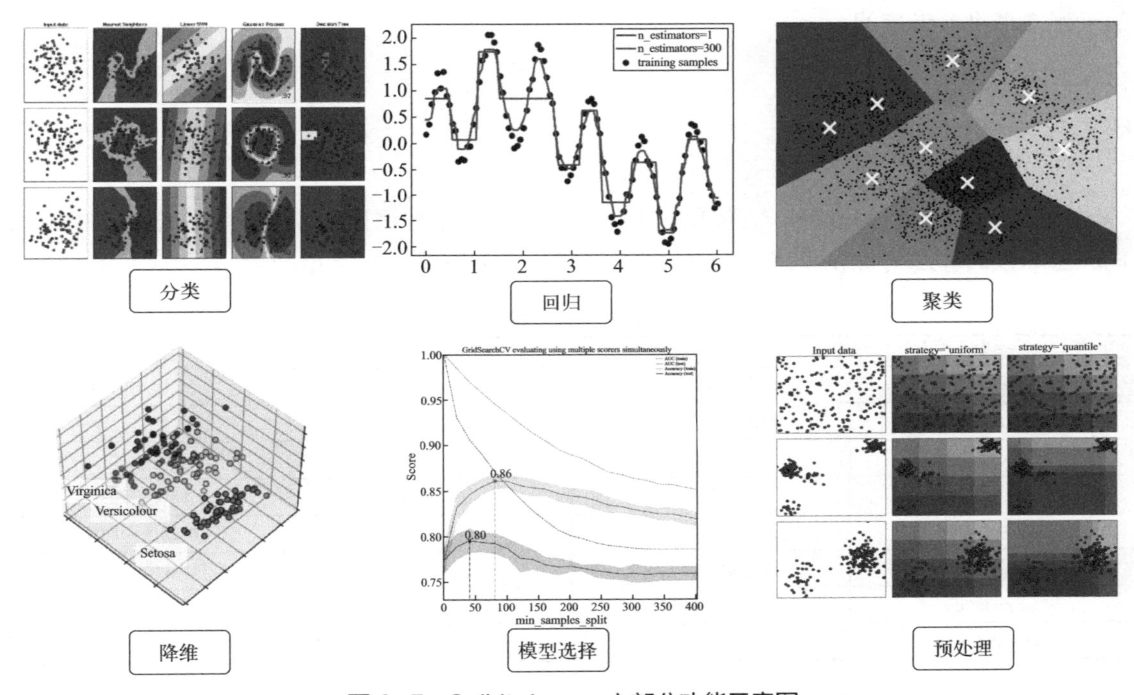

图 6-5 Scikit-Learn 六部分功能示意图

分类是将样本划分为已知的特定类别，结果是离散值，是一种监督学习任务。Scikit-Learn 实现的分类算法有支持向量机（support vector machine，SVM）、最近邻（nearest neighbors）、随机森林（random forest）等，其中支持向量机的详细算法介绍可参见第 3 章。

彩图

回归是预测目标的连续变化，结果是连续值，也归属于监督学习任务。Scikit-Learn 实现的回归算法有支持向量回归（support vector regression，SVR）、最近邻回归（nearest neighbors regression）、随机森林等，其他回归算法可参见第 3 章。

聚类是自动将相似的样本聚合成相同子类，是无监督学习任务的一种。Scikit-Learn 实现的聚类算法有 K-均值（K-means）、谱聚类（spectral clustering）、均值漂移（mean shift）、层次聚类（hierarchical clustering）等。

降维是将样本的表示（特征）维度降低，以便于挖掘更具有信息量的特征，常用于提取显著特征、可视化、提高效率等任务。Scikit-Learn 实现的降维算法有主成分分析（principal component analysis，PCA）、特征选择、非负矩阵分解（non-negative matrix factorization，NNMF）、隐狄氏分配（latent dirichlet allocation，LDA）等，其中主成分分析算法的介绍可参见第 3 章。

模型选择是为模型选择合适的参数，使其更适配当前任务。Scikit-Learn 为模型选择提供了丰富的工具，例如用于评估模型的交叉验证（cross-validation，CV），用于调整参数的网格搜索（grid search），以及用于计算各种统计信息的指标库（metrics）。

预处理是指将数据从原始形态转变为计算机易于处理的形态，例如将类别信息从文字描述转换为离散数字（preprocessing.OrdinalEncoder()）、标准化（preprocessing.StandardScaler()）、离散化（preprocessing.KBinsDiscretizer()）等。

以上简单列举了 Scikit-Learn 的主要功能，更多细节信息请参考其官方网站，里面有丰富的示例文档供参考查阅。

6.2.4 Scipy

SciPy 库依赖于 NumPy，它提供了便捷且快速的高维数组操作，实现了机器学习中更加偏底层原理的算法与优化算法。SciPy 的子包覆盖多个领域，如表 6-1 所示。

表 6-1　SciPy 的子包及其作用

子包	作用	子包	作用
scipy.cluster	矢量量化/Kmeans	scipy.odr	正交距离回归
scipy.constants	物理和数学常数	scipy.optimize	优化
scipy.fftpack	傅里叶变换	scipy.signal	信号处理
scipy.integrate	积分	scipy.sparse	稀疏矩阵
scipy.interpolate	插值	scipy.spatial	空间数据结构和算法
scipy.io	数据输入和输出	scipy.special	任何特殊的数学函数
scipy.linalg	线性代数例程	scipy.stats	统计
scipy.ndimage	*n* 维图像包		

SciPy 同样有翔实的在线文档，读者可以参考官方网站提供的用户手册：https://scipy.org/。

6.2.5 应用实战

6.2.5.1　实战 1：KNN 算法实现白内障图像分类

（1）背景介绍

在所有眼科疾病导致盲症的患者中，白内障患者人数高居榜首；同时，在所有眼科疾病导致视觉损伤的患者中，白内障患者人数位列第二位。裂隙灯成像下，白内障按严重程度大致可以分为三级，如图 6-6 所示。

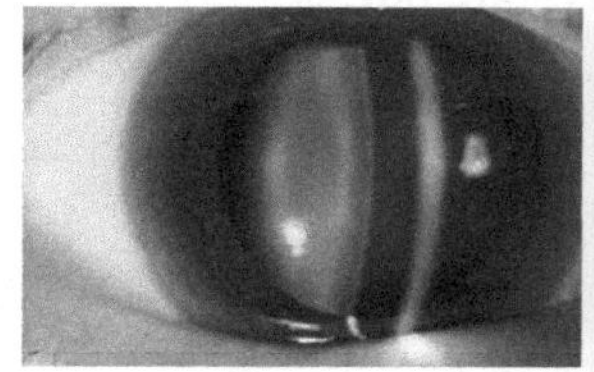
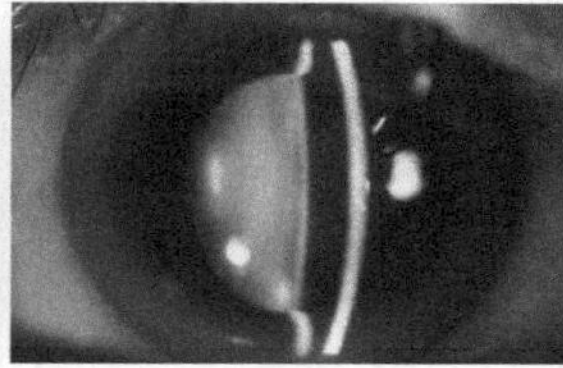

彩图

图 6-6　白内障分级示意图：从左到右依次是 1 级、2 级、3 级

白内障分级的目的是预防盲症，即筛查出需要接受手术或进行早期干预的白内障患者。利用机器学习算法进行白内障分级工作，整体流程可以分为三个阶段，如图 6-7 所示。

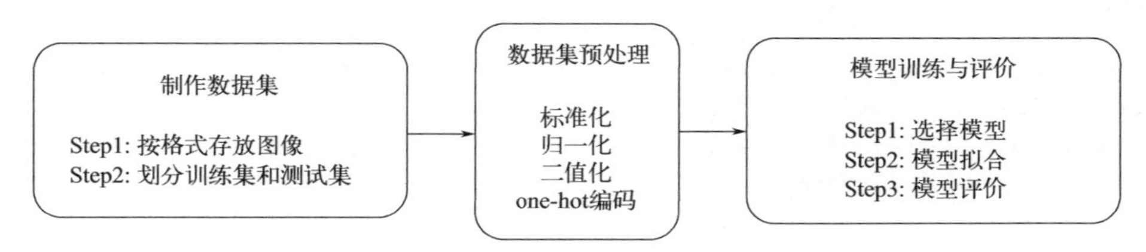

图 6-7　KNN 实现白内障图像分级的三个阶段

（2）代码演示

下面将以白内障分级数据集为例，演示应用机器学习算法去解决白内障分级任务的完整流程。

① 制作数据集。制作数据集是机器学习实验的首要步骤，因为 Scikit-Learn 库已经实现了统一、规范的评估器 API，用户只需要将数据集按照 Scikit-Learn 中要求的格式整理好，就可以直接调用现成的机器学习算法模型训练与评价函数。

Step1：按格式存放图像。数据集的存放可以有多种方式，每种方式对应不同的加载代码，这里我们将数据集组织为以下格式：

```
dataset/
    1/
        image1.png image2.png image3.png……
    2/
        image201.png image202.png image203.png……
    3/
        image201.png image202.png image203.png……
```

dataset 是数据集的第一级目录，下面 3 个文件夹“1”“2”“3”分别为 3 分类图像，文件名为里面图像的标签，每个图像的名字没有要求，可以自由命名。

Step2：数据集划分可以直接调用 train_test_split()函数。具体代码如下所示：

```
from sklearn import datasets
from sklearn.model_selection import train_test_split
data = datasets.load_files('your_dataset_folder_path')  # 加载数据集
X = data.data  # 特征矩阵
y = data.target  # 标签矩阵
# 训练集、测试集划分
X_train, X_test, y_train, y_test = train_test_split(X, y, test_size=0.2,
random_state=1)
```

② 数据预处理。数据预处理是指将原始数据转换为适合机器学习算法的形式，它往往能提高算法的效果，常见的预处理方法有：标准化、归一化、二值化、one-hot 编码等，Scikit-Learn 的 preprocessing 模块为这些操作提供了便捷的实现方式。

```
from sklearn import preprocessing
# 标准化
X_train_std = preprocessing.StandardScaler().fit_transform(X_train)
# 归一化
X_train_Min_Max = preprocessing.MinMaxScaler().fit_transform(X_train)
# one-hot 编码
X_train_one_hot = preprocessing.OneHotEncoder().fit_transform(X_train)
```

（3）模型训练与评价。由于 Scikit-Learn 封装好了多种机器学习算法，我们只需要调用这些封装好的类，将其实例化即可。

```
from sklearn.neighbors import KNeighborsClassifier  # 导入分类模型
model = KNeighborsClassifier()  # 模型实例化
model.fit(X_train)  # 模型训练
y_predict = model.predict(X_test)  # 训好的模型对测试集预测
score = model.score(X_test, y_test)  # 计算预测准确率
# 模型预测结果分析
report = classification_report(y_test, y_predict,
target_names=y.target_names)
```

上面的代码中只展示了 KNN 分类器的实例化，其他分类模型可以执行类似操作直接调用，本文不再赘述。

近年来，随着深度学习的飞速发展，卷积神经网络在图像处理方面取得了巨大成功，深度学习算法对白内障图像分类的应用请参考 6.3 节。

6.2.5.2 实战 2：机器学习进行文档分类

（1）背景介绍

人可以通过语言、文字交流感情、传递信息，但是文字在不同场景下所表达的含义往往是不同的，例如中文里关于“意思”的笑话：

A：你这是什么意思？

B：没什么意思，意思意思而已。

A：你这就不够意思了。

B：小意思小意思。

A：你这人真有意思。

B：其实也没别的意思。

A：那我就不好意思了。

B：是我不好意思。

A：你肯定有什么意思。

B：真没别的意思。

A：我大概懂你的意思了。

B：嘻嘻，我就是这个意思。

这个笑话里的“意思”是个极端场景，但也能侧面说明语言理解的困难。如何让机器理解文字的意思，对文档进行正确分类，是业界和学术界一直以来研究的问题。下面本节将以 Scikit-Learn 提供的 20 组新闻数据集（20newsgroups）为例，介绍机器学习算法是如何完成文档分类任务的。整体流程如图 6-8 所示：

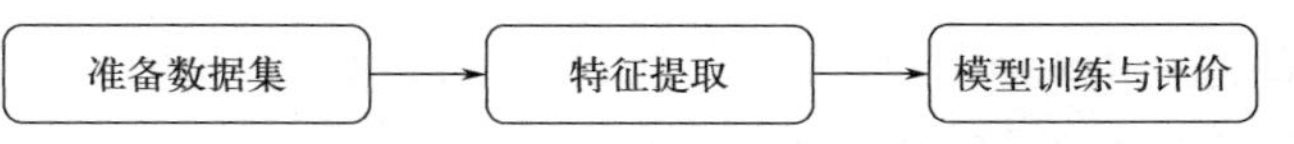

图6-8　机器学习进行文档分类的三个阶段

（2）代码演示

① 准备数据集。20newsgroups 是 Scikit-Learn 的 datasets 包封装好的数据集，有 18000 多篇新闻文章，共涉及 20 个话题种类，划分为训练集和测试集，通常用作文档分类。获取数据集的训练集，代码如下：

```
from sklearn.datasets import fetch_20newsgroups
data = fetch_20newsgroups(subset='train')
```

② 特征提取。文本处理任务非常重要的一个环节就是特征提取，选出最能表征文本含义的词组元素。特征提取既可以降低问题的规模，还有助于提高分类性能。在文本处理任务中，最常用的模型是 TF-IDF 模型，TF 是 term frequency 的缩写，指词语在文档中出现的频率，体现了词语在文档内部的重要性。IDF 是 inverse document frequency 的缩写，逆文档频率，体现了词语在文档间的重要性。用 TF 和 IDF 两个参数表示词语在文本中的重要程度。Scikit-Learn 中有 TF-IDF 模型的实现，模型的导入如下所示：

```
from sklearn.feature_extraction.text import TfidfTransformer
```

③ 模型训练与评价。本例中，TF-IDF 模型和分类器模型一起训练，代码如下：

```
from sklearn.feature_extraction.text import CountVectorizer
from sklearn.linear_model import SGDClassifier
from sklearn.model_selection import GridSearchCV
from sklearn.pipeline import Pipeline
# 定义结合了文本特征提取器和简单分类器的管道
pipeline = Pipeline([
    ('vect', CountVectorizer()),
    ('tfidf', TfidfTransformer()),
    ('clf', SGDClassifier()),
])
```

如果取消注释，我们可以搜索更多参数，提供更好的探索能力，但将以组合方式增加处理时间

```
parameters = {
    'vect__max_df': (0.5, 0.75, 1.0),
    # 'vect__max_features': (None, 5000, 10000, 50000),
    'vect__ngram_range': ((1, 1), (1, 2)),  # unigrams or bigrams
    # 'tfidf__use_idf': (True, False),
    # 'tfidf__norm': ('l1', 'l2'),
    'clf__max_iter': (20, ),
    'clf__alpha': (0.00001, 0.000001),
    'clf__penalty': ('l2', 'elasticnet'),
    # 'clf__max_iter': (10, 50, 80),
}
grid_search = GridSearchCV(pipeline, parameters, n_jobs=-1, verbose=1)
grid_search.fit(data.data, data.target)  # 模型训练
print("Best score: %0.3f" % grid_search.best_score_)
```

在自然语言处理任务中，最关键的环节是特征提取，本书采用了经典的 TF-IDF 作为相似度算法，读者也可以尝试其他算法。

6.3 深度学习开发框架

6.3.1 总述

深度学习的蓬勃发展离不开高效便捷的深度学习框架的支持。本节将介绍现有的主流深度学习框架，以及利用不同的深度学习框架实现两个应用实例。

深度学习的热度同时也促进了深度学习框架的相互竞争和生态发展，从早期从学术界走出的 Caffe、Torch 和 Theano，到现在产业界由 Google 领导的 TensorFlow，Amazon 选择押注的 MXNet，Facebook 倾力打造的 PyTorch，以及百度后来居上的 PaddlePaddle（飞桨）等，各类框架百花齐放。

下面我们将详细介绍目前的三大主流深度学习框架，分别是 **TensorFlow**、**PyTorch** 和 **PaddlePaddle（飞桨）**。这三大框架都是基于 Python 语言实现的，本章第一节已对 Python 进行了简要介绍，此处不再赘述。

6.3.2 TensorFlow

6.3.2.1 TensorFlow 简介

“谷歌大脑”团队在 2015 年 11 月正式开源发布 TensorFlow。由于 Google 的巨大影响力和支持，TensorFlow 很快在深度学习领域占据了绝对的统治地位。很多企业都基于 TensorFlow 开发自己的产品或将其整合到自己已有的产品中去，如 Airbnb、Uber、Twitter、英特尔、高通、小米、京东等。

> 2011 年，“谷歌大脑”起源于一项斯坦福大学与谷歌公司的联合研究项目。谷歌资深专家杰夫·迪恩、研究员格雷科拉多与斯坦福大学知名人工智能教授吴恩达是这个小团队的最初三名成员。

TensorFlow 是所有深度学习框架中对开发语言支持的最全面的，它的编程接口支持 C++ 和 Python，以及 Java、Go、R 和 Haskell API。TensorFlow 可以在各种服务器和移动设备上部署训练模型，比如移动智能手机、普通的 CPU 服务器至大规模 GPU 集群，是所有深度学习框架中支持运行平台最多的。

除了深度学习算法，TensorFlow 也可以用来实现其他机器学习算法，比如线性回归、逻辑回归和随机森林等。TensorFlow 基于大规模深度学习模型的应用场景也十分广泛，包括语音识别、自然语言处理、计算机视觉、机器人控制和药物研发等。

目前 TensorFlow 仍在不断地快速发展，是一个极具野心和统治力的深度学习框架，其技术特性参见表 6-2。

表 6-2 TensorFlow 技术特性

编程模型	dataflow-like model (数据流模型)
语言	Python, C++, Go, Rust, Haskell, Java (还有非官方的 Julia, JavaScript, R 的支持)
部署	Code once, run everywhere (一次编写，各处运行)
计算资源	CPU (Linux, Mac, Windows, Android, iOS) GPU (Linux, Mac, Windows) TPU (Tensor Processing Unit, 张量计算单元，主要用于推断)
实现方式	Local Implementation (单机实现) Distributed Implementation (分布式实现)
平台支持	Google Cloud Platform (谷歌云平台) Hadoop File System (Hadoop 分布式文件系统)
数学表达	Math Graph Expression (数学计算图表达) Auto Differentiation (自动微分)
优化	Common Subexpression Elimination (共同子图消除) Asynchronous Kernel Optimization (异步核优化) Communication Optimization (通信优化) Model Parallelism (模型并行) Data Parallelism (数据并行) Pipeline (流水线)

6.3.2.2 TensorFlow 安装

TensorFlow 的最新安装步骤可参考 TensorFlow 官方网站上的说明（https://tensorflow.google.cn/install）。TensorFlow 支持 Python、Java、Go、C 等多种编程语言以及 Windows、OSX、Linux 等多种操作系统，此处及后文均以 Python 3.7 为准。

（1）一般安装步骤

① 安装 Python 环境。此处建议安装 Anaconda 的 Python 3.7 64 位版本，这是一个开源的 Python 发行版本，提供了一个完整的科学计算环境，包括 NumPy 和 SciPy 等常用科学计算库。

② 使用 Anaconda 自带的 Conda 包管理器建立一个 Conda 虚拟环境，并进入该虚拟环境。在命令行输入：

```
conda create --name tf2 python=3.7      # “tf2”是你建立的conda虚拟环境的名字
conda activate tf2                      # 进入名为“tf2”的conda虚拟环境
```

③ 使用 Python 包管理器 pip 安装 TensorFlow。在命令行下输入：

```
pip install tensorflow
```

④ 等待安装完毕。

（2）提示

① 也可以使用 conda install tensorflow 来安装 TensorFlow，不过 conda 源的版本往往更新较慢，难以第一时间获得最新的 TensorFlow 版本；

② 从 TensorFlow 2.1 开始，pip 包的 TensorFlow 同时包含 CPU 和 GPU 支持，无需通过

特定的 pip 包 tensorflow-gpu 安装 GPU 版本。如果介意其占用的空间大小，可以仅安装 tensorflow-cpu 包使用只支持 CPU 的 TensorFlow 版本。

③ 在 Windows 下，需要打开开始菜单中的“Anaconda Prompt”进入 Anaconda 的命令行环境；

④ 如果默认的 pip 和 conda 网络连接速度慢，可以尝试使用镜像，将显著提升 pip 和 conda 的下载速度（具体效果视您所在的网络环境而定）；

清华大学的 pypi 镜像：https://mirrors.tuna.tsinghua.edu.cn/help/pypi/

清华大学的 Anaconda 镜像：https://mirrors.tuna.tsinghua.edu.cn/help/anaconda/

⑤ 如果对磁盘空间要求严格（比如服务器环境），可以安装 Miniconda，仅包含 Python 和 Conda，其他的包可自己按需安装。Miniconda 的安装包可在以下链接获得：

https://docs.conda.io/en/latest/miniconda.html#latest-miniconda-installer-links

⑥ 如果在 pip 安装 TensorFlow 时出现了“Could not find a version that satisfies the requirement tensorflow” 提示，比较大的可能性是你使用了 32 位（x86）的 Python 环境。请更换为 64 位的 Python。可以通过在命令行里输入 python 进入 Python 交互界面，查看进入界面时的提示信息来判断 Python 是 32 位（如[MSCv.XXXX 32 bit (Intel)]）还是 64 位（如[MSC v.XXXX 64 bit (AMD64)]）来判断 Python 的平台。

6.3.3 PyTorch

6.3.3.1 PyTorch 简介

PyTorch 是 Facebook（现在更名为 Meta）开发的用于训练神经网络的深度学习平台。Facebook 用 Python 重写了基于 Lua 语言的深度学习库 Torch，PyTorch 不是简单的封装 Torch 提供 Python 接口，而是对 Tensor 上的全部模块进行了重构，新增了自动求导系统，使其成为最流行的动态图框架。同时 PyTorch 继承了 Torch 灵活、动态的编程环境和用户友好的界面，支持以快速和灵活的方式构建动态神经网络，还允许在训练过程中快速更改代码而不妨碍其性能，即支持动态图形等尖端 AI 模型的能力，成为 AI 研究人员的热门选择。

> Facebook（脸书）公司创立于 2004 年 2 月 4 日，总部位于美国加利福尼亚州门洛帕克。创始人为马克·扎克伯格和他的哈佛室友们。
>
> 电影《社交网络》（The Social Network）正是讲述了 Facebook 成立的故事。

PyTorch 既可以看作加入了 GPU 支持的 NumPy，同时也可以看成一个拥有自动求导功能的强大的深度神经网络，不仅如此，PyTorch 还有许多高级功能，比如拥有丰富的 API，可以快速完成深度神经网络模型的搭建和训练。除了 Facebook 之外，它还已经被 Twitter、CMU 和 Salesforce 等机构采用。

PyTorch 的特点：支持 GPU、动态神经网络、Python 优先、命令式体验、轻松扩展。PyTorch

架构如图 6-9 所示。

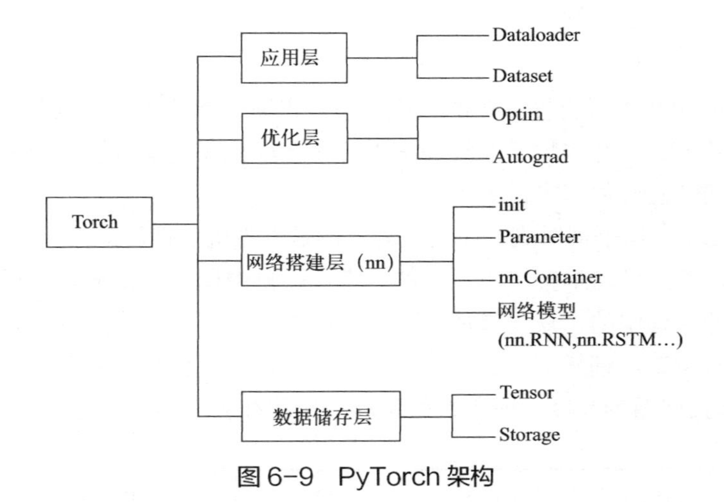

图 6-9 PyTorch 架构

6.3.3.2 PyTorch 安装

安装 PyTorch 比较便捷的方法是直接登录它的官网 http://pytorch.org/，通过如图 6-10 所示的界面生成相应的安装命令。

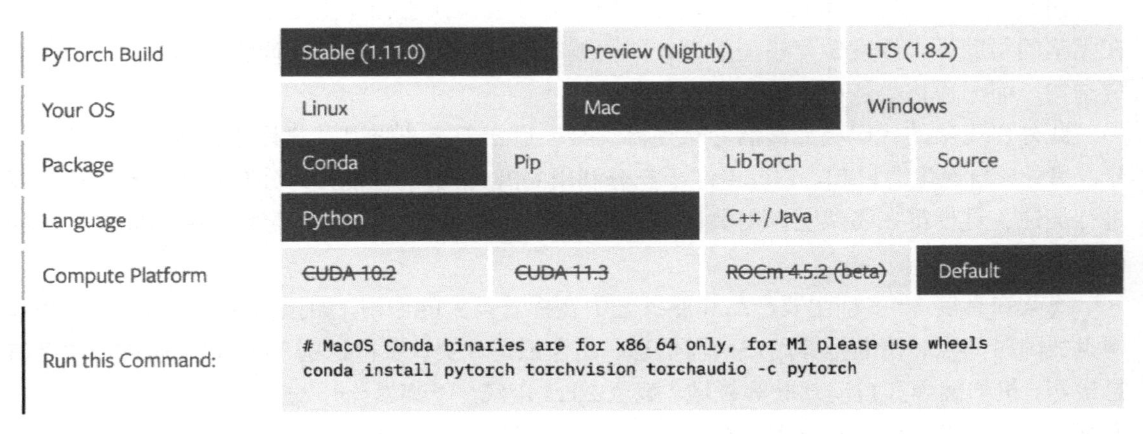

图 6-10 PyTorch 安装说明

执行安装命令，等待安装完成。

安装完成后，我们在命令行中输入命令 python，进入 python 交互环境，写一段小小的 PyTorch 程序验证一下，这段代码调用 torch 的 ones 方法，如果能正常显示结果，则说明安装成功。

```
>>> import torch
>>> a=torch.ones(2,2)
>>> a
 1 1
 1 1
 [torch.FloatTensor of size 2x2]
```

6.3.4 飞桨（PaddlePaddle）

6.3.4.1 飞桨简介

飞桨（PaddlePaddle）以百度多年的深度学习技术研究和业务应用为基础，是中国首个自主研发、功能完备、开源开放的产业级深度学习平台，集深度学习核心训练和推理框架、基础模型库、端到端开发套件和丰富的工具组件于一体。

很多人对“飞桨”这个词感到好奇，认为指的是“飞机的螺旋桨”。事实上，和“百度”的名称由来类似，深度学习框架“飞桨”的名字也取自中国古代诗词。“百度”名称源自宋代文人辛弃疾所著宋词中的“众里寻他千百度”；“飞桨”的名称则取自宋代文人朱熹笔下诗句中的“闻说双飞桨，翩然下广津”。“飞桨”直译为“很快的船”，寄托了百度希望通过飞桨将 AI 技术推向新的高度，改善人类生活并推动社会进步的美好远景。

> 1999 年底，身在美国硅谷的李彦宏看到了中国互联网及中文搜索引擎服务的巨大发展潜力，抱着技术改变世界的梦想，他毅然辞掉硅谷的高薪工作，携搜索引擎专利技术，于 2000 年 1 月 1 日在中关村创建了百度公司。

相比偏底层的谷歌 TensorFlow，飞桨能让开发者聚焦于构建深度学习模型的高层部分。在飞桨的帮助下，深度学习模型的设计如同编写伪代码一样容易，设计师只需关注模型的高层结构，而无需担心任何琐碎的底层问题。

此外，飞桨的代码更加简洁，这使得飞桨很适合于工业应用，尤其是需要快速开发的场景。另外，自诞生之日起，它就专注于充分利用 GPU 集群的性能，为分布式环境的并行计算进行加速。这使得在飞桨上，用大规模数据进行 AI 训练和推理可能要比 TensorFlow 这样的平台要快很多。

飞桨在百度 30 多项主要产品和服务之中发挥着巨大的作用，如预估外卖出餐时间、预判网盘故障时间点、精准推荐用户所需信息、图像识别分类、字符识别（OCR）、病毒和垃圾信息检测、机器翻译和自动驾驶等领域。截至 2022 年底，飞桨累计开发者 535 万，服务企业 20 万家，基于飞桨开源深度学习平台产生了 67 万个模型。飞桨助力开发者快速实现 AI 想法，快速上线 AI 业务，帮助越来越多的行业完成 AI 赋能，实现产业智能化升级。

6.3.4.2 飞桨安装

（1）首先确认版本

目前在 MacOS 环境仅支持 CPU 版 PaddlePaddle。

（2）根据版本进行安装

确定环境满足条件后可以开始安装了，根据自己的环境选择要安装的版本（https://www.paddlepaddle.org.cn/install/quick?docurl=/documentation/docs/zh/install/pip/linux-pip.html），并根据提示的指令进行安装，如图 6-11 所示。

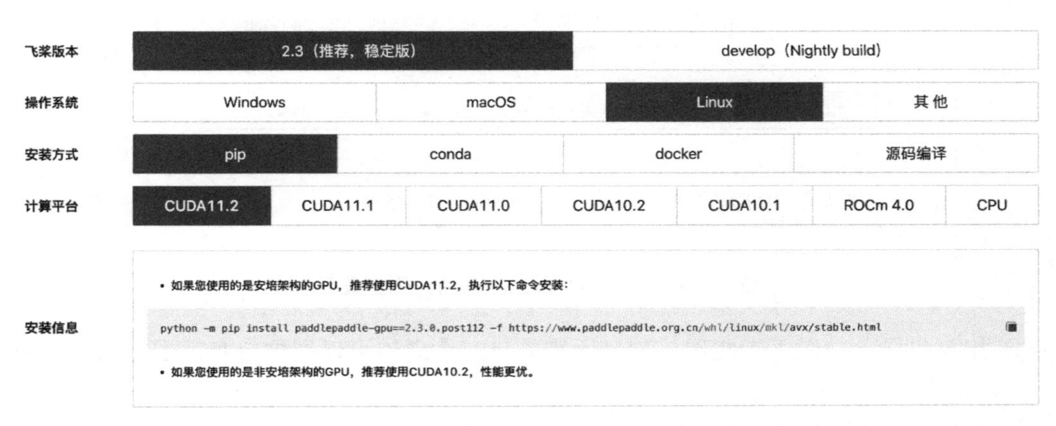

图 6-11　PaddlePaddle 安装说明

注意：

① MacOS 上需要安装 unrar 以支持 PaddlePaddle，可以使用命令 brew install unrar。

② 请确认需要安装 PaddlePaddle 的 Python 是预期的位置，因为您的计算机可能有多个 Python。根据计算机环境您可能需要将说明中所有命令行中的 python 替换为具体的 Python 路径。

③ 使用 MacOS 中自带 Python 可能会导致安装失败。请使用 Python.org 提供的 python3.6.x、python3.7.x、python3.8.x 或 python3.9.x。

（3）验证安装

安装完成后可以使用 python 或 python3 进入 python 解释器，输入：

```
import paddle
paddle.utils.run_check()
```

如果出现：PaddlePaddle is installed successfully!

说明已成功安装。

6.3.5　应用实战

6.3.5.1　实战 1：青光眼智能诊断（TensorFlow）

（1）任务

青光眼是一种以视神经乳头结构改变为特征的进展性神经病变，其临床表现为视网膜神经节细胞及其轴突逐渐消失，现已成为全球不可逆性失明的主要原因之一。近年来，深度学习在医学成像领域取得了重大突破。在青光眼辅助诊断方面，已有越来越多的研究将深度学习应用于眼底图像以及光学相干断层扫描影像，以检测青光眼性视神经病变。

（2）基于 TensorFlow 的代码实现

接下来我们会基于彩色眼底图像数据，利用 TensorFlow 搭建神经网络，进行青光眼的疾病识别。图 6-12 为该项目代码的主要模块构成。

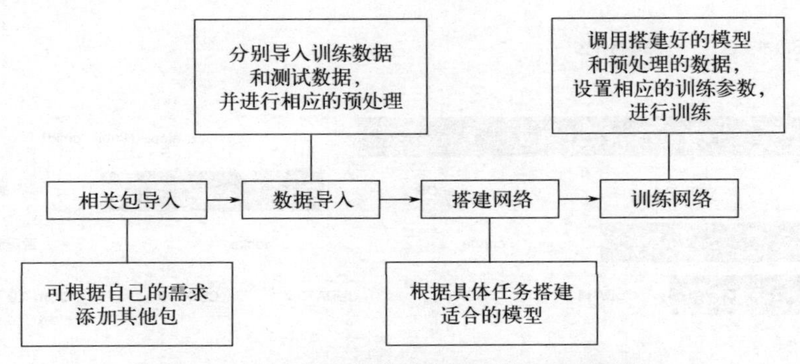

图 6-12　青光眼智能诊断项目代码主要模块

① 相关包导入。以下为实现该项目所需的包，读者也可以根据自身需求导入其他包。

```
import tensorflow as tf
from tensorflow.keras.models import Sequential
from tensorflow.keras.layers import Dense, Dropout, Activation, Flatten,
Conv2D, MaxPooling2D
from tensorflow.keras.layers import ZeroPadding2D
from keras.layers.normalization import BatchNormalization
from tensorflow.keras.preprocessing.image import ImageDataGenerator
```

② 数据导入。读者可利用已公开的眼底图像数据集或实验室数据进行该实验，数据需要包括：眼底图像以及其对应的诊断结果（有无青光眼）。按合适比例将数据划分为训练集和测试集。另外，通常还会通过一些预处理来进行图像增强，比如翻转、剪切、亮度变换等。本模块以训练集为例进行数据预处理和导入，代码如下：

```
train_datagen = ImageDataGenerator(rescale = 1./255,
                                   rotation_range=30,
                                   shear_range=0.2,
                                   zoom_range=[0.8, 1.2],
                                   horizontal_flip=True,
                                   fill_mode='nearest')


training_set = train_datagen.flow_from_directory('/content/drive/My
Drive/data/train',
                                    target_size = (100, 100),
                                    batch_size = 64,
                                    class_mode = 'binary')
```

③ 搭建网络

这里我们采用自定义函数的方式来搭建卷积网络，以下为部分网络层示例，读者可参考 4.4 节的介绍自行构建任意网络。此外，还需对损失函数、优化器、评价指标进行定义。

```
model = Sequential()

model.add(Conv2D(64, (9, 9), input_shape=(100,100,3),padding='same'))
model.add(BatchNormalization())
model.add(Activation('relu'))
model.add(MaxPooling2D(pool_size=(2, 2)))
...
```

```
    model.add(Flatten())
    model.add(Dense(64))
    model.add(BatchNormalization())
    model.add(Activation('relu'))
    model.add(Dropout(0.5))
    ...
    model.add(Dense(1))
    model.add(BatchNormalization())
    model.add(Activation('sigmoid'))

    model.compile(loss='binary_crossentropy', optimizer='adam',
metrics=['accuracy'])
```

④ 训练网络

网络搭建完成后，需要进行网络训练。首先需要对训练中的超参数进行提前定义，包括学习率（learning rate）、批样本数量（batch size）、不同优化器的参数以及部分损失函数的可调参数；此外还有正则化中的权重衰减系数，丢弃法比率（dropout）。

训练完成后需要对训好的模型进行保存，便于下一步的测试。

```
    my_callbacks = [
        tf.keras.callbacks.ReduceLROnPlateau(factor=0.1, patience=3,
min_lr=0.00001, verbose=1),
        tf.keras.callbacks.ModelCheckpoint('my_model2.h5',
        verbose=1, save_best_only=True, save_weights_only=False)
        ]

    model.fit(training_set, epochs=200, validation_data = test_set,
callbacks=my_callbacks)
```

6.3.5.2 实战 2：新闻标题分类（飞桨）

（1）任务

在本项目中，我们将基于 THUCNews 数据集实现一个文本分类模型，对新闻标题进行分类。THUCNews 是根据新浪新闻 RSS 订阅频道 2005～2011 年间的历史数据筛选过滤生成，包含 74 万篇新闻文档（2.19 GB），均为 UTF-8 纯文本格式。在原始新浪新闻分类体系的基础上，重新整合划分出 14 个候选分类类别：财经、彩票、房产、股票、家居、教育、科技、社会、时尚、时政、体育、星座、游戏、娱乐。

文章分类示例

数据来源：从网站上爬取 56821 条中文新闻摘要

数据类容：包含 10 类（国际、文化、娱乐、体育、财经、汽车、教育、科技、房产、证券）

（2）基于飞桨的代码实现

本项目将利用飞桨搭建神经网络，进行新闻标题的分类。图 6-13 为该项目代码的主要模块构成：

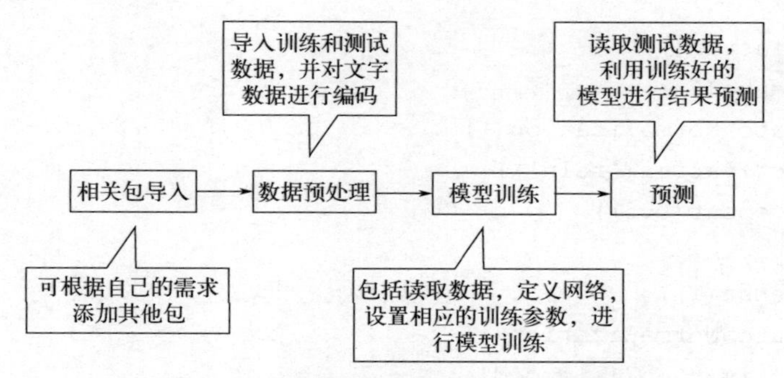

图 6-13　新闻标题分类项目代码主要模块

下面对各模块进行更详细的介绍：

（3）相关包导入

导入 Paddle 以及其他所需的包。

```
import os
from multiprocessing import cpu_count
import numpy as np
import paddle
import paddle.fluid as fluid
```

（4）数据预处理

中文语料预处理包含了以下操作：数据导入、数据清洗、中文分词、去停用词、特征处理（TF-IDF 权重计算），本节不作重点。以下仅为数据读取过程的代码展示：

```
#将传入数据由字符串转换为数字
def data_mapper(sample):
    data, label = sample
    val = [int(w) for w in data.split(",")]
    return val, int(label)

#创建读取器 train_reader, 每次读取一行编码后的数据
def train_reader(train_file_path):
    def reader():
        with open(train_file_path, "r") as f:
            lines = f.readlines()
            np.random.shuffle(lines)
            for line in lines:
                data, label = line.split("\t")
                yield data, label

    return paddle.reader.xmap_readers(data_mapper, #reader 数据函数
                                      reader,      #产生数据到 reader
                                      cpu_count(), #处理样本的线程数（和
                                          cpu 核数一样）
                                      1024)  #数据缓冲队列大小


#创建数据读取器 test_reader
#和 train_reader 读取源文件不同之处为不需要随机打乱数据
...
```

（5）模型训练与评估之定义模型

以下为神经网络、损失函数、优化器、执行器的定义过程。此处神经网络为第4章介绍的自定义卷积神经网络，读者可自行扩充删减（此外，读者亦可尝试利用第4章详细介绍的循环神经网络来实现该任务）。

```
    #定义网络
    def CNN_net(data, dict_dim, class_dim=10, emb_dim=128, hid_dim=128,
hid_dim2=98):
        emb = fluid.layers.embedding(input=data, size=[dict_dim, emb_dim])
        conv_1 = fluid.nets.sequence_conv_pool(input=emb,
                                               num_filters=hid_dim,
                                               filter_size = 3,
                                               act="tanh",
                                               pool_type = "sqrt")
        ...
        output = fluid.layers.fc(input=[conv_1, conv_2], size=class_dim, act =
"softmax")
        return output

    model = CNN_net(words, dict_dim)

    cost = fluid.layers.cross_entropy(input=model, label=label) #定义损失函数
    avg_cost=fluid.layers.mean(cost)

    optimizer = fluid.optimizer.AdagradOptimizer(learning_rate=0.002) #定义优化器
    opt=optimizer.minimize(avg_cost)

    #创建执行器
    place = fluid.CUDAPlace(0)
    exe=fluid.Executor(place)
    exe.run(fluid.default_startup_program())
```

（6）模型训练与评估之训练模型

以下为模型的训练和保存过程：

```
    #读取模型
    place = fluid.CPUPlace()
    exe = fluid.Executor(place)
    exe.run(fluid.default_startup_program())

    infer_program, feeded_var_names, target_var = \
       fluid.io.load_inference_model(dirname=model_save_dir, executor=exe)

    #生成测试数据
    texts=[]
    data1=get_data("新能源行情行至中流 乘风破浪还是浪遏飞舟？基金公司与产业资本仍在积极布
局")
    data2=get_data("某公众人物牵扯进违法犯罪调查中")
    texts.append(data1)
    texts.append(data2)
    base_shape=[[len(c) for c in texts]]
    tensor_words=fluid.creat_lod_tensor(texts, base_shape, place)
```

```
#进行预测
result=exe.run(program=infer_program,
                feed={feeded_var_names[0]:tensor_words},
                fetch_list=target_var)

names = ["文化", "娱乐", "体育", "财经", "房产", "汽车", "教育", "科技", "国际
", "证券"]

for i in range(len(texts)):
    lab=np.argsort(result)[0][i][-1]
    print("预测结果：%d，名称：%s，概率：%f" %
        (lab, names[lab], result[0][i][lab]))
```

（7）预测

在模型训练完成后，利用保存的模型和自定义的测试数据进行模型测试。

```
for pass_id in range(EPOCH_NUM):
    for batch_id, data in enumerate(train_reader()):
        train_cost, train_acc = exe.run(program=fluid.default_main_program(),
                                        feed=feeder.feed(data),
                                        fetch_list=[avg_cost, acc])
#保存模型
fluid.io.save_inference_model(model_save_dir,
                              feeded_var_names=[words.name],
                              target_vars=[model],
                              executor=exe)
```

本章小结

本章从 Python、机器学习平台、深度学习平台三个方面概述了人工智能开发平台的现状，目前已经有许多成熟的平台可以供读者直接使用。平台之间往往各有优势，例如机器学习全能王 Scikit-Learn、对新人友好的 Keras、主打科研界的 PyTorch、主打工业界的 TensorFlow 和国产新星 PaddlePaddle 等。每个平台都有完整丰富的说明文档供读者参考，它们为人工智能算法的发展和落地应用起到了不可磨灭的作用。

习题

1. 波士顿房价数据集统计的是 20 世纪 70 年代中期波士顿郊区房价的中位数，统计了不动产税、城镇人均犯罪率等共计 13 个指标。请使用 Scikit-Learn 找到这些指标与房价的关系，实现波士顿数据集的房价预测。（注：Scikit-Learn 中自带该数据集）

2. Z-Alizadeh sani 数据集[1]包含 303 名患者的记录，每个患者有 54 个特征。每

答案

[1] https://archive.ics.uci.edu/ml/datasets/extention+of+Z-Alizadeh+sani+dataset#

个患者可能分为两类：冠心病或正常。如果患者的直径变窄大于或等于 50%，则将其归类为 CAD，否则视为正常。请用逻辑回归或其他方法分析患者患病的可能性。

3. 请利用任意一种深度学习框架，完成深度学习网络 ResNet18 的手动搭建，网络结构如图 6-14 所示。

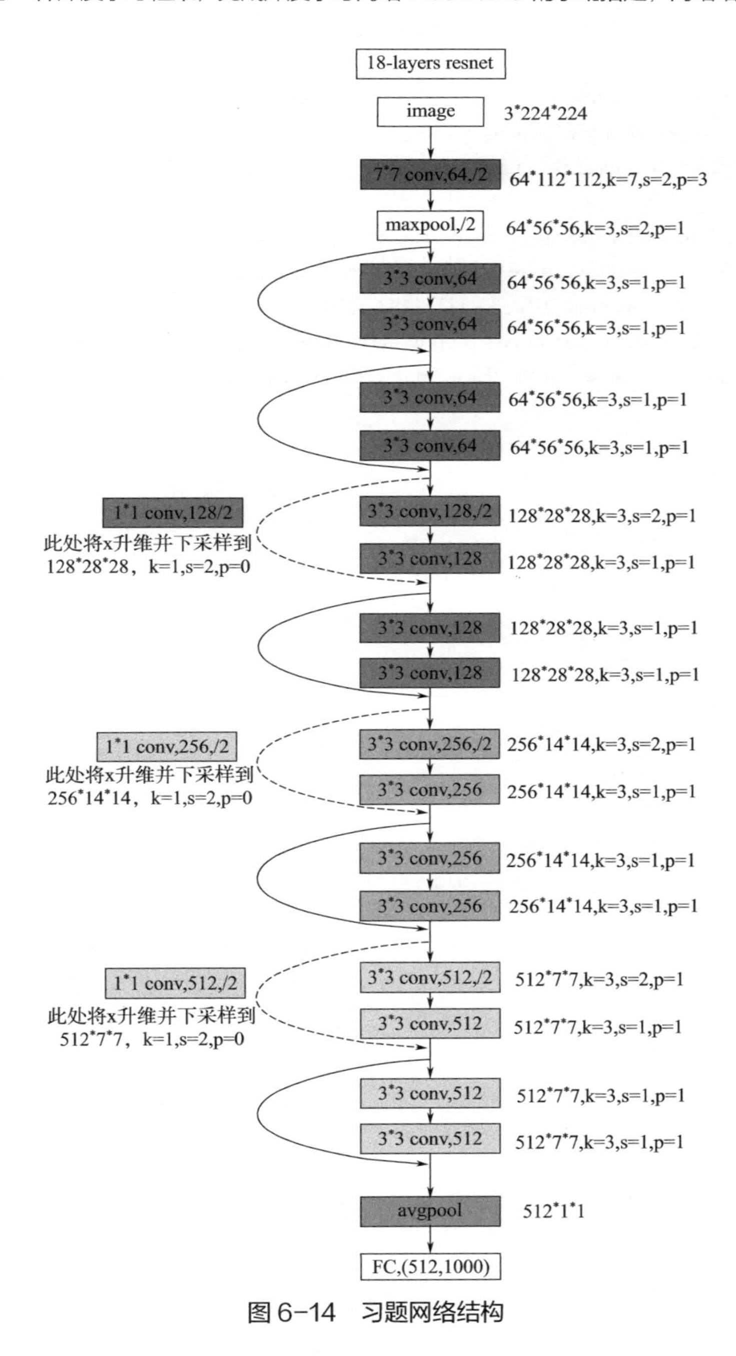

图 6-14　习题网络结构

4. 基于上一题搭建的网络和数据集 CIFAR-10[1]，实现图像的十分类任务。

5. （选做）请尝试复现以下工作，可参考文内给出的开源代码。

[1] http://www.cs.toronto.edu/~kriz/cifar.html

（Gu Z, Cheng J, Fu H, et al. Ce-net: Context encoder network for 2d medical image segmentation[J]. IEEE transactions on medical imaging, 2019, 38(10): 2281-2292.）

本章参考文献

[1] NumPy 中文网[OL]. [2022-09-19]. https://www.numpy.org.cn.

[2] pandas[OL]. [2022-09-19]. https://pandas.pydata.org.

[3] McKinney W. Python for data analysis: Data wrangling with Pandas, NumPy, and IPython[M]. " O'Reilly Media, Inc.", 2012.

[4] scikit-learn[OL]. [2022-09-19]. https://scikit-learn.org/stable/index.html.

[5] Fu H, Cheng J, Xu Y, et al. Disc-aware ensemble network for glaucoma screening from fundus image[J]. IEEE transactions on medical imaging, 2018, 37(11): 2493-2501.

[6] Yin F, Liu J, Ong S H, et al. Model-based optic nerve head segmentation on retinal fundus images[C]//2011 Annual International Conference of the IEEE Engineering in Medicine and Biology Society. IEEE, 2011: 2626-2629.

第 7 章

人工智能应用及展望

本章导读

2018 年 11 月 19 日美国商务部工业和安全局(bureau of industry and security of U.S. department of commerce，BIS) 出台了一份针对关键新兴技术和相关产品的出口管制框架，其中人工智能领域中自然语言处理、计算机视觉、机器人等都在该清单上。如图 7-1 所示，本章主要介绍了人工智能在自然语言处理、图像处理、机器人、视频理解、元宇宙五个领域的发展概况并展望了人工智能未来的研究热点。首先从自然语言处理应用概念出发，介绍了基于基础技术和基于应用技术两个人工智能研究方向，紧接着介绍了基于人工智能的图像增强、图像复原等不同的图像处理任务。在人工智能与机器人小节中，简单阐述了机器人的概念、发展阶段以及类型。视频理解则围绕动作识别、时序动作定位以及视频向量化展开了具体介绍。在基于人工智能的元宇宙应用中，简单地介绍了元宇宙的概念以及其基础技术。最后对人工智能的未来发展进行展望。

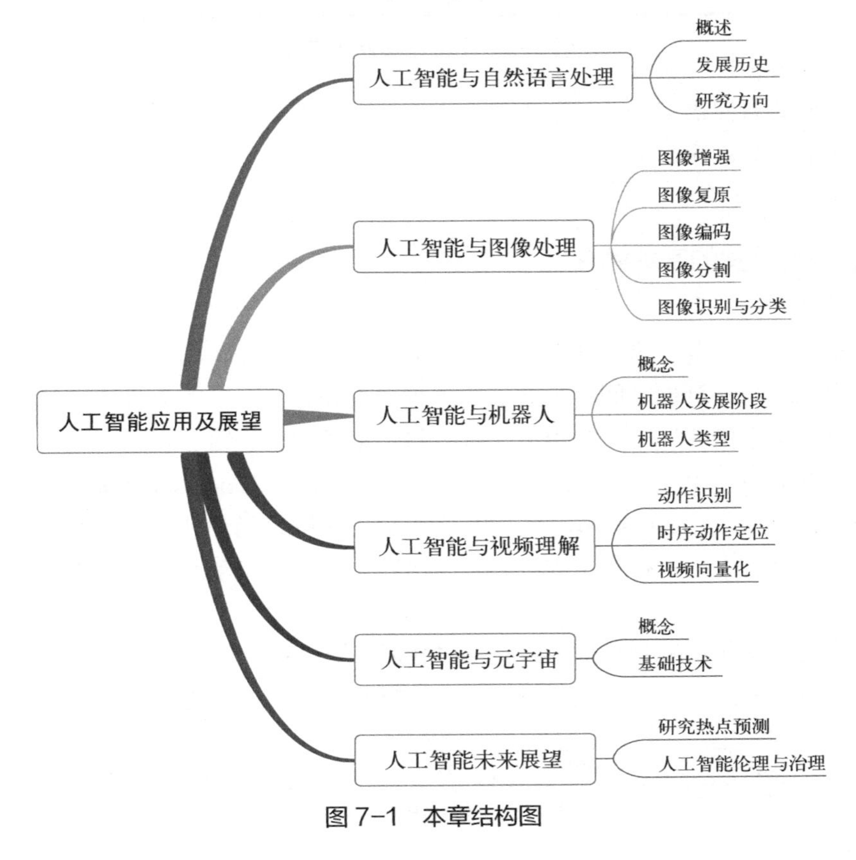

图 7-1　本章结构图

7.1 ➲ 人工智能与自然语言处理

自然语言是随着人类社会发展自然而然演变而来的语言，如人们日常使用的汉语、英语、俄语、法语等，它是人类学习生活的重要工具。不同于程序设计语言这类人工设计的语言，自然语言是在人类社会发展中约定俗成的。在整个人类历史上以语言文字形式记载和流传的知识占到知识总量的 80%以上。据统计，大约 85%的计算机应用都与语言文字信息处理有关，包括理解、转化、生成等过程。自然语言处理（natural language processing，NLP）是指用计算机对自然语言的形、音、义等信息进行处理，即对输入的字、词、句、段、篇章进行输出、识别、分析、理解、生成等操作或加工。本书将自然语言处理简单定义为，自然语言处理是指使机器具有理解并解释人类说话和写作等的能力，终极目标是让机器在理解语言方面像人类一样智能，弥补人类交流（自然语言）和计算机理解（机器语言）之间差距，见图 7-2。

图 7-2　自然语言处理定义

本节集中介绍自然语言处理的基本概念、自然语言处理的发展历史、自然语言处理的研究方向、自然语言处理应用与发展趋势。

7.1.1　自然语言处理的基本概念

从学科角度来看，自然语言处理是一门交叉学科，涉及计算机科学、人工智能以及语言学，研究能实现人与计算机之间有效通信的各种理论和方法。自然语言处理的具体表现形式包括机器翻译、文本摘要、文本分类、文本校对、信息抽取、语音合成、语音识别等。自然语言处理主要涉及两个流程：自然语言理解（natural language understanding，NLU）和自然语言生成（natural language generation，NLG）。自然语言理解是指使计算机能够理解自然语言文本的意义，自然语言生成是指利用人工智能和语言学的方法自动地生成人类可理解的自然语言文本。

自然语言的理解和分析是一个层次化的过程。语言学家通常把这一过程划分为五个层次，分别是语音分析、词法分析、句法分析、语义分析和语用分析，见图 7-3。

语音分析 → 词法分析 → 句法分析 → 语义分析 → 语用分析

图 7-3　自然语言理解层次

语音分析是根据音位规则，从语音流中分离出一个个独立的音素，并基于音位形态规则找出音节及其对应的词素或词。

词法分析是找出词汇的各个词素，从中获得语言学的信息。

句法分析是对句子或短语的结构和功能进行分析，目的是要找出词、短语等之间的相互关系及其在句中分别扮演的角色。

语义分析是确定每个词汇含义、结构意义及其结合意义，从而确定语言所表达的含义。

语用分析是研究语言所存在的外界环境（情景）对语言使用者所产生的影响。

在自然语言处理领域，研究学者通常普遍采用图灵测试（图灵测试的介绍，读者可自行阅读第 1 章中有关内容）作为基准测试来判断计算机是否能够理解某种自然语言，具体的判别标准有以下四条：

① 问答：机器人能对输入文本中的有关问题给出正确回答；

② 文摘生成：机器有能力对输入文本生成对应的摘要；

③ 释义：机器能用不同的词语和句型组合来复述输入的文本；

④ 翻译：机器具有把一种语言自动翻译成另一种语言的能力。

7.1.2 自然语言处理的发展历史

自然语言处理的发展历史最早可以追溯到 17 世纪。当时哲学家莱布尼茨等对跨越不同语言的通用字符进行探索，认为可以将人类思想归约为基于通用字符的运算。虽然这一观点在当时还只是理论上的，但却为自然语言处理技术的发展奠定了基础。与人工智能发展类似，自然语言处理发展也经历了三个阶段：基于规则的方法（理性主义）、基于统计的方法（经验主义）、基于深度学习的方法，见图 7-4。在第 1 章中已经对自然语言理解发展历史进行了简略介绍，本章对自然语言处理进行系统的梳理。

第一阶段（20 世纪 50 年代到 70 年代）：基于规则的方法，又称理性主义方法，是指语言专家按照语法体系构建规则模板，然后建立词汇、句法语义分析、问答、聊天和机器翻译系统。其优点是可以利用人类的领域知识，不依赖数据，研究起步快；不足是制定的规则不可能覆盖所有语句，对开发者的计算机和语言学背景要求极高，实用化较差。该阶段代表性研究成果有 1952 年 Bell 实验室研发的语音识别系统；1956 年，Chomsky 受有限状态马尔可夫过程算法的思想启发，提出了上下文无关语法，首次将有限状态自动机作为一种工具来刻画语言的语法，其主要采用代数和集合论把形式语言定义为符号的序列，每个字符串可以被视为由有限自动机产生的符号序列；1967 年美国心理学家 Neisser 提出认知心理学的概念，建立了自然语言处理与人类的认知之间的关联。

第二阶段（20 世纪 70 年代到 21 世纪初）：基于统计的方法，是指根据概率统计方法建立统计语言模型，揭示语言中各种成分之间关系的统计规律，并用来分析或生成自然语言的语句。随着计算机的处理速度提升和存储量增加，在硬件层面提供了支持，互联网的高速发展也使得基于自然语言的信息检索和信息抽取的需求变得更加突出。这一发展阶段代表性成果有在 20 世纪 80 年代初，基于隐马尔可夫模型（hidden markov model，HMM）的统计方法在语音识别领域的成功应用；Bengio 等人于 2001 年提出的神经语言模型。

第三个阶段（2008 年至今）：基于深度学习的方法，从 2008 年到现在，深度学习在语音和图像领域取得突破性进展，研究学者逐渐采用深度学习来做自然语言处理研究（本书第 4 章对深度学习理论有着详细介绍，感兴趣的读者可以自行阅读）。这一发展阶段代表性的研究成果包括 Mikolov 等人在 2013 年提出的的词嵌入（word embedding）方法，将深度学习与自然语言处理的结合研究推向了一个高潮，并成功应用于机器翻译、问答系统等领域；同年，循环神经网络、卷积神经网络和递归神经网络这三种经典的神经网络模型逐渐被用于处理不同自然语言处理任务。2014 年，Sutskever 等人提出了序列到序列学习模型（sequence-to-sequence models），是一种使用神经网络将一个序列映射到另一个序列的框架。2015 年，Bahdanau 等人提出了注意力机制并成为神经网络模型的核心组件，并应用于各类自然语言处理任务；2015 年研究学者首次提出了预训练语言表示模型（pre-trained language representation model），在大规模无监督的语料库上进行长时间的无监督或者自监督的预训练（pre-training），获得通用的语言建模和表示能力。随后应用到实际任务时对模型不需要做大的改动，只需要在原有语言表示模型上增加输出特定任务结果的输出层，并使用任务语料库对模型进行少许训练即可，这一步骤被称作微调（fine-tuning）。Vaswani 等人于 2017 年提出的 Transformer 架构的基础就是注意力机制，推动了基于深度学习的自然语言处理预训练语言大模型研究热潮。2018 年以来，GPT、BERT 等一系列预训练语言模型在许多自然语言处理任务上都展现出了远远超过传统模型的效果，特别是美国 OpenAI 公司在 2022 年发布的 ChatGPT（chat generative pre-trained transformer）在自然语言处理任务中表现十分出色，受到了广泛的关注。

第 4 章介绍的预训练语言表示模型也属于语言大模型一个研究子方向，感兴趣读者可以自行阅读。

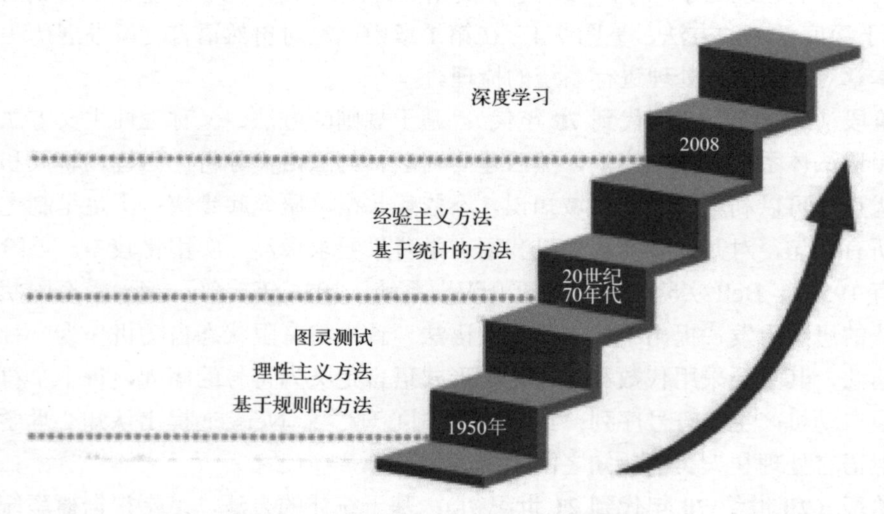

图 7-4　自然语言处理三个发展阶段

7.1.3　自然语言处理的研究方向

目前自然语言处理的研究大致可分为基础性创新研究和应用性创新研究两部分。基础性创新研究主要涉及语言学、数学、计算机学科等领域，其对应的技术有消除歧义、语法形式化等。应用性创新研究则主要集中在自然语言处理应用领域，例如信息检索、文本分类、机器翻译等。从研究周期来看，除语言资源库建设以外，自然语言处理技术的开发周期普遍较短，基本为1～3年。由于涉及自然语言文本的采集、存储、检索、统计等，语言资源库的建设较为困难，搭建周期较长，一般在10年左右，例如北京大学计算语言所完成的《现代汉语语法信息词典》以及《人民日报》的标注语料库，都经历了10年左右的时间才成功构建。同时，自然语言处理技术的快速发展离不开国家的支持包括各种扶持政策和资金资助。

鉴于自然语言处理涉及众多研究领域和技术，我们参考中国中文信息学会的分类方式，将自然语言研究方法分为自然语言处理基础技术和自然语言处理应用技术（表7-1），本节将选择性介绍其中部分技术。

表7-1　自然语言处理技术

基础技术	应用技术
语法与句法技术、语义分析、语篇分析、知识图谱、语言认知模型	机器翻译、信息检索、情感分析、自动问答、自动文摘、信息抽取、文字识别、文本分类与聚类

7.1.3.1　自然语言处理基础技术

本节介绍自然语言处理基础技术包括词法、句法及语义分析、知识图谱和语言认知模型等。

（1）词法、句法及语义分析

自然语言处理中的自然语言句子级分析技术，可以大致分为词法分析、句法分析、语义分析三个层面。

第一层面：词法分析（lexical analysis），包括汉语分词和词性标注两部分，其任务包括分词、词性标注、命名实体识别和词义消歧，其中词性标注和词义标注是主要任务。

分词是汉语处理的重要基础，汉语分词任务的目标是将输入的句子从汉字序列切分为词序列。词性是词汇的基本属性，词性标注就是在给定句子中判断每个词的语法范畴，确定其词性并进行标注。

词义标注的重点就是解决如何确定多义词在具体语境中的义项问题。通常有基于规则和基于统计两种方法。

命名实体识别的主要任务是识别文本中具有特定意义的词语如人名、地名等，并为其添加标注，是自然语言处理的一个重要工具。

词汇的歧义性是自然语言的固有特征。词义消歧根据一个多义词在文本中出现的上下文环境来确定其词义，是各项自然语言处理的基础步骤和必经阶段。词义消歧一般包含两个步骤:①在词典中描述词语的意义；②在语料中进行词义自动消歧。

第二层面：句法分析（syntactic parsing），是对输入的文本句子进行分析从而得到句子的句法结构和组成句子的各成分的处理过程。此外，对句法结构进行分析，除了满足语言理解的自身需求，也可为其他自然语言处理任务提供支持。句法分析通常有完全句法分析和浅层句法分析两种。其中，完全句法分析是通过一系列的句法分析过程最终得到一个句子完整的句法树。浅层句法分析又称作部分句法分析或语块分析，它只要求识别出句子中某些结构相对简单的成分如动词短语、非递归的名词短语等，这些结构被称为语块。根据句法结构的表示形式不同，最常见的句法分析任务可以分为以下三种：①短语结构句法分析（phrase-structure syntactic parsing），该任务也被称作成分句法分析（constituent syntactic parsing），作用是识别出句子中的短语结构以及短语之间的层次句法关系；②依存句法分析（dependency syntactic parsing），作用是识别句子中词汇与词汇之间的相互依存关系；③深层文法句法分析，作用是利用深层文法对句子进行深层的句法以及语义分析，例如词汇功能文法、组合范畴文法等。

第三层面：语义分析（semantic parsing），是指根据句子的句法结构和句子中每个实词的词义来推导出能够反映这个句子意义的某种形式化表示，或指利用人工智能技术去学习和理解文本所表示的语义内容。语义分析的最终目的是理解句子表达的真实语义，是一个广泛的概念，因为任何对语言的理解都可以归为语义分析的范畴。一段文本通常由词、句子和段落来构成，根据理解对象的语言单位不同，语义分析又可进一步分解为词汇级语义分析、句子级语义分析以及篇章级语义。语义分析一直是自然语言处理领域的核心问题，它能促进其他自然语言处理任务的发展，比如语义分析在机器翻译任务中有着重大的应用，在过去 20 多年的发展历史中，统计机器翻译主要经历了基于词、基于短语和基于句法树的翻译模型，同时词汇级语义分析已经应用于统计机器翻译，并取得一定的性能提升。然而，语义分析技术目前还处于发展阶段，运用统计方法和深度学习技术获取语义信息的研究颇受关注，常见的有词义消歧和浅层语义分析。

（2）知识图谱

2012 年，著名科技公司 Google 推出 Google 知识图谱服务功能，并将其应用在搜索引擎中从而增强搜索能力，改善搜索质量和搜索体验，这是“知识图谱”（knowledge graph，KG）术语的由来，标志着大规模知识图谱在互联网语义搜索中的成功应用。

知识图谱旨在描述客观世界的概念、实体、事件及其之间的关系，或是为了表示知识，描述客观世界的概念、实体、事件等之间关系的一种表示形式，如图 7-5 所示。其中，概念是指人们在认识世界过程中形成对客观事物的概念化表示，如人、动物。实体是客观世界中的具体事物，如科技公司华为和百度等。事件是发生在某个特定时间或时间段、某个特定地域范围内，由一个或者多个角色参与的一个或多个动作组成的事情或者状态的改变，如地震。

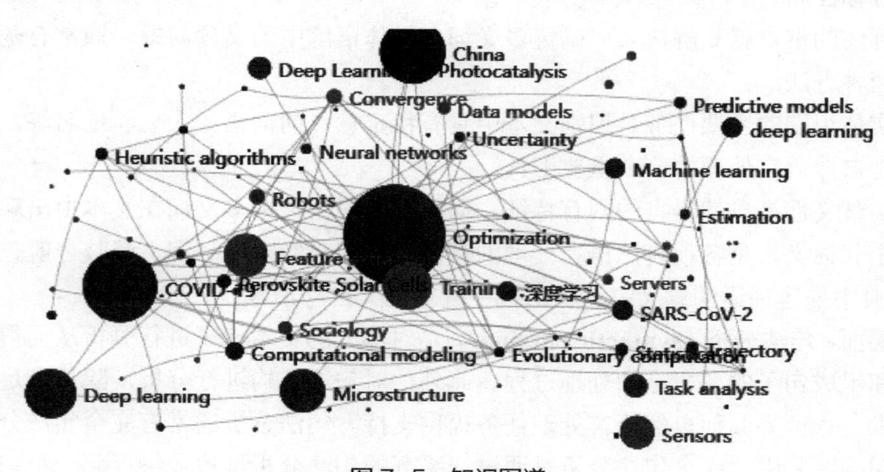

图 7-5　知识图谱

关系描述概念、实体、事件之间客观存在的关联关系，如“大学老师”与“南方科技大学老师”之间的关系是概念和子概念之间的关系。

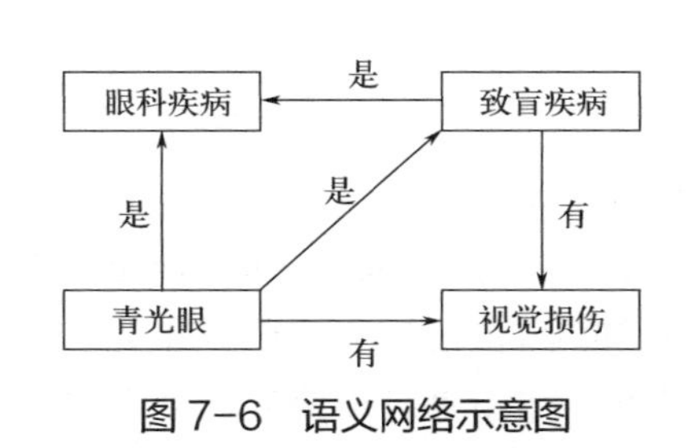

图 7-6 语义网络示意图

知识图谱这一概念的起源可以追溯至语义网络——20 世纪五六十年代提出的一种知识表示形式。语义网络由节点和边组成，节点表示的是概念或对象，边表示各个节点之间的关系，其中节点与边之间相互连接，如图 7-6 所示。

知识图谱的表现形式与语义网络相似，不同的是，语义网络侧重于关注概念与概念之间的关系，而知识图谱侧重于表示实体之间的关系。知识图谱中包含的节点有以下几种。

实体：独立存在且具有某种区别性的事物。如一个人、一种植物等。具体的事物就是实体所代表的内容，实体是知识图谱中的最基本元素，不同的实体间有不同的关系。

语义类：具有同种特性的实体构成的集合，如人类、国家等。概念主要指集合、类别、对象类型、事物的种类，例如人物、地理等。

内容：通常是实体和语义类的名字、描述、解释等，表现形式一般有文本、图像、音视频等。

属性（值）：主要指对象指定属性的值，不同的属性类型对应于不同类型属性的边。

关系：在知识图谱中，指一个将节点（实体、语义类、属性值）映射到布尔值的函数。

知识图谱技术是指在建立知识图谱过程中需要采用的技术，包括知识表示、知识图谱构建和知识图谱应用，融合认知计算、知识表示与推理、信息检索与抽取、自然语言处理与语义 Web、数据挖掘与机器学习等交叉技术。其中，知识表示是研究客观世界的知识如何在计算机里表示和处理，知识图谱构建是解决如何建立计算机的算法从客观世界或者互联网的各种数据资源中获取客观世界知识，知识图谱应用是研究如何利用知识图谱更好地解决实际应用问题。可以看出，知识图谱表示、构建和应用是一项综合性的复杂技术，涉及自然语言处理中的各项技术。

（3）语言认知模型

认知语言学（cognitive linguistics）是认知科学（cognitive science）与语言学交叉的一个研究分支，主要研究人脑的思维、心智、智能、推理和认识等认知机理及人脑对语言进行分析和理解过程。目前，学术界内对认知语言学还没有一个严谨的定义。认知语言学家王寅教授将认知语言学定义为：“坚持体验哲学观，以身体体验和认知为出发点，以概念结构和意义研究为中心，着力寻求语言事实背后的认知方式，并通过认知方式和知识结构等对语言做出统一解释的、新兴的、跨领域的学科”。语言认知计算模型就是刻画人脑语言认知和理解过程的形式化模型，目标是建立可计算的、复杂度可控的数学模型，以便在计算机系统上实现对人脑语言理解过程的模拟实现所谓的“类脑语言信息处理”。认知语言模型和类脑信息处理都是比较宽泛的概念，主要内容归纳为两大类别：人脑处理语言的认知机理和类脑语言信息处理方法。

7.1.3.2　自然语言处理应用技术

自然语言处理应用技术涵盖内容范围广，本节集中介绍日常生活常用到自然语言处理应用技术包括机器翻译、信息检索、情感分析、自动问答、自动文摘、信息抽取、语音识别、语音合成等。

（1）机器翻译

机器翻译（machine translation，MT）是指利用计算机程序实现从一种自然语言到另外一种自然语言的自动翻译。其中，被翻译的语言称为源语言（source language），翻译到的语言称作目标语言（target language）。人们通常习惯于感知（听、看和读）自己母语的声音和文字，很多人甚至只能感知自己的母语，因此，机器翻译在现实生活和工作中具有重要的社会需求。机器翻译研究的目标就是建立有效的自动翻译方法、模型和系统，打破语言壁垒，最终实现任意时间、任意地点和任意语言的自动翻译，完成人们无障碍自由交流的梦想。从理论角度来看，机器翻译是一门交叉学科，涉及到语言学、计算语言学、人工智能、认知语言学等多个学科，具有十分重要的研究意义，不仅利于推动相关学科的发展，例如脑科学，也能辅助其他自然语言处理任务。从应用角度来看，社会和个人对机器翻译需求都很大，例如“一带一路”倡议是我国与周边国家发展政治、经济，进行文化交流的途径。据统计，“一带一路”倡议涉及 60 多个国家、44 亿人口、53 种语言，机器翻译技术在“一带一路”倡议实施中扮演着重要的角色。

近年来，随着人工智能的第三个发展阶段研究进入高潮，机器翻译技术研究也进入爆发期，已经走进人们的日常生活，在很多特定领域为满足各种社会需求发挥了重要作用，例如商贸、体育。机器翻译的研究分类有许多种。按照研究技术路线，机器翻译技术可分为基于规则的翻译方法和基于语料库的翻译方法。基于语料库的方法又可进一步划分为基于实例的翻译方法（example-based machine translation）、统计翻译方法（statistical machine translation）和基于深度学习的翻译方法（deep-learning based machine translation）。由于深度学习的强大表征学习能力，基于深度学习的方法逐渐成为机器翻译领域的研究热点。按照媒介又可以将机器翻译分为文本翻译、语音翻译、图像翻译以及视频和 VR 翻译等。在文本翻译方面，国外的 Google、Microsoft 与国内的科大讯飞、百度、网易等公司都开发了多语言机器翻译系统并免费给用户使用。用户将源语言文字输入其软件中，便可迅速翻译出目标语言文字。Google 公司的机器翻译系统主要关注以英语为中心的多语言翻译，百度公司的机器翻译系统则关注以英语和汉语为中心的多语言翻译。科大讯飞、百度等公司在语音翻译方面也有很多探索。如科大讯飞推出的“讯飞语音翻译”系列产品，以及与新疆大学联合研发的维汉机器翻译软件，可以用于识别维吾尔语和汉语，实现双语即时互译等功能。

近年来，图像翻译领域也有不俗的进展，谷歌、微软、Facebook 和百度均拥有能够让用户搜索或者自动整理没有识别标签照片的技术。图像翻译技术的进步远不局限于社交类应用，比如医疗创业公司可以利用计算机阅览 X 光图像、核磁共振成像和计算机断层扫描图像，阅览的速度和准确度都将有可能超过放射科医师，或可辅助放射科医师更高效阅览医学图像。除此之外还有视频翻译和 VR 翻译也在逐渐应用中，但是目前这些的应用处于尝试阶段。

（2）信息检索

信息检索（information retrieval, IR）是 Calvin Mooers 在 1951 年提出来的，是指将信息

按一定的方式组织，并通过信息查找满足用户的信息需求的过程和技术。互联网中的导航工具——搜索引擎可以看作是一种特殊的信息检索系统。检索用户、信息资源和检索系统三个主要组件组成了信息检索应用环境下知识获取与信息传递的完整结构，其中，影响信息获取效率的因素主要体现在以下环节，即检索用户的意图表达、信息资源的质量度量、需求与资源的合理匹配。具体而言，用户有限的认知能力导致其知识结构相对大数据时代的信息环境而言往往存在缺陷，进而影响信息需求的合理组织和清晰表述；数据资源的规模繁杂而缺乏管理，致使检索系统难以准确感知其质量；用户与资源提供者的知识结构与背景不同，对于相同或者相似事物的描述或认知往往存在较大差异，使得检索系统传统的内容匹配技术难以很好处理，无法准确度量资源与需求的匹配程度。上述技术挑战，本质上反映了用户个体有限的认知能力与包含近乎无限信息的数据资源空间之间的不匹配问题。综上，信息检索主要有四个关键问题需要研究：信息需求理解、资源质量度量、结果匹配排序、信息检索评价。

（3）情感分析

情感分析（sentiment analysis），是指通过计算技术对文本的主客观性、观点、情绪、极性的挖掘和分析，对文本的情感倾向做出分类判断。情感分析是一个经典的交叉学科研究问题，涉及统计学、语言学、心理学、人工智能、社会学等学科。简单地讲，情感分析研究的目标是建立一个有效的分析方法、模型和系统，分析某个对象的情感信息，例如观点倾向、态度、主观观点或喜怒哀乐等情绪表达。第 3 章与第 4 章介绍的人工智能的机器学习与深度学习算法都可以用于情感分析。情感分析在某些领域上（例如产品评论、影评、宾馆评价、餐馆评价等）已经取得了相对成熟的发展和应用。例如，观影人群在某网站购买了电影《长津湖》或《流浪地球 2》影票，看过电影之后，他们通常会给影评，通过情感分析技术可以分析这些影评是积极还是消极的，根据一定的排序规则和显示比例在评论区显示。这个场景也适用于电商网站的商品评价。除此之外，情感分析在互联网舆情分析中情感分析起着举足轻重的作用，网民的大量涌入使得互联网的声音纷繁复杂，利用情感分析技术获取民众对于某一事件的观点和意见，准确把握舆论发展趋势，并加以合理措施引导显得极为重要。

（4）自动问答

自动问答（question answering, QA）问题的研究历史可以溯源到 1950 年，人工智能之父阿兰图灵在期刊 *Mind* 上发表了文章 *Computing Machinery and Intelligence*，文中提出通过让机器参与一个模仿游戏（imitation Game）来验证“机器”能否“思考”，进而提出了经典的图灵测试（turing test），用以检验机器是否具备智能。在自然语言处理研究领域，问答系统被认为是验证机器是否具备自然语言理解能力的四个任务之一（其它三个是机器翻译、复述和文本摘要）。自动问答是指利用计算机自动回答用户所提出的问题以满足用户知识需求的任务。不同于搜索引擎，问答系统是信息服务的一种高级形式，系统返回用户的不再是基于关键词匹配排序的文档列表，而是较为准确的自然语言答案。自动问答过程涉及了词法句法语义分析，信息检索、知识工程、文本生成等自然语言处理技术。传统的自动问答基本集中在某些限定专业领域，但是随着互联网的发展和大规模知识库语料库的建立，面向开放领域和开放性类型问题的自动问答研究越来越受到关注。根据目标数据源的不同，问答技术大致可以分为检索式问答、社区问答以及知识库问答三种。检索式问答研究伴随搜索引擎的发展不断推进，可分为基于模式匹配的问答方法和基于统计文本信息抽取的问答方法。社区问答的核心问题是从大规模历史问答对话数据中找出与用户提问问题语义相似的历史问题并将其答案返回提问用户。

（5）自动文摘

自动文摘是指通过利用计算机程序自动分析给定的一篇文档或多篇文档，提炼、总结其中的要点信息，最终输出一篇长度较短、可读性良好的摘要，该摘要中的句子可直接出自原文，也可重新撰写所得。生成的文摘一般具有压缩性、内容完整性和可读性等特点。自动文摘分类见表 7-2 所示。

自动文摘方法从实现方式上考虑可分为抽取式摘要（extractive summarization）和生成式摘要（abstractive summarization）。

抽取式摘要方法相对比较简单，即不同文档中提取一些关键的句子，合成摘要。抽取式摘要方法目前已经相对成熟，但是抽取质量及内容流畅度都不够理想。生成摘要式方法通常需要利用自然语言理解技术对文本进行语法、语义分析，对信息进行融合，利用自然语言处理技术生成新的摘要句子。目前主流自动文摘研究工作大致遵循如下技术框架：

内容表示 → 权重计算 → 内容选择 → 内容组织

首先将原始文本表示为便于后续处理的表达方式，然后由模型对不同的句法或语义单元进行重要性计算，再根据重要性权重选取一部分单元，经过内容上的组织形成最后的摘要。

表 7-2 自动文摘分类

<table>
<tr><th>分类依据</th><th colspan="6">类别</th></tr>
<tr><td>摘要功能</td><td colspan="2">指示摘要</td><td colspan="2">信息摘要</td><td colspan="2">评价摘要</td></tr>
<tr><td>与原文档关系</td><td colspan="3">抽取（extraction）</td><td colspan="3">摘要（abstraction）</td></tr>
<tr><td>对象</td><td colspan="3">单文档摘要</td><td colspan="3">多文档摘要</td></tr>
<tr><td>基于用户类型</td><td colspan="3">主题摘要</td><td colspan="3">普通摘要</td></tr>
<tr><td>机器学习角度</td><td colspan="3">有指导的摘要</td><td colspan="3">无指导的摘要</td></tr>
</table>

（6）信息抽取

信息抽取研究可以追溯到 20 世纪 60 年代，以美国纽约大学开展的 Linguish String 项目和耶鲁大学 Roger Schank 及其同事开展的有关故事理解的研究为代表。信息抽取（information extraction，IE），即从自然语言文本中，抽取出特定的事件或事实信息，帮助我们将海量内容自动分类、提取和重构。信息抽取主要包括三个子任务：关系抽取、命名实体识别、事件抽取。命名实体识别的目的是识别文本中指定类别的实体，主要包括人名、地名、机构名等专有名词。关系抽取是检测和识别文本中实体之间的语义关系。这些关系通常是二元关系，如子女关系、就业关系、部分—整体关系和地理空间关系。事件抽取指的是从非结构化文本中抽取事件信息，并将其以结构化形式呈现出来。

（7）语音识别

语音识别，通常称为自动语音识别（automatic speech recognition，ASR），主要是将人类语音中的词汇内容转换为计算机可读的输入，一般都是可以理解的文本内容，也有可能是二进制编码或者字符序列。简单来说，计算机程序能自动实现语音到文字的转换任务。但是，我们一般理解的语音识别其实是狭义的语音转文字的过程，称为语音转文本识别（speech to text，STT）更合适，正好与语音合成（text to speech，TTS）对应。语音识别在不同应用场景下存在许多类型，比如，从对说话人的要求考虑可分为特定人和非特定人系统；从识别内容考虑可分为孤立词识别和连续语音识别、命令及小词汇量识别和大词汇量识别、规范语言识别和口语识别；从识别的速度考虑还可分为听写和自然语速的识别等。

语音识别也是一门融合多学科知识的前沿技术，覆盖了数学、统计学、声学、语言学、计算机科学、人工智能等学科。语音识别通常与自然语言理解、自然语言生成和语音合成等技术结合在一起，提供一个基于语音的人机交互方法。然而，语音识别技术自诞生以来的半个多世纪，在实际应用过程中一直没有被普遍认可，主要有两点原因：①语音识别的技术自身存在缺陷，其识别精度和速度都达不到实际应用的要求；②业界对语音识别的期望过高，语音识别实际上与键盘、鼠标或触摸屏等应是融合关系，而非替代关系。

早期的语音识别技术多基于信号处理和模式识别方法。随着技术的进步，机器学习方法越来越多地应用到语音识别研究中，特别是深度学习技术，它给语音识别研究带来了深刻变革。语音识别的精度和速度取决于实际应用环境，在安静环境、标准口音、常见词汇场景下的语音识别率已经超过 95%，意味着具备了与人类相仿的语言识别能力，这也是语音识别技术当前发展比较火热的原因，第 4 章中介绍的循环神经网络模型目前已经成为语音识别领域的主流方法之一。随着技术的发展，现在口音、方言、噪声等场景下的语音识别也达到了可用状态，特别是远场语音识别已经随着智能音箱的兴起成为全球消费电子领域应用最为成功的技术之一。由于语音交互提供了更自然、更便利、更高效的沟通形式，语音必定将成为未来最主要的人机互动接口之一。当然，当前技术还存在很多不足，如对于强噪声、超远场、强干扰、多语种、大词汇等场景下的语音识别还需要很大的提升。

（8）语音合成

语音合成（speech synthesis），又称文语转换（text-to-speech，TTS），它是通过机械的、电子的方法产生人造语音的技术，或将任意的输入文本转换成自然流畅的语音输出。语音合成一般包括文本分析与语音信号合成两个步骤，见图 7-7。文本分析主要任务是对输入的任意文本进行分析，输出尽可能多的语言学信息，例如节奏、拼音，为语音信号合成步骤提供必要的信息。语音信号合成包括韵律处理和声学处理两个部分。韵律即是实际语流中的抑扬顿挫和轻重缓急，例如重音的位置分布及其等级差异。韵律处理是文本分析的目的所在，停顿、时长的预测，以及基频曲线的生成都是基于文本分析的结果。声学处理是根据文本分析和韵律处理提供的信息来生成自然语音波形。语音合成技术从早期的共振峰合成，逐步发展为波形拼接合成和统计参数语音合成，再发展到混合语音合成；合成语音的质量、自然度已经得到明显提高，基本能满足一些特定场合的应用需求。目前，语音合成技术已经成功应用于很多领域并影响着人们生活的方方面面。

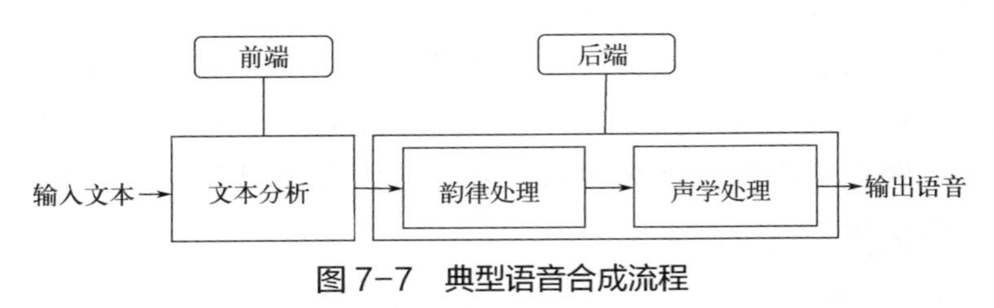

图 7-7　典型语音合成流程

7.2 人工智能与图像处理

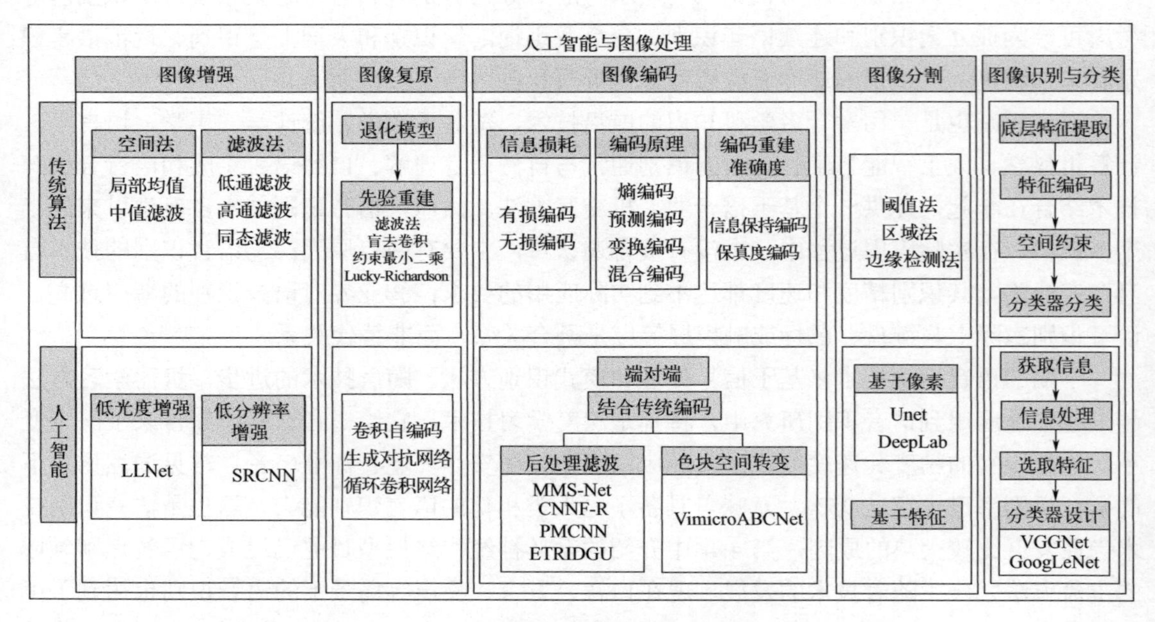

图 7-8 图像处理内容结构框架

在2015年的ImageNet挑战赛中，基于人工智能的图像识别算法的准确率首次超过人类，这是一个里程碑式的突破，从而引发了新一轮人工智能技术在图像处理领域的研究高潮。图像是人类视觉的基础，是对自然景物的一种客观反映的表示，是人类社会活动中最常用的信息载体之一。广义的图像是指具有视觉效果的画面，包括书籍、照片、电视、投影仪或计算机屏幕上的图像。根据图像记录方式，图像可以分为模拟图像和数字图像。模拟图像起源于1826年前后法国科学家Joseph发明的第一张可永久保存的照片。模拟图像可以通过物理量（如光、电等）的强弱变化来记录图像亮度信息。数字图像则可以通过计算机存储的数据来记录图像上各像素点的亮度信息，最早追溯到1921年美国科学家发明的Bartlane System，其将第一幅用离散数字表示亮度的数字图像从伦敦传输到了纽约。

图像处理是将各种途径获得的图像信息通过一定的技术手段转化为数学信息，并且通过计算机程序将数学信息进行数据处理的过程。简单来说，图像处理是指计算机对图像进行分析，以满足现实需求的技术。图像处理技术研究的重点在于图像处理算法与系统结构。随着计算机、集成电路等技术的飞跃发展，图像处理技术在这两方面都取得了长足的发展。但随着图像数据爆炸式增长，传统图像处理技术面临着许多挑战性。如图7-8所示，新一轮以深度学习为代表的人工智能技术与传统图像处理技术相结合，在一些应用领域实现了跨越式发展，例如医疗、安防、物流、交通、金融，时时刻刻改变着人们的生活方式。图像处理涉及很多技术，本节集中介绍图像增强、图像复原、图像编码、图像分割、图像识别与分类。

7.2.1 图像增强

图像增强是数字图像处理常用的技术之一，通过应用计算机或光学设备改善图像视觉效果。它的主要目的是去除图像中的噪声，使边缘清晰以及突出图像中的某些特征。图像增强可对原图像增加一些信息或变换数据，将原来不清晰的图像变得清晰或强调某些感兴趣的特征，扩大图像中不同物体特征之间的差别，抑制不感兴趣或不需要的特征，从而改善图像质量、丰富信息量，从而加强图像识别的效果。

日常生活中，影响图像质量的因素有很多。例如，室外光照不均匀会造成图像灰度过于集中；摄像头获得的图像经过线路传输时会产生噪声污染，使得图像细节模糊。因此，图像分析处理之前需进行图像增强，从而提高图像分辨率，突出细节，使有用信息可以得到充分利用。如图 7-9 所示为用同态滤波技术对医学 X 射线图像进行图像增强，医学 X 射线图像的整体亮度较亮，动态范围较大，但对比度不足，人体的骨骼和其他组织结构成像混叠，边缘细节十分难以观察。经过同态滤波技术增强之后，我们可以发现图像的原始背景亮度被减弱，骨骼相对于原始图像较为清晰，肺部的影像混叠减少。

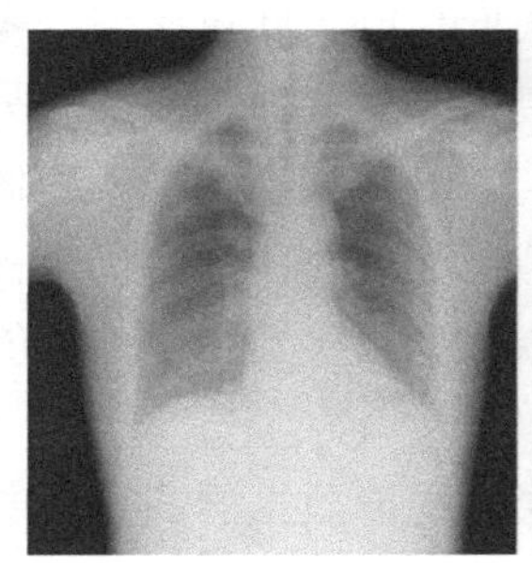

(a) 原始图像

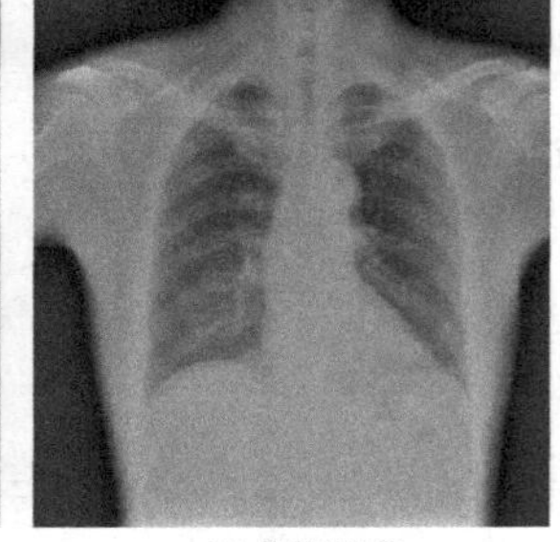

(b) 增强图像

图 7-9　X 射线图像增强前后的结果对比

图像增强通常不考虑图像质量下降的原因，目的是凸显图像中感兴趣的重要特征，同时减弱不需要的特征。传统的图像增强技术根据增强处理的域分为基于空域和基于频域的两大算法类型。

空域增强是直接对图像灰度级做运算，可用于去除或减弱噪声，其可用公式表达为 $g(x,y)=f(x,y)*h(x,y)$，其中 $f(x,y)$ 是原图像；$h(x,y)$ 为空间转换函数；$g(x,y)$ 表示增强后图像。根据 $g(x,y)$ 运算类型可以将基于空域的算法分为点运算算法和邻域空间滤波算法。若 $h(x,y)$ 仅仅定义在单个像素点上，每次只对图像单个像素点处理，与其邻域无关，则表示的是一种点操作，称为空域变换增强。点运算算法主要有灰度变化、几何变换等方式，最典型的特点就是扩展了对比度、特征变得明显、图像更为清晰；若 $h(x,y)$ 定义在像素点的邻域上，每次处理是处理单点及其邻域的点，则 $h(x,y)$ 为模板操作，又称为邻域空域滤波增强。邻域空间滤波算法主要分为图像平滑和锐化，平滑一般用于消除图像噪声，但是也容易引起边缘的模糊，常用算法有均值滤波、中值滤波。锐化的目的在于突出物体的边缘轮廓，便于目标识别，常用算法有梯度法、高通滤波法、掩模匹配法、统计差值法等。

频域增强则通常先把二维图像信号进行二维傅里叶变换后再增强。图像中灰度级变化较缓慢部分对应于频域中的低频成分，而其边缘细节以及图像噪声等剧烈变化的部分对应于高频成分。典型的方法有图像低通滤波、高通滤波以及同态滤波：其中低通滤波可以减少图像高频成分，平滑图像以及去除噪声，从而实现图像增强。常用的低通滤波器有理想低通滤波器、高斯滤波器以及巴特沃斯滤波器。相反地，高通滤波器可以抑制图像低频部分，增强图像细节，锐化图像边缘，从而增强图像清晰度。低通和高通滤波都是把噪声信息和边缘结构信息理想化为线性组合，但噪声往往和图像存在非线性关系：图像的照度分量在空域变化缓慢，而反射分量在空域一般为边缘细节及灰度急剧变换的区域。

图像对数变换后的傅里叶变换的低频成分与图像照度分量相关联，而高频成分与图像反射分量相关联，基于这种关联关系，同态滤波器先用对数变换将乘性噪声转换为加性噪声，用线性滤波器抑制、消除噪声后再通过指数变换将图像变换到空间域，同时进行对比度增强和灰度级范围的压缩，得到噪声抑制的图像，从而改善图像的视觉效果。

传统的图像增强算法虽然有效但是计算复杂度高，对于高速发展的信息时代来说，低效率的图像处理方式很难满足特定场景的需求，比如在医疗图像领域以及卫星遥感领域等。基于卷积神经网络的图像增强算法可以解决传统图像增强算法存在的鲁棒性不强和计算复杂等问题。在深度学习中，图像增强技术可以针对不同图像类型进行增强，如低光度增强，低分辨率增强等。低光度增强是针对照明不足的图像进行处理，主要解决低亮度、低对比度、噪声、伪影等问题，从而提升视觉质量。其主要有两种模式：一种是直接端对端训练模型；另一种是在模型中提供光照估计先验信息。LLNet（low-light network）是一种早期用来处理低光照增强任务的深度学习方法，其利用一种生成训练数据方法来模拟低光环境，堆叠稀疏去噪自编码器可以确保生成训练数据的表征信息以无监督的方式学习嵌入到真实数据中，且能适当保持维度空间中的不变特征，从而实现低光照含噪图像的增强和去噪。

低分辨率增强则能够通过深度学习算法中多个非线性信息处理层来提取数据的高阶抽象信息从而实现低分辨率图像的超分辨率重建。基于第 4 章介绍的卷积神经网络算法可以直接在低分辨率图像块与高分辨率图像块之间建立端到端的映射，并且采用经典的梯度下降方法进行训练。网络浅层的神经元可以从图像中提取出像素级别的低级特征，深层的神经元利用浅层提取到的低级特征合成出一些图像高级特征，从而恢复出图像在降采样中丢失的高频细节信息。对于单幅低分辨图像，首先可采用双三次插值将其进行放缩，将插值后的低分辨图像称为 Y，将原始的高分辨图像记为 X，网络模型的输出结果则为 $F(Y)$，网络的训练目标就是使重建图像 $F(Y)$尽可能地接近于 X。深度学习网络要实现的映射在逻辑上大致可分为特征提取、非线性映射、重建三部分。如图 7-10 所示超分辨率卷积神经网络算法（super-resolution convolutional neural network，SRCNN），首先在输入的低分辨图像 Y 上提取重叠特征块，并将每个特征块表示为一个高维向量，这些向量包括一组特征图，其数量等于向量的维数；然后在非线性映射部分将这些低分辨特征图映射到高分辨图像块上；最后利用这些高分辨图像块重建出最终的高分辨图像。

目前，随着人工智能技术的发展，图像增强技术不仅能提高图像质量还能扩大图像的样本容量。在深度学习时代，图像增强是一种工程解决方案，通过将标准图像处理方法应用于现有图像来创建新的图像集，当训练数据集较小时，图像增强是提升神经网络模型性能的一种非常有效的策略。此外，深度学习性能随着图像数据规模的增加而增强，当数据很少时，深度学习算法的性能表现并不佳，这是因为深度学习算法需要大量的图像数据来理解内在表征信息。因此，图像增强不仅仅可用于提高图像质量，还可以用于丰富图像的样本特征，更作为一种正则化技术来建立广义或稳健的模型来增强深度学习模型的泛化能力。目前主要的图像增强技术有图像翻转、旋转、缩放、平移、透视和倾斜以及图像照明变换等，深度神经网络在处理大量数据时效果最好，因此组合多种不同类型图像增强技术可以进一步得到更多的图像变体。

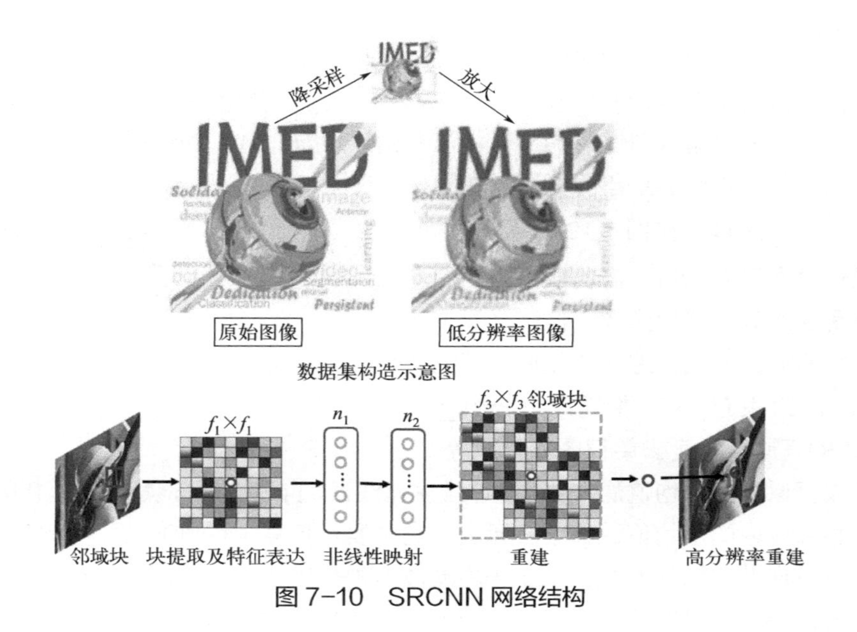

图 7-10　SRCNN 网络结构

7.2.2　图像复原

图像在形成、记录、处理和传输过程中，由于成像系统、记录设备、传输介质和处理方法的不完善，导致图像质量下降，这种现象称为图像退化。图像退化的典型表现是图像出现模糊、失真以及附加噪声等。由于图像的退化，在图像接收端显示的图像已经不再是原始传输的图像，图像效果明显变差。必须利用退化过程中的先验信息对退化图像进行修复，这一过程就称为图像的复原。如图 7-11 所示，图像复原技术是图像处理领域中非常重要的技术，与图像增强类似，也是某种程度上改善视觉质量的目的。但其与图像增强的本质区别在于图像增强不考虑图像是如何退化的，只通过各种技术手段来增强图像的视觉效果，而图像复原的关键是对图像退化过程的先验信息进行研究并建立相应的数学模型，再通过求解逆过程获得图像复原模型并对原始图像进行合理估计。

图 7-11　自然图像复原前后对比图

图像复原的有效性取决于描述图像退化过程的精确性，在建立图像的退化模型之前，必须了解、分析图像退化的机理并用数学模型表示。一般将图像的退化过程描述为退化函数项和加性噪声项。设原始输入图像为$f(x,y)$，退化函数为$h(x,y)$，加性噪声为$n(x,y)$，产生的退化图像为$g(x,y)$，复原后重建的复原图像为$\tilde{f}(x,y)$。退化和复原过程如图 7-12 所示。

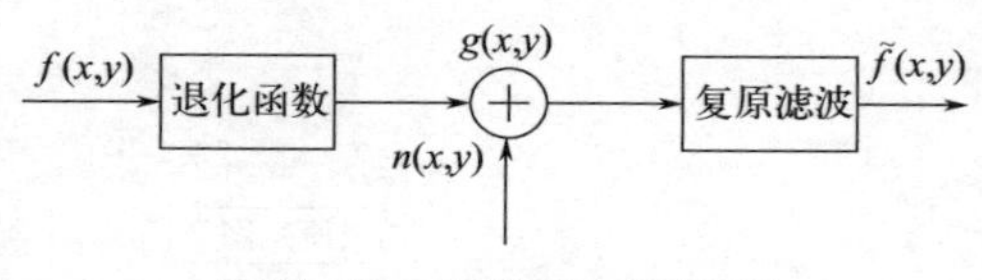

图 7-12　退化和复原过程

图像退化模型建立以后，需要根据相应的先验知识来重建或修复原始图像，传统复原方法主要分为空间滤波复原、逆滤波复原、维纳滤波复原、有约束最小二乘复原、Lucky-Richardson(LR)复原以及盲去卷积图像复原等。

空间滤波复原方法有均值滤波器、统计排序滤波器、自适应局部噪声去除滤波器。其中，均值滤波器将邻域内的平均值赋给中心元素，它主要包括算术均值滤波、几何均值滤波、谐波均值滤波以及逆谐波均值滤波；统计排序滤波器则是以滤波器包围的图像区域像素排序为基础，利用统计排序结果的值来代替每一个像素；与均值滤波器、统计排序滤波器对像素点执行重复操作不同，自适应滤波器可以在局部区域上自适应调节处理不同像素点，其可去除噪声的同时保存图像细节信息，避免了图像的模糊和失真。

逆滤波复原主要是针对无噪声情况下，考虑退化模型中的传递函数 H 是一个线性系统，其具有空间不变性，图像中任一像素点的响应只取决于在该点的输入值，与该点位置无关。维纳滤波综合考虑了空间滤波处理的噪声以及逆滤波复原中考虑的退化函数，其可找出原始图像 $f(x)$ 的估值 $\tilde{f}(x)$，使两者的均方误差 $e^2(x)=\left|f(x)-\tilde{f}(x)\right|^2$ 最小。维纳滤波是基于统计的复原方法，当图像和噪声都属于随机场，且频谱密度已知时，可以获得平均最优解。有约束最小二乘复原除了噪声的均值和方差外，不需要提供其他参数，且往往能得到比维纳滤波更好的效果。有约束最小二乘复原采用图像的二阶导数作为最小准则函数，其数学表达式为 $C=\sum_{x=0}^{M-1}\sum_{y=0}^{N-1}\left|\nabla^2 f(x,y)\right|^2$。它虽能得到比维纳滤波更好的效果，但需要已知噪声均值和方差，而大多数噪声的参数是未知的。LR 复原算法是非线性方法中一种典型算法，能在噪声信息未知时依然获得较好的复原结果。LR 算法用泊松噪声对未知噪声建模，通过迭代收敛，模型的最大似然函数得到最佳解从而求得最佳复原图像。同大多数非线性方法一样，LR 算法很难保证确切的收敛时间，只能具体问题具体分析，对于给定的应用场景，在获得满意的结果时，观察输出并终止算法。LR 算法不需要噪声的先验知识，但是需要已知点扩散函数。盲去卷积图像复原不需要已知噪声和点扩散函数便可获得图像复原。

学习基于图像退化模型的先验知识往往难以批量化处理大量的数据以及需要高耗时的人工调参，深度学习技术的出现解决了批量化处理以及避免了大量的超参数调整。目前主流的深度学习方法有基于自编码网络、基于生成式对抗网络以及基于循环神经网络等深度学习方法（见表 7-3）。自编码网络包含两个过程：原始数据从输入层到隐藏层的编码过程，以及编码特征从隐藏层到输出层的解码过程。而生成对抗（GAN）网络如第 4 章所述，其具有强大的图像生成能力，主要包括生成模型和判别模型。生成模型主要通过反卷积神经网络将随机输入转化为图像，判别模型本质上是一个分类器，它判断输入的图像是来自数据集中的真实图像还是网络学习复原后的图像。循环神经网络如第 4 章详细介绍的可提供一系列条件分布共享参数的模型，其认为输出与输入图像之间有相关性，即输出依赖当前序列的输入和上一个序列的输出，基于循环神经网络模型可以生成结构连贯的图像复原结果。

基于深度学习的图像复原网络能够很精准地获得图像的语义信息，但由于网络的强大学习能力，往往将一些细节信息抹平，所以这要求基于深度学习的方法除了能够捕获语义成分外，还需要能够需要合成纹理成分。深度学习神经网络的损失函数直接关系到图像细节，现有的损失函数主要有欧氏距离损失、对抗损失等。

表 7-3　基于深度学习图像复原方法

方法	主要特点	存在的问题	训练样本	主要应用领域
卷积自编码	研究广泛，可处理高分辨率图像；参数简单，网络结构扩展性强	难以复原纹理	可以在几千幅特定类型的图像数据集上收敛；也可以在数万幅多样性样本的图像数据集上收敛	自然图像复原
GAN	可生成清晰、真实的样本图像；在处理大量数据时可以取得好的结果	训练难以收敛，复原结果出现轮廓不连续的问题	特定类型的样本：低分辨率样本	特定类型图像的多样性复原
RNN	可以生成结构连贯的复原结果	复原结果容易出错，对于高分辨率、大样本数据集不理想	特定类型的样本：低分辨率样本	特定类型图像的多样性复原

7.2.3　图像编码

1948 年，信息论学说的奠基人香农曾经论证："不论是语音还是图像，由于其信号中包含很多的冗余信息，所以可以进行数据压缩"。基于香农的理论指导下，图像编码已经成为当代信息技术中较活跃的一个分支。如图 7-13 所示，图像编码的本质是对要处理的原图像按照一定的规则进行变换和组合，用尽可能少的符号来表示尽可能多的信息，源图像中常常存在的冗余种类有：空间冗余、时间冗余、信息熵冗余、结构冗余、知识冗余等。空间冗余是指图像内部相邻像素之间存在较强的相关性所造成的冗余；时间冗余是指视频图像序列中不同帧之间的相关性；信息熵冗余是指图像中平均每个像素使用的比特数大于该图像的信息熵；结构冗余是指图像中存在很强的纹理结构或自相似性；知识冗余则是因为图像中包含与某些先验知识有关的信息。

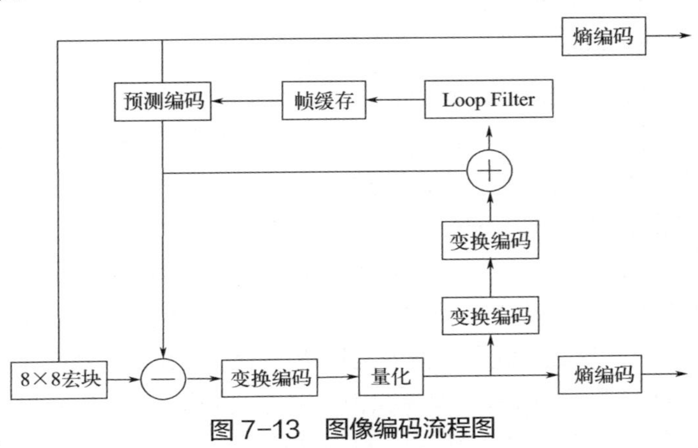

图 7-13　图像编码流程图

图像数据的冗余信息为图像压缩编码提供了依据。例如，利用人眼对蓝光不敏感的视觉特性，在对彩色图像编码时，就可以用较低的精度对蓝色分量进行编码。如图 7-14 所示，图像编码的目的在于充分利用图像中存在的各种冗余信息，特别是空间冗余、时间冗余以及视觉冗余，以尽量少的比特数来表示图像。利用各种冗余信息，压缩编码技术能够很好地解决将模拟信号转换为数字信号后所产生的带宽需求增加的问题。

编码前

编码后

图 7-14　图像编码前后

图像编码方法很多，根据编码过程中信息的损耗可将图像编码分为有损编码和无损编码。有损编码在编码的过程中把不相干信息都删除了，只能对原图像进行近似的重建，存在一定程度的失真；而无损编码压缩无信息损失，解压缩时能够从压缩数据精确地恢复原始图像。

根据编码原理又可将图像编码分为熵编码、预测编码、变换编码和混合编码等。熵编码是一种基于图像信号统计特征的无损编码技术，给概率大的符号一个较小的码长，较小概率的符号较大的码长，使得平均码长尽量小，常见的熵编码有哈弗曼编码、算术编码和形成编码。预测编码则基于图像的空间冗余或时间冗余，用相邻的已知像素来预测当前像素值，然后再对预测误差进行量化和编码，常用的预测编码有差分脉冲编码调制。变换编码则利用正交变换将图像从空域映射到另一个域上使得变换后的系数之间相关性降低，其变换并无压缩性，但可以结合其他编码方式进行压缩。混合编码综合了熵编码、变换编码或预测编码，最常见的有静止图像压缩（joint photographic experts group，JPEG）方法。

根据对压缩编码后图像重建的准确度，可将图像编码方法分为信息保持编码、保真度编码以及特征提取编码。信息保持编码要求编码、解码过程中保证图像信息不丢失，从而可以完整地重建图像。保真度编码主要利用人眼的视觉特性，在允许的失真条件下或一定的保真度准则下，最大限度地压缩图像。特征提取是指在图像识别、分析和分类等技术中并不需要全部图像信息，而只要对感兴趣的部分特征信息进行编码即可压缩数据。

随着视频技术的进步，超高清视频的普及，提高压缩效率的同时提高解压缩质量有着巨大的市场需求，深度学习由于其强大的学习能力在图像编码应用中扮演着重要角色。目前基于深度学习的图像解编码的主流方法包括两种：一种是端到端的神经网络编码器，另一种则为结合传统编码器的神经网络模型编码方法。端到端的神经网络解编码器在保护图像纹理结构以及细节方面表现得更好，而结合传统方法的神经网络编码器在图像抗噪性能上表现得更好。目前对结合传统编码器的神经网络可以通过后处理滤波和色彩空间转换来提升编码效率。其中早期的后处理滤波的神经网络模型主要是构造一个对静止图像压缩 JPEG 的伪影处理的后处理网络，如图 7-15 所示为伪影去除卷积神经网络（artifacts reduction convolutional neural network，ARCNN）模型，在同一层卷积内，对不同的分支使用不同的卷积核大小来实现性能和复杂度的均衡，如图 7-15 中的 conv2 和 conv3 分别采用了 3×3 和 5×5 大小的卷积核。模型的输入是带有编码伪影的图像，输出是滤波后的图像，其和原始图像之间的均方误差构成了模型的损失函数。

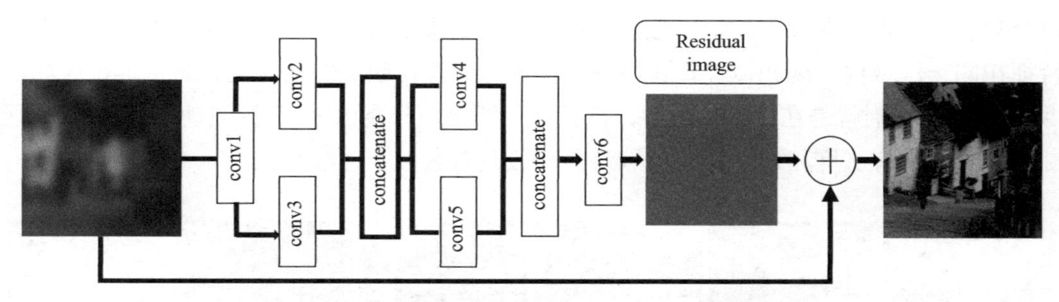

图 7-15　伪影去除卷积神经网络（ARCNN)模型

ARCNN 具有传统算法无法比拟的性能以及高效的速度，在复杂度允许的条件下，研究学者提出了各种神经网络模型来进一步提升模型的性能。从编码器角度出发，通过添加编码先验信息对神经网络的训练过程进行指导，通常考虑相邻的两个块之间的信息是高度相关的，那么边界信息就不足以把相关性描述出来，合理的设计额外的先验信息就显得至关重要，例如多模态多尺度网络模型（multi-model/multi scale network，MMS-Net）使用边界信息，并行多池化卷积神经网络（parallel multi-pooling convolutional neural network，PMCNN）使用均值信息来进行网络结构信息补充。例如考虑到输入无损的 RGB（red，green，blue）图像时，RGB 之间存在强相关性直接导致编码的不同分量之间的残差存在相关性，码流中的冗余会导致编码效果很差，因此进行色彩空间转换能够提升图像编码的性能。如 RGB 转 YUV（luminance，chrominance，chroma），是有一套固定的参数将输入的 RGB 进行映射得到 YUV 数据。经典的颜色转换网络（VimicroABCnet）就将色彩空间转换和整体的编码框架融合，如图 7-16 所示为 VimicroABCnet 编码部分，我们可以看到在编码器中，输入的 RGB 图像首先经过第 3 章介绍的主成分分析方法得到变换系数和变换偏置，通过这些变换参数即可将输入的 RGB 转换成 YCbCr。通过对 Cb/Cr 进行下采样，得到了 YCbCr420，接着送入到远程视频柜员机（video teller machine，VTM）编码器中，得到 VTM 编码的码流和 VTM 重建像素。将重建像素进行色度分量的上采样得到了重建后的 YCbCr444。最后一步是将重建后的 YCbCr444 和原始 RGB 图像同时送入网络安全模块（linux security module，LSM）中得到了 YCbCr2RGB 需要的变换系数和变换偏置。

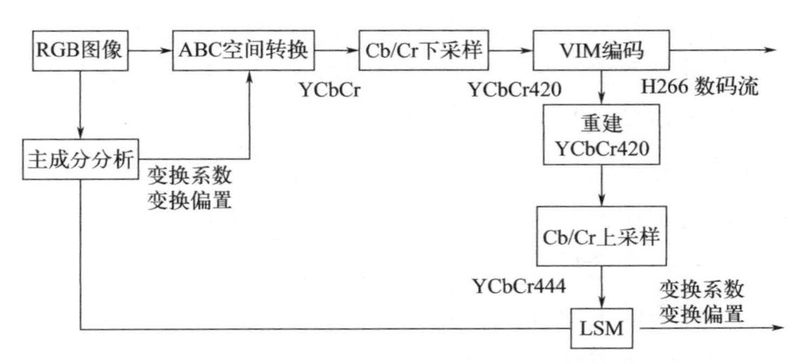

图 7-16　VimicroABCnet 编码部分

7.2.4 图像分割

图像分割是计算机视觉领域的重要研究方向之一，也是图像处理中基础研究问题之一。图像分割利用图像的灰度、纹理、形状等特征，把图像分成若干个互不重叠的区域，并使这些特征在同一区域内呈现相似性，在不同的区域之间存在明显的差异性。简单地说，如图 7-17 所示，图像分割就是在一幅图像中，把目标从背景中分离出来。对于灰度图像来说，区域内部像素一般具有灰度相似性，而区域边界一般具有灰度不连续性。

图 7-17 图像分割示例

彩图

传统图像分割方法可大致分为阈值法、区域法以及边缘检测法：

（1）基于阈值的图像分割算法

基于阈值的图像分割算法一般易于操作、功能稳定、计算简单高效。其基本原理是根据图像灰度级别划分图像，依据图像的整体或部分结构信息选择灰度阈值。选取合适的阈值是图像分割的关键，当图像分割目标与背景灰度差异较大时，应考虑全局阈值分割法；当图像灰度近似于目标灰度时，可使用局部或动态阈值分割法。该算法直接选取灰度值阈值，计算简单高效，但当图像中的灰度值差异小甚至出现灰度范围重叠时，该类方法容易出现过分割或欠分割的情况；同时它不考虑图像的空间特征和纹理特征，只关心图像的灰度信息，抗噪性能差，导致在边界处的分割效果比较差。

（2）基于边缘检测的图像分割算法

基于边缘检测的图像分割算法的基本原理是通过检测边界把图像分割成不同区域。图像边缘部分的灰度值变化通常是剧烈的，因此可以根据灰度突变程度来进行图像分割。该方法运算快，边缘定位准确；但其抗噪性能差，因此分割复杂图像时容易导致边缘不连续、边缘丢失或边缘模糊等问题，同时其分割的边缘封闭性或连续性难以保证。在使用边缘检测分割算法时，需要权衡检测时的抗噪性能和精度。若提高检测精度，则噪声引起的伪边缘会导致过分割；若提高抗噪性能，则会使得轮廓处的结果精度不高。因此，在实际应用中，需要综合考虑检测精度与抗噪性能的需求并进行取舍。

（3）基于区域的图像分割算法

基于区域的图像分割算法的基本原理是连通含有相似特点的像素点，最终组合成分割结果。其主要利用图像局部空间信息，能够很好地缓解其他算法图像分割空间小的缺陷。基于区域的图像分割算法大致可以分为区域生长法、区域分离与合并法。区域生长法将根据某种相似性原则将相似像素合起来并构成目标区域；区域分离与合并法则是将图像先分割成很多相似的小区域，再按照一定的规则将小区域合并成大区域从而实现图像分割。

传统算法可以将图像分割成大小均匀、紧凑度合适的超像素块，为后续的处理任务提供基础，但在实际场景的图片中，一些物体的结构比较复杂，内部差异性比较大，仅利用像素点的颜色、亮度、纹理等较低层次的内容信息不足以生成好的分割效果，容易产生错误的分割。因此需要更多地结合图像提供的中高层内容信息辅助图像分割。

近年来随着人工智能再次兴起，深度学习技术的广泛应用，图像分割技术有了更深层次的研究，场景物体分割、人体前背景分割、人脸人体剖析、三维重建等技术已经在无人驾驶、增强现实、安防监控等行业得到了广泛的应用。基于深度学习的图像分割技术主要分为两类：语义分割和实例分割。如图 7-18 所示，语义分割会为图像中的每个像素分配一个类别，但是同一类别之间的对象不会区分。而实例分割，只对特定的物体进行分类，其输出的是目标的类别。

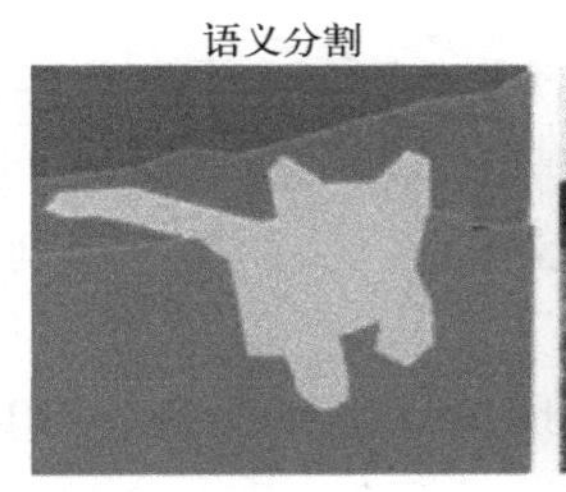

图 7-18　常见分割任务示例

人工智能技术对高级语义信息的建模能力在很大程度上解决了传统图像分割方法中语义信息缺失的问题。这种算法的基本原理是以图像样本数据来训练网络模型，得到决策函数，进而用获得的决策函数对图像像素进行分类，得到分割的结果。根据具体方法所处理的数据类别的不同，可以分为基于图像像素数据的神经网络分割法和基于图像特征数据的神经网络分割法。因为前者使用高维度的原始图像作为训练数据，而后者利用图像特征信息，所以一般使用前者来获取大量图像信息。基于像素的图像分割网络有经典的 UNet 网络，其主要由两个卷积神经网络模型组成，第一个网络模型可视为编码器对图像进行特征提取，第二个网络模型则看作解码器对图像进行上采样。然而基于像素的神经网络分割法需要对每个像素进行单独处理，由于数据量大且数据维度高，计算速度难以提高，用于处理实时数据时效果并不理想。

彩图

7.2.5　图像识别与分类

图像识别是人工智能的一个重要领域，其主要利用计算机对图像进行处理、分析和理解，以识别各种不同模式的目标和对象。图像识别技术包含了图像分类算法，其在图像分类基础上再确定图像和其中对象的类别。如同人类不只是结合储存在脑海中的图像记忆进行识别，而是利用图像特征对其分类，再利用各类特征识别出图像。计算机也采用同样的图像识别原理，对图像重要特征的分类和提取，并忽略无用的多余特征，进而实现图像识别。

传统图像分类算法的流程主要包括底层特征提取、特征编码、空间约束、分类等几个阶段。底层特征提取通常是从图像中按照固定步长、尺度提取大量局部特征描述。由于提取的底层特征中包含了大量冗余与噪声，为了提高特征表达的鲁棒性，需要使用一种特征转换算法对底层特征进行编码，该过程称为特征编码。特征编码之后一般会经过空间约束，也称为特征汇聚，是指在一个空间范围内，对每一维特征取最大值或者平均值，可以获得一定特征不变形的特征表达。经过前序操作后，图像就可以用一个固定维度的向量进行描述，并通过分类器对图像进行分类。基于传统的图像分类算法流程，经典的图像识别技术可分为基于模式识别的图像识别技术和基于降维的图像识别技术。

一般而言，基于模式识别的图像识别技术是指传统图像在计算机技术中利用数学原理来完成识别处理。此外，综合考虑多元化特征能够自动识别特征并加以评价。其中降维技术主要考虑多维特征的原始图像会加大计算机识别的难度，而采用图像降维方法能提高计算机的图像识别性能。降维有多种方式，一般可分为非线性降维与线性降维两类，其中最常见的线性降维方法是第 3 章介绍的主成分分析与线性奇异分析法。线性降维方法简单易理解，但是线性降维处理的是整个数据集，求解数据集的最优低维投影的计算复杂度高。而基于非线性降维的图像识别技术是一种非线性特征提取方法，其能够在不破坏本征结构的基础上对图像的非线性结构进行降维，实现计算机在低维度特征下实现图像识别，从而提高识别分辨率。

随着计算机及信息技术的迅速发展，图像识别技术已经在诸多场景中取得了成功应用，包括人脸识别、行人检测与跟踪、智能视频分析、车辆计数等，可以说图像识别与分类已应用于人们日常生活的方方面面。如图 7-19 所示为人脸图像识别的流程，其包括构建人脸识别系统的一系列相关技术，包括人脸图像采集、人脸定位、人脸识别预处理、身份确认以及身份查找等。

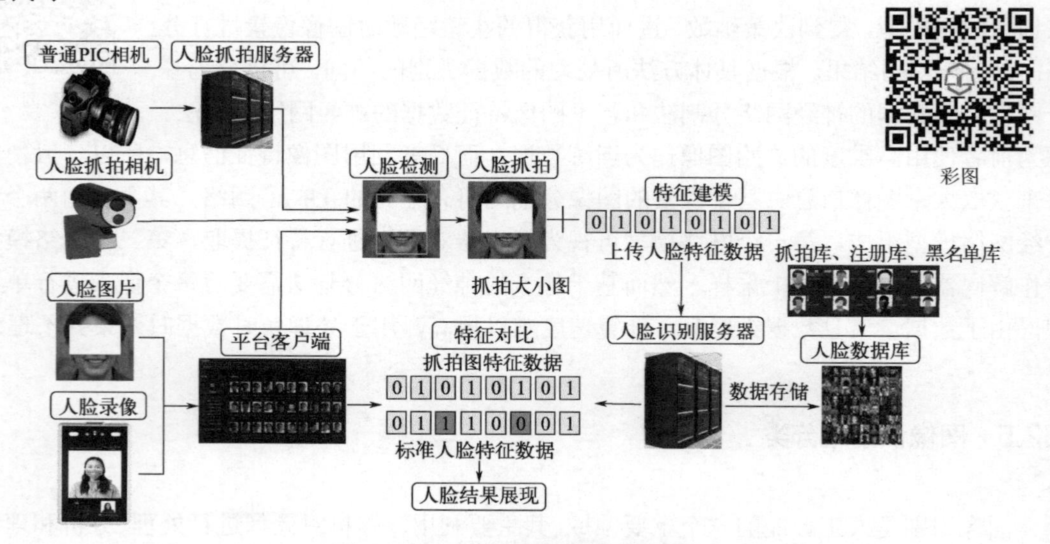

图 7-19 人脸图像识别的流程图

总之，人工智能中的计算机图像识别的过程与人脑识别图像的过程大体一致，该过程可归纳为如图 7-20 所示的四个步骤。

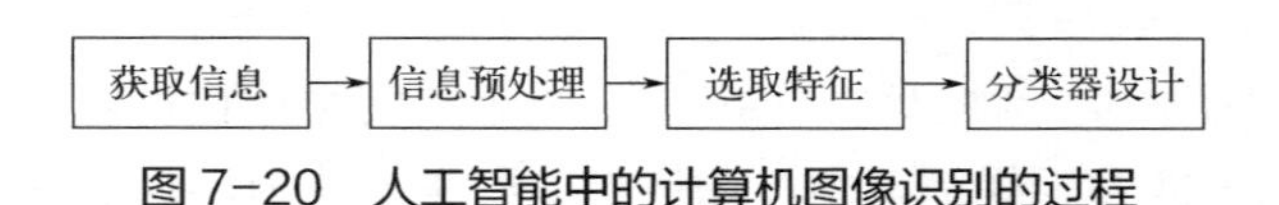

图 7-20　人工智能中的计算机图像识别的过程

获取信息主要将声音和光等信息通过传感器向电信号转换，也就是获取识别对象的基本信息，并将其转换为计算机可识别的信息；信息预处理是对图像进行去噪、变换及平滑等操作的处理，从而提高图像的重要特征信息；选取特征即抽取及选择图像特征主要是识别图像具有种类多样的特点，如采用一定方式分离，识别图像的不同特征类型从而获取有用的特征；分类器设计根据图像识别规则进行制定，基于识别规则能够得到特征的主要种类，进而提高辨识率，此后再通过识别特殊特征，最终实现对图像的评价和确认。

近年来，深度学习分类方法在图像识别中已经取得了前所未有的效果，它可以通过端对端的方式直接从海量数据中学习复杂特征表达，实现图像特征自动提取。近年来，研究学者提出了许多经典深度神经网络模型，例如第 4 章详细介绍的 VGGNet 模型和 ResNet 模型。

7.3 人工智能与机器人

2021 年，工业和信息化部、国家发展和改革委员会、科学技术部、公安部、民政部、住房和城乡建设部、农业农村部、国家卫生健康委员会、应急管理部、中国人民银行、国家市场监督管理总局、中国银行保险监督管理委员会、中国证券监督管理委员会、国家国防科技工业局、国家矿山安全监察局十五个部门正式印发《“十四五”机器人产业发展规划》提出，“到 2025 年，我国成为全球机器人技术创新策源地、高端制造集聚地和集成应用新高地。到 2035 年，我国机器人产业综合实力达到国际领先水平，机器人成为经济发展、人民生活、社会治理的重要组成。”我国历史上最早的机器人见于隋炀帝命工匠按照柳抃形象所营造的木偶机器人，施有机关，有坐、起、拜、伏等能力。近年来，随着人工智能技术的发展，机器人已经广泛用于工业生产、医疗服务、居家服务等众多领域。本节主要围绕机器人的概念、发展以及类型三个方面展开介绍。

7.3.1 机器人概念

7.3.1.1　定义

“机器人（robot）”这个词最早出现在捷克作家卡雷尔·凯佩克（Karel Capek）发表的科幻剧本《罗萨姆的万能机器人》。广义上的机器人是指一切模拟人类行为或思想以及模拟其他生物的机械装置（如机器狗、机器猫等），它综合了控制论、机械电子、计算机、材料和仿生学等多个学科领域的知识。狭义的机器人定义还存在争议，有些计算机程序也被称为机器人，例如常见的客服机器人。目前国际上对于机器人的定义纷繁复杂，迄今为止，尚没有一个统一的机器人定义。联合国标准化组织采纳了美国机器人协会给机器人下的定义：“一种可编程和多功能的操作机；或是为了执行不同的任务而具有可用计算机改变和可编程动作的专门系统。一般由执行机构、驱动装置、检测装置和控制系统和复杂机械等组成”。我国研究学者对机器人的定义为：“机器人是一种自动化的机器，所不同的是这种机器具备一些与人或生物相似的智能能力，如感知能力、规划能力、动作能力和协同能力，是一种具有高度灵活性的自动化机器”。

本文对机器人的定义：机器人具有感知、决策、执行等基本特征，可以辅助甚至替代人类完成危险、繁重、复杂的工作，提高工作效率与质量，服务人类生活，扩大或延伸人的活动及能力范围，已经在制造业、医学、农业、军事等领域发挥重要的作用。

7.3.1.2 机器人学

机器人学（robotics）是与机器人设计、制造和应用相关的科学，又称为机器人技术或机器人工程学，主要研究机器人的控制与被处理物体之间的相互关系。其研究范围包括基础研究和应用研究两方面内容，研究课题涉及机械手设计、机器人动力和控制、轨迹设计与规划、传感器、机器人视觉、机器人控制语言、装置与系统结构和机械智能等子领域。随着工业自动化和计算机技术的发展，机器人开始进入大量生产和实际应用阶段。此外，由于应用场景越发复杂多变，如手术辅助、海洋开发、空间探索等，其对机器人的智能水平也提出了更高的要求，进而推动了智能机器人的研究。

7.3.2 根据机器人发展阶段分类

机器人技术研究最早可以追溯到20世纪四五十年代，当时美国许多国家实验室进行了机器人方面的初步探索，主要研制了遥控操纵器、遥控式机械手等。在过去几十年时间里，机器人领域技术发展迅速，本节将其分为示教再现型机器人、感觉型机器人、智能型机器人这三个发展阶段。

7.3.2.1 示教再现型机器人

示教再现型机器人是一种可重复再现通过示教编程存储起来的作业程序的机器人，示教再现型机器人的基本结构是由机器人本体、执行机构、控制系统、示教盒等部分组成。示教再现型机器人对于外界的环境没有感知，比如这个操作力的大小，这个工件存在不存在，焊接的好与坏。1947年，美国橡树岭国家实验室研发了世界上第一台遥控的机器人应该是最早的示教再现型机器人。1954年，GeorgeC. Devol设计并制作了世界上第一台机器人实验装置，其主要技术功能是“可编程”以及“示教再现”。1962年美国研制了PUMA通用示教再现型机器人，这种机器人通过一个计算机，来控制一个多自由度的机械，通过示教存储程序和信息，工作时把信息读取出来，然后发出指令，这样机器人可以重复地根据人当时示教的结果，再复现出这种动作。1968年，美国斯坦福人工智能实验室的J. McCarthy等人研究了带有手、眼、耳的计算机系统，这可以认为是感觉型机器人研发的早期探索。

7.3.2.2 感觉型机器人

20世纪70年代后，机器人已经拥有类似人的感觉，如力觉、触觉、滑觉、视觉、听觉等，它能够通过感觉来感受和识别工件的形状、大小、颜色，被称为第二代机器人：感觉型机器人。在这一阶段，机器人产业发展迅速，并且机器人技术发展为一门学科：机器人学。随着集成电路技术的发展及微型计算机的普遍应用，机器人的控制性能也随之大幅度地得到提高、成本不断降低。到了 20 世纪 80 年代后，机器人已经具备了初步的感知、反馈能力，在日本、德国、美国等国家的工业生产中开始逐步大量应用。

7.3.2.3 智能型机器人

20 世纪 90 年代第三代机器人问世：智能型机器人，这种机器人带有多种传感器，能够将多种传感器得到的信息进行融合，能够有效地适应变化的环境，具有很强的自适应能力、学习能力和自治功能。智能型机器人涉及的关键技术有多传感器信息融合、导航与定位、路径规划、计算机视觉、控制论、人工智能和人机接口技术等。目前，比较著名的智能型机器人包括波士顿动力公司研发的机器狗 Spot 和双足人形机器人 Atlas；DeepMind 公司研发推出的 AlphaGo 和 OpenAI 公司研发的人工智能聊天机器人 ChatGPT。其中 AlphaGao 是第一个战胜围棋世界冠军的智能型机器人。

7.3.3 根据应用环境分类

根据应用环境，机器人大体可分为两大类，即工业机器人和服务型机器人。工业机器人（industrial robots）主要应用于需要危险操作、大量劳力或精密要求高的制造业厂房；服务型机器人（service robots）种类众多，应用范围广泛，对环境的感知和识别能力要求也更高，具有自行决定行动的智能化功能，因而又被称为“智能机器人”。

7.3.3.1 工业机器人

工业机器人大都是指面向工业领域的多关节机械手或多自由度的机器人。其靠自身动力和控制能力来实现自动执行工作，在使用时既可以接受人类指挥，又可以运行预先编排的程序，也可以根据以人工智能技术制定的原则纲领行动。典型的工业机器人包括焊接、组装、采集和放置机器人等，可以高效、精准、持久地完成预设的工作内容，如图 7-21 所示。

(a) 一汽大众所使用的海康机器人

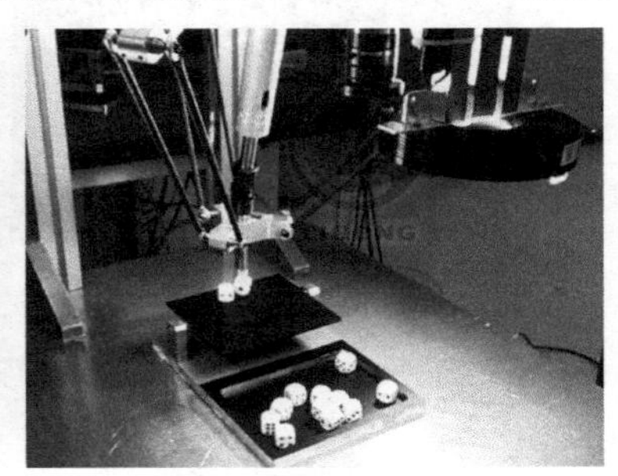

(b) Delta智能分拣机器人

图 7-21 工业机器人示例

工业型机器人一般仅有一只机械手臂，作为整个生产线上的一个单元。最常见的工业机器人包括关节型机器人、Delta 机器人、SCARA 机器人等。其中部分机器人是通过程序预设例程，规定一系列协同动作的参数，如方向、速度、加速度、减速度、距离等，高精度反复执行特定动作。另外一些则具有更高的自由度，能自动识别所处环境参数，继而自适应地做出如何进行下一步动作的决策。

7.3.3.2 服务型机器人

服务型机器人是指为人类生活或特殊任务服务的机器人（图 7-22）。国际机器人联合会给服务型机器人的定义：一种半自主或全自主工作的机器人，它能完成有益于人类健康的服务工作，但不包括从事生产的设备。服务型机器人被放置于各式各样的复杂环境中，需要与人和复杂的环境互动，因而对智能的要求更高。服务型机器人的构造与工业机器人类似，也是由驱动装置、机动装置、控制系统、感测与通信装置等组成。而由于所处环境复杂多变且需要与人类交互，服务型机器人通常还需要关注感测技术、精细化运动以及仿人拟真。其中感测技术主要研究传感器的结构与感测原理，能获取和处理视觉、听觉、触觉等信号，同时搭载人脸和姿态辨识、声音辨识等系统，对传感器获取的信号进行理解和分析，从而加强通信能力。

服务型机器人种类繁多，可大致分为专业用型和家用型两大类。专业用型包括餐厅用机器人、商业机器人、医疗机器人等。其中，医疗机器人又包括胶囊机器人、外科手术机器人、肢体运动康复机器人等。家用型机器人包括家用清洁机器人、陪伴型机器人等。例如，日本本田 ASIMO 是日本本田公司研发的最先进的步行机器人，它是目前唯一的能爬楼梯和慢速奔跑的人工智能机器人。同时，ASIMO 机器人具有高超的交流能力，具有先进的语音识别及人脸识别功能。ASIMO 的执行动作能力也同样出色，能够进行开灯、开门、推车等操作。

(a) 深圳市云智星科技有限公司智能送餐机器人

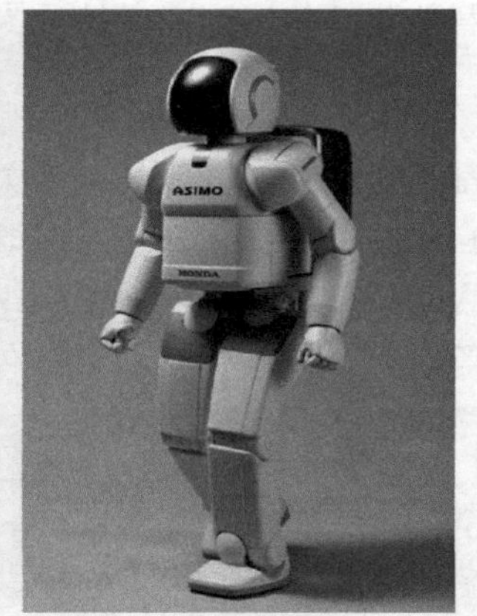

(b) 日本本田ASIMO陪伴型机器人

图 7-22 服务型机器人示例

7.4 人工智能与视频理解

根据中国互联网络信息中心（China Internet Network Information Center，CNNIC）第 47 次《中国互联网络发展状况统计报告》，截至 2020 年 12 月，中国网民规模达到 9.89 亿人，其中网络视频（含短视频）用户规模达到 9.27 亿人，占网民整体的 93.7%，短视频用户规模为 8.73 亿人，占网民整体的 88.3%。回顾互联网的发展历程，伴随着互联网技术（特别是移动互联网技术）的发展，如图 7-23 所示，主流内容的表现形式经历了从纯文本时代逐渐发展到图文时代，再到现在的视频和直播时代的过渡，相比于纯文本和图文内容形式，视频可以看作是由一组图像帧按时间顺序排列而成的数据结构，比图像多了一个时间维度，视频内容更加丰富，对用户更有吸引力。

图文时代
纯文本时代
分享类视频
视频和直播时代
版权类长视频
短视频和直播

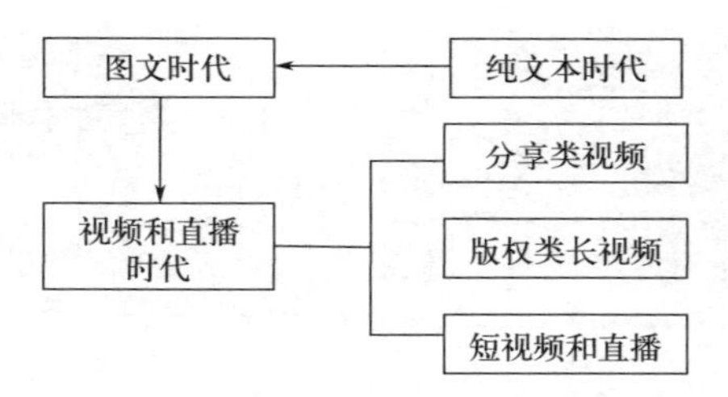

图 7-23 主流内容的表现形式发展历程

近年来，随着人们拍摄视频的需求更多、传输视频的速度更快、存储视频的空间更大，多种场景下积累了大量的视频数据，需要一种有效地对视频进行管理、分析和处理的工具。视频理解旨在通过智能分析技术，自动化地对视频中的内容进行识别和解析。视频理解技术顺应了这个时代的需求，因此受到了广泛关注，并取得了快速发展，其涉及生活的多个方面并且已经发展成一个十分广阔的学术研究和产业应用方向，如图 7-24 所示。本节将主要介绍视频理解中的三大基础领域：动作识别（action recognition）、时序动作定位（temporal action localization）和视频向量化（embedding）。

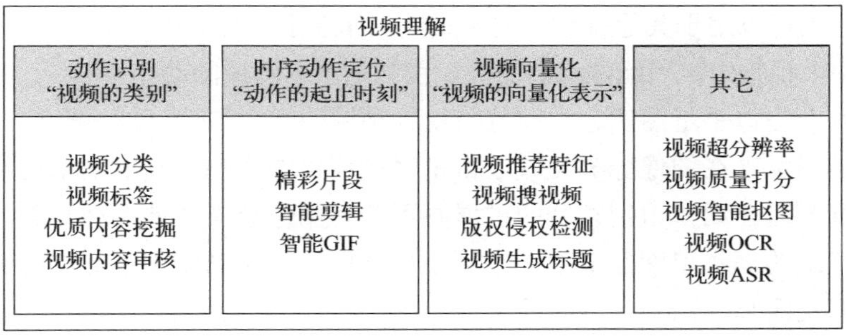

视频理解
动作识别
"视频的类别"
时序动作定位
"动作的起止时刻"
视频向量化
"视频的向量化表示"
其它
视频分类
视频标签
优质内容挖掘
视频内容审核
精彩片段
智能剪辑
智能GIF
视频推荐特征
视频搜视频
版权侵权检测
视频生成标题
视频超分辨率
视频质量打分
视频智能抠图
视频OCR
视频ASR

图 7-24 视频理解中的三大基础领域

7.4.1 动作识别

理解人类行为，即动作识别，是视频理解中最重要的任务之一。它在现实世界里有很多方面的应用，包括行为分析、视频检索、人机交互、游戏和娱乐、手术场景中识别医生的动作。如图 7-25 中，我们可视化了带有相关动作标签的视频帧，这些都是日常活动和部分手术场景的动作，例如投篮、骑车、跳水等运动项目，白内障手术中的角膜边缘切口和超声乳化，眼底视网膜手术中的黄斑前膜剥离，内窥镜手术中的组织切割，本小节介绍的手术视频对智能机器人的理解至关重要。

图 7-25　动作识别在自然场景和手术场景中的示例

彩图

动作识别不仅要分析视频中每帧图像的内容，还需要从视频帧之间的时序信息中挖掘潜在关联，它是视频理解研究领域的核心研究领域，不仅可以识别人的动作，也可以用于其他视频分类场景，比如在手术场景中，医生通常不会出现在手术视频中，因此，我们需要识别的是手术器械的动作。

动作识别看上去似乎是图像分类领域向视频领域的一个自然延伸，第 4 章介绍的深度学习尽管在图像分类领域取得了举世瞩目的成功，其准确率已经超过普通人的水平，但是深度学习在动作识别领域的进展并不像在图像分类领域那么显著，很长一段时间基于深度学习算法的动作识别准确率达不到或只能接近传统动作识别算法的准确率。这些主要归咎于动作识别面临的以下几方面困难。

① 训练视频模型的计算量比图像大了一个量级，这使得视频模型的训练时长和训练所需要的硬件资源相比图像大了很多，导致难以快速用实验进行验证和迭代。另外为训练动作识别模型定义准确的标签并非易事。因为人类行为通常是复合概念，并且这些概念的层次结构没有明确定义。为动作识别注释视频是费力的（例如需要观看所有视频帧）并且模棱两可（例如，难以确定动作的确切开始和结束）。一些流行的基准数据集（例如 Kinetics 系列）只发布视频链接供用户下载，而不发布实际视频，这导致不同方法在同一数据集上进行公平比较并得到较为统一的见解是不可能的。在过去的十年中，随着高质量大规模动作识别数据集的出现，人们对视频动作识别的研究兴趣日益浓厚。我们看到自然场景流行动作识别数据集和类别的数量都在迅速增加，例如，从 HMDB51 中超过 51 个类别的 7KB 视频到 YouTube8M 中超过 3862 个类别的 8MB 视频。此外，新数据集的发布速度也在增加：2011 年至 2015 年发布了 3 个数据集，而 2016 年至 2020 年发布了 13 个数据集。由于大规模数据集的可用性和深度学习的快速发

展，有基于深度学习的自然场景视频动作识别模型也在快速增长。但在手术场景，由于受到隐私保护等各方面的限制，我们很难获取到大量的视频数据，同时不同医院的视频录制系统有很大的区别，导致视频之间有很大的差异，一个网络模型很难在不同的数据集上得到好的效果。

② 学习视频帧之间的时序关系，尤其是长距离的时序关系，本身就比较难。不同类型的动作变化快慢和持续时长有所不同，不同的人做同一动作的方式也存在不同，同时相机拍摄角度和相机自身的运动也会对识别带来挑战，以手术视频为例，不同医生的手术方式是不一样的，有些医生通常从右下角开始进刀，也有医生从左上角开始进刀；医生手术的熟练程度会严重影响其视频的长短；同一位医生在针对不同的患者病情时，会存在改变手术方式的情况。此外不是视频中所有的帧对于动作识别都有相同的作用，有许多帧存在信息冗余，比如医生在切开刀口后会对手术目标再进行一个判断，这一段时间通常是一些无效手术动作的，这些帧对于动作识别就属于冗余信息。

③ 网络结构设计缺少公认的方案。图像分类领域的网络结构设计有一些公认的指导理念，例如，端到端训练、小卷积核、从输入到输出空间分辨率不断降低且通道数不断增大等。然而，在动作识别领域，同时存在多个网络设计理念，例如，帧之间的时序关系应该如何捕捉、使用 2D 卷积还是 3D 卷积、不同帧的特征应该如何融合等都处于探索阶段。捕捉人类行为的视频具有很强的类内和类间变化。人们可以在不同的视角下以不同的速度执行相同的动作，一些动作具有相似的运动模式，难以区分。其次，识别人类动作需要同时理解短期动作特定的运动信息和远程时间信息。我们可能需要一个复杂的模型来处理不同的观点，而不是使用单个卷积神经网络。最后，训练和推理的计算成本都很高，阻碍了动作识别模型的开发和部署。

接下来我们按时间顺序介绍近期深度学习应用于动作识别的代表性工作，DeepVideo 是将卷积神经网络应用于视频的最早尝试之一，它提出在每个视频帧上独立使用单个 2D CNN 模型，并研究几种时间连接模式来学习视频动作识别的时空特征，例如早期融合、后期融合和慢速融合。同时它还发现由单个视频帧馈送的网络在将输入更改为帧堆栈时表现同样出色，这一观察结果表明学习到的时空特征没有很好地捕捉到运动信息，并鼓励人们思考为什么 CNN 模型不像其他计算机视觉任务，在视频领域也取得明显优于传统机器学习的性能。

研究学者认为视频理解需要直观的运动信息，因此找到一种合适的方式来描述帧间的时间关系对于提高基于 CNN 的视频动作识别的性能至关重要，因此出现了**第一个趋势**，双流网络，即增加了第二条路径光流。光流是描述物体/场景运动的有效运动表示，准确地说，它是由观察者和场景之间的相对运动引起的视觉场景中物体、表面和边缘的表观运动模式。光流能够准确地描述每个动作的运动模式，使用光流的优势在于它提供了正交信息，并且光流可以有效地去除非移动背景并导致更简单的学习问题。通过在光流数据上训练卷积神经网络能够学习视频中的时间信息，这个策略的成功带动了后续不少经典研究，例如 TDD，LRCN，Fusion, TSN 等。

双流网络基于光流虽然能够推理帧之间的短期运动信息，但它们仍然无法捕获远程时间信息。为了解决双流网络这个弱点，研究者提出了时间段网络（temporal segment networks,TSN）来执行视频级动作识别。虽然最初建议与 2D CNN 一起使用，但它既简单又通用，因此最后使用 2D 或者 3D CNN 的工作仍然建立在该框架上。如图 7-26 所示，TSN 首先将整个视频分成几个片段，这些片段沿着时间维度均匀分布，然后 TSN 随机选择每个段内的单个视频帧并通过网络转发它们，网络共享来自所有段的输入帧权重。最后执行分段共识以聚合来自采样视频帧的信息。分段共识可以是平均池化、最大池化、双线性编码等算子。从这个意义上说，TSN 能够建模远程时间结构，因为模型从整个视频获取信息用于动作判断。

光流的计算量通常都很大，存储要求也很高，不适合大规模训练或实时部署，理解视频的一种概念是简化为具有两个空间和一个时间维度的 3D 张量，因此使用 3D CNN 作为处理单元来对视频中的时间信息进行建模，即产生了**第二个趋势**，是使用 3D 卷积核对视频进行建模时间信息，例如 I3D、R3D、S3D、Non-local、SlowFast 等。I3D 将视频剪辑任为输入，并通过堆叠的 3D 卷积层将其转发。视频剪辑是一系列视频帧，通常使用 16 或 32 帧。I3D 的主要贡献是：采用成熟的图像分类架构用于 3D CNN，对于模型权重是将 ImageNet 预训练的 2D 模型权重膨胀到 3D 模型中的对应项。因此 I3D 绕过了 3D CNN 必须从头开始训练的困境。在接下来的几年里，3D CNN 迅速发展，几乎在每个基准数据集上都成为表现最好的。

在 3D CNN 中，可以通过堆叠多个短时间卷积来实现远程时间连接，例如 3×3×3 滤波器，但有用的时间信息可能会在深度网络的后期丢失，尤其是对于相距较远的帧。为了执行远程时间建模，研究者们引入一个新的构建块称为非局部（non-local）模块，这是一种类似于自注意力（self-attention）的通用操作，能够以即插即用的方式用于许多计算机视觉任务。如图7-26 所示，它们可以用于残差块之后使用时空非局部模块来捕获空间和时间域的远程依赖，

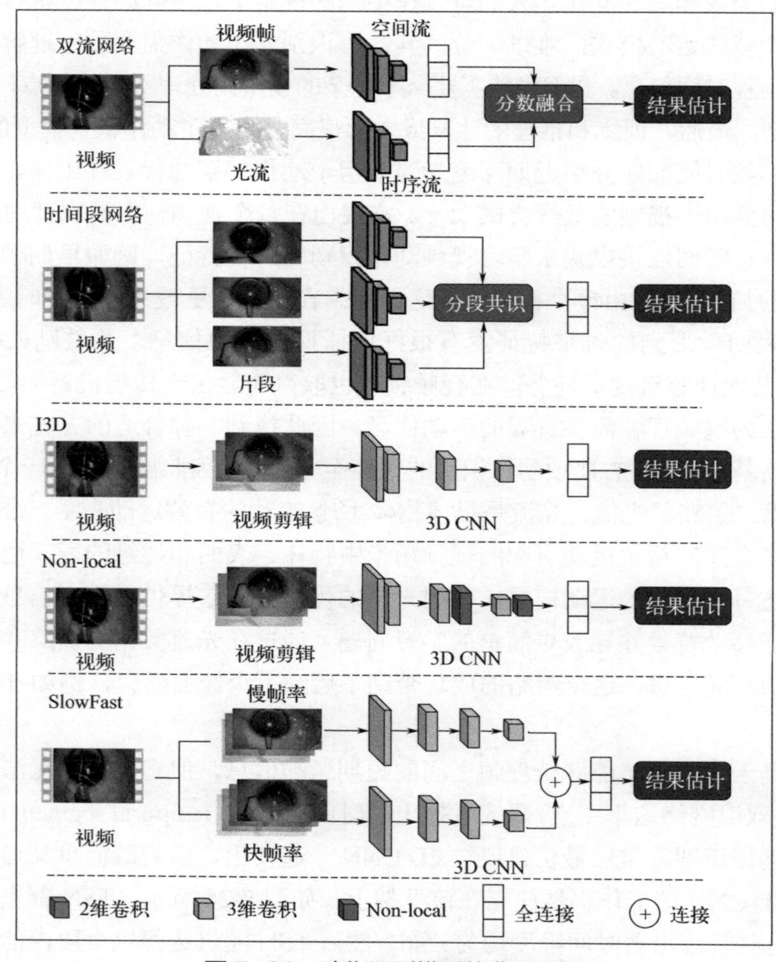

图 7-26　动作识别模型的典型示例

并在性能上实现了有效的改进。为了进一步提高 3D CNN 的效率（在 GFLOP、模型参数和延迟方面），研究者们提出了许多 3D CNN 的变体，比如将通道可分离卷积方法扩展到视频分类中揭示了通过分离通道交互和时空交互来分解 3D 卷积是一种很好的做法，并且能够获得很好的性能，同时在处理速度方面也有很好的提升。如图 7-26 底部所示的 SlowFast 是一种具有慢速路径和快速路径方式的有效网络。网络设计的部分灵感来自灵长类视觉系统中的生物细小细胞和大细胞，慢速路径以低帧速率运行以捕获详细的语义信息，而快速路径以高时间分辨率运行以捕捉快速变化的运动。为了合并运动信息，SlowFast 采用横向连接来融合每个路径学习的表示。由于通过减少通道容量可以使快速路径变得非常轻量级，因此 SlowFast 的整体效率大大提高。

7.4.2 时序动作定位

时序动作定位，也称作时序动作检测（temporal action detection），是视频理解的另一个重要领域。前一小节的动作识别可以看作是一个纯分类问题，其要识别的视频基本上经过剪辑（trimmed），即每个视频包含一段明确的动作，视频时长较短，且有唯一确定的动作类别。而时序动作定位是由两个子任务组成，一是动作定位，即预测动作的起止时序区间；二是动作识别，即预测动作的类别。在该领域，视频通常没有被剪辑（untrimmed），视频时长较长，动作通常只发生在视频中的一小段时间内，视频可能包含多个动作，也可能不包含动作，即为背景（background）类。时序动作定位不仅要预测视频中包含了什么动作，还要预测动作的起始和终止时刻。相比于动作识别，时序动作定位更接近现实场景，比如对于手术场景，通常是基于整个手术视频进行评价的。因此我们需要对未经修剪的视频中动作名称和每个动作的起止时间点进行完整的注释。但使用人工智能进行时序动作定位存在以下问题及难点。

① 人工注释用作标签，通过全监督学习的训练阶段学习识别模型（即金标准）。人工注释通常会存在成本昂贵，耗时长，难以给每个动作分配精确的时间边界，主观性强等问题，以手术场景为例，只有专业医生能够更准确地辨别精确的动作时间边界，而且不同医生对同一动作或者视频存在不同的理解，会产生不同的判断标准。我们可以在训练阶段减少对金标准的依赖从而解决部分人工注释导致的问题，如图 7-27 所示，我们可以使用半监督、单帧监督、分段监督或第 4 章中介绍的弱监督等方法。半监督是基于部分有标签的数据高效能地训练得到网络模型。单帧监督是一个带有动作的单帧，并加一个动作时长的标注，分段监督则是给出带有动作的片段的开始和结束。弱监督则是只用一个动作标签对没有任何其他信息的未修剪的视频进行动作定位估计。这些方法都可以用于解决对人工标注的依赖。

② 难以获取有效时序信息，因为时间动作片段的跨度区别可能非常大，例如挥手只需要几秒钟，而登山或骑自行车可以持续数十分钟，白内障手术中的切口可能只有几十秒，而超声乳化可能需要几分钟。由于动作识别领域经过近年来的发展，预测动作类别的算法逐渐成熟，因此时序动作定位的关键是预测动作的起止时序区间，有不少研究工作专注于该子任务，Activity Net 竞赛除了每年举办时序动作定位竞赛，还专门组织候选时序区间生成竞赛（也称为时序动作区间提名）。既然要预测动作的起止区间，一种最朴素的想法是穷举所有可能的区间，然后逐一判断该区间内是否包含动作，然而穷举所有的视频区间会带来非常庞大的

计算量。

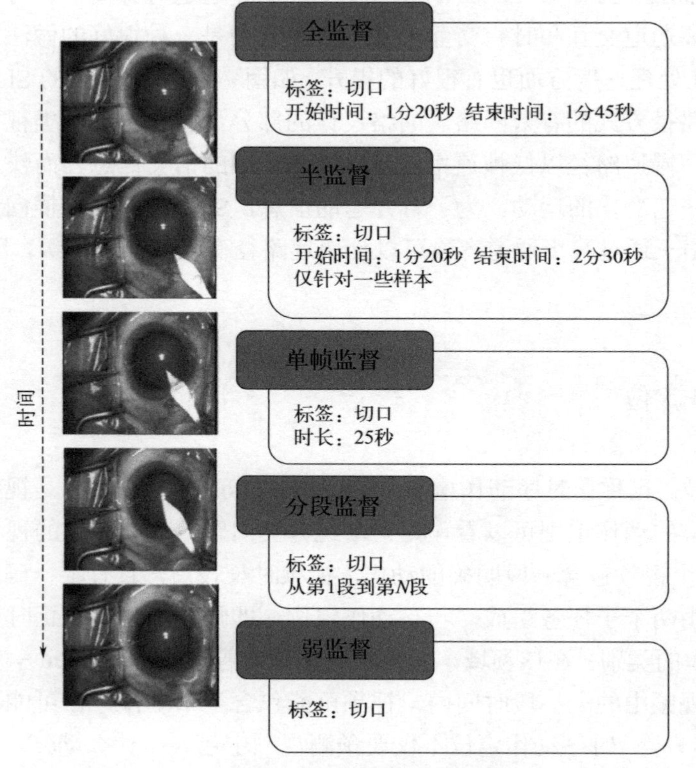

彩图

图 7-27 动作识别模型的典型示例

时序动作定位是近些年比较活跃的研究领域之一，因此研究学者提出了许多不同的方法，但这些方法目前都还处于实验室的测试阶段，还无法得到实际应用或产业落地。因为了解视频中发生什么以及何时发生动作的这个任务还是非常具有挑战性的，所以到目前为止还没有鲁棒的解决方案。近二十年按特征提取进展来划分，时序动作定位主要经历了两个重要历史时期，一个是 2014 年之前的传统动作检测时期，另一个是 2014 年之后基于深度学习的时期。我们将相应的一些发展及重要算法进行了简单总结，如图 7-28 所示。

传统方法主要是基于手工特征构建的动作定位算法（具体如第 3 章介绍的特征提取方法），与动作识别相同，主要提取包含静态图像特征和时间信息组合成的时间视觉特征。我们可以将特征提取分为局部特征提取和全局特征提取。局部特征提取是指视频中的局部兴趣点或感兴趣区域的提取。它包括统计、字典学习、词袋（BoW）和特征学习等。与全局特征相比，局部特征对视频光照、视角、相机抖动和复杂背景的鲁棒性更强。全局特征提取是指人类行为的整体特征的提取，例如人体的轮廓和骨骼，它包括全局密度和轨迹方法。要解决复杂场景中的人类行为问题，仅仅检测时空区域的灰度变化是不够的。因此，研究人员提出了许多基于特征点跟踪的特征提取方法。大致过程如下：首先检测视频时间区域的特征点，然后逐帧跟踪这些特征点，并形成特征点的轨迹。最后，使用特征描述符来描述轨迹及其时间邻域。在众多基于特征点跟踪的特征提取方法中，经典的方法是密集轨迹（DT）。随后，考虑到相机运动导致提取与人类行为无关的 DT 特征，进一步改进 DT 特征，提出了一种改进的密集轨迹（iDT）方法。尽管今天的许多方法已经远远超过了 iDT，但 iDT 的宝贵见解仍然影响着后来的研究工作。传统特征提取方法的研究过程和思想是非常有用的，因为这些方法具有很强的可解释性。它们为设计解决此类问题的深度学习方法提供了灵感和类比。

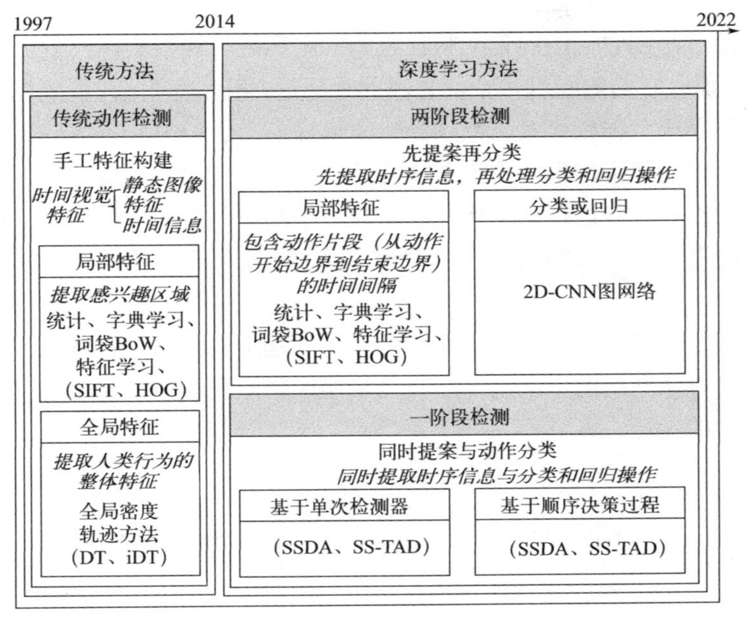

图 7-28　时序动作定位的两个发展时期

在深度学习时期，它们主要分为两类框架：“两阶段检测”和“一阶段检测”。具体来说，前者基于主流方法“先提案再分类”范式，后者同时进行提案和分类。两阶段检测是首先提取时序信息，然后处理分类和回归操作，这种方法是目前的主流解决方案。提案的生成是这种时序动作定位方式中一个难点，跟目标检测中的提案生成一样。一个好的提案算法可以很大程度上提高模型的有效性。时序动作提案生成任务是为未修剪的长视频生成一定数量的时序提案。一个时序动作提案是可能包含动作片段（从动作开始边界到结束边界）的时间间隔。通常，使用一定数量提案的平均召回率（AR）来衡量算法的性能。

一阶段检测（又称一阶段框架或单阶段框架）是同时处理提案和动作分类的。例如，2017 年的单次时间动作检测（single shot temporal action detection，SSAD）和端到端的单流时间动作检测（end-to-end, single-stream temporal action detection，SS-TAD），它们都是基于一阶段检测框架。由于时间动作定位和目标检测比较相似，所以 SSAD 结合了目标检测的 YOLO 和 SSD 模型的特点。SSAD 先使用预训练模型获特征序列，作为 SSAD 模型的输入，输出检测结果。SS-TAD 使用时间动作定位的语义子任务作为调整后的语义约束来提高训练效果和测试性能，其使用 C3D 提取特征，并采用了 anchor 机制和堆叠的 GRU 单元，所以效果优于 SSAD。另外有一些方法是基于顺序决策过程的，也属于一阶段框架。

7.4.3　视频向量化

视频向量化的目标是从视频中得到一个低维、稠密、浮点的特征向量表示，这个特征向量是对整个视频内容的总结和概括。其中，低维是指视频向量化特征向量的维度比较低，典型值如 128 维、256 维、512 维、1024 维等；稠密和稀疏相对，稀疏是指特征向量中有很多元素为 0，稠密是指特征向量中很多元素非 0；浮点是指特征向量中的元素都是浮点数。不同视频向量化之间的距离（如欧氏距离或余弦距离）反映了对应视频之间的相似性。如果两个视频的语义内容接近，则它们的向量化特征之间的距离近，相似度高；反之，如果两个视频不是同一类视频，那么它们的向量化特征之间的距离远，相似度低。在得到视频向量化之后，可以用于视频推荐系统、视频检索、视频侵权检测等多个任务中。

动作识别和时序动作定位都是预测型任务，即给定一个视频，预测该视频中出现的动作，或者更进一步识别出视频中出现的动作的起止时序区间。而视频向量化是一种表示型任务，输入一个视频，模型给出该视频的向量化表示。视频向量化算法可以大致分为以下 3 大类，如图 7-29 所示。

① 基于视频内容有监督地学习视频向量化。我们基于视频的类别有监督地训练一个动作识别网络，之后可以从网络的中间层（通常是全连接层）提取视频向量化。这类方法的重点在于动作识别网络的设计。

图 7-29　视频向量化算法类别

② 基于视频内容无监督地学习视频向量化。第一类方法需要大量的视频标注，标注过程十分耗时、耗力，这类方法不需要额外的标注，从视频自身的结构信息中学习，例如，视频重建和未来帧预测、视频帧先后顺序验证、利用视频和音频信息、利用视频和文本信息等。

③ 通过用户行为学习视频向量化。如果我们知道每个用户的视频观看序列，由于用户有特定类型的视频观看喜好，用户在短时间内一起观看的视频通常有很高的相似性，利用用户观看序列信息，我们可以学习得到视频向量化。

第一类和第二类方法基于视频内容学习视频向量化，它们的优点是没有视频冷启动问题，即一旦有新视频产生，就可以计算该视频的向量化用于后续的任务中。例如，这可以对视频推荐系统中新发布的视频给予展示机会；基于内容的视频向量化的另一个优点是对所有的视频“一视同仁”，不会推荐过于热门的视频。另外，也可以为具有小众兴趣爱好的用户进行推荐。一旦新视频获得了展示机会，积累了一定量的用户反馈（即用户观看的行为数据）之后，我们就可以用第三类方法基于用户行为数据学习视频向量化，有时视频之间的关系比较复杂，有些视频虽然不属于同一个类别，但是它们之间存在很高的相似度，用户常常喜欢一起观看。

基于用户行为数据学习的视频向量化可以用于度量不同类别视频之间的潜在联系。该方法通过用户行为学习视频向量化，其中 Item2Vec 将自然语言处理中经典的 Word2Vec 算法用到了用户行为数据中，并在后续工作中得到了优化，DeepWalk 和 Node2Vec 基于图的随机游走学习视频向量化，是对图算法和 Item2Vec 算法进行优化，LINE 和 SDNE 可以学习图中节点的一阶和二阶相似度，GCN GraphSAGE 和 GAT 等将卷积操作引入到了图中，YouTube 召回模型利用多种信息学习视频向量化。

7.5 人工智能与元宇宙

2021 年著名科技公司 Facebook 更名“Meta”并宣布其未来发展战略方向转向“元宇宙”，一石惊起千层浪，其他互联网企业如字节跳动、百度、微软等也积极布局元宇宙。同时，元宇宙这个概念开始进入主流公众的视野。元宇宙（Metaverse）这个概念最早来自美国数学及计算机专家 Vernor Vinge 在 1981 年出版的《真名实姓》一书，书中描述了构建一个通过脑机接口技术进入并获得真实感官体验的虚拟世界。1992 年，尼尔 • 斯蒂芬森（Neal Stephenson）的科幻小说《雪崩》中正式提出了“元宇宙（Metaverse）”和“阿凡达（Avatar）”这两个概念，并将两者关联在一起，奠定了元宇宙的时空延展性和人机融生性。其中，Metaverse 是由 Meta 和 Verse 两个单词组成，Meta 表示超越，Verse 代表宇宙（universe），合起来即为“超越宇宙”的概念：一个平行于现实世界运行的人造空间。元宇宙可以认为是互联网的下一个阶段，由 AR、VR、3D 等技术支持的虚拟现实的网络世界。人类的生活方式在元宇宙时代将受到较大的影响。首先，传统的哲学与科学会受到巨大的冲击，需要不断挖掘新的理论与方法。其次，元宇宙的兴起会推动人类社会迈进全新的阶段，在融合已有技术的同时，不断衍生出新的技术与发展。本节主要介绍元宇宙的基本概念和基础技术。

7.5.1 元宇宙的基本概念

元宇宙作为一个新兴的概念，近年来受到人们广泛关注，但是目前还没有一个统一的定义。从科学角度上说，元宇宙的诞生是多学科融合的结果，它将信息科学、量子科学、数学和生命科学等学科进行融合与应用，并创新科学范式。元宇宙实质上是一种广义网络空间，在涵盖物理空间、社会空间以及思维空间的基础上，融合多种数字技术，将网络、硬件设备与软件系统和用户聚合在一个虚拟现实系统之中，形成一个既映射于、又独立于现实世界的虚拟世界。

从技术角度上说，元宇宙是将现有信息技术的综合集成运用从而促进信息化发展的一个新阶段。图 7-30 给出了元宇宙所涉及的技术，可以看出，元宇宙的发展不仅会促进现有技术的升级换代，而且会促进新技术的出现。然而，当前的技术还远不能实现概念中所描述的元宇宙场景，目前进入元宇宙空间主要依靠高沉浸感的 XR（VR/AR/MR）设备，但现有的虚拟实现技术很难将设备小型化、便携化以及低成本化，使得用户不受时空限制进入元宇宙。同时，元宇宙建设过程将会产生大量数据，这需要人工智能技术（如机器学习、深度学习、强化学习等）的支持。人工智能的三要素，即数据、算法及算力，对元宇宙的建立及发展同样也具有关键性的作用，能够助力实现超越现实世界限制的社会和经济活动。

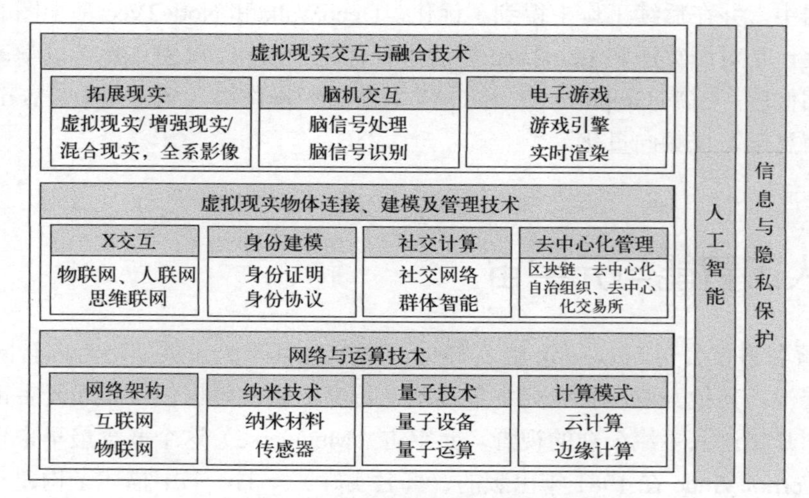

图 7-30　元宇宙相关技术路线图

表 7-4 给出了现有有关元宇宙的概念汇总，我们可以总结元宇宙具有如下特点：

① 元宇宙的基本价值观包括共创、共享、共治三点，它借助区块链本身的特点，让参与者共同创造内容、共同分享成果、共同参与治理，是互联网分享、互通精神的进一步发展；

② 利用扩展现实技术实现沉浸式的深度体验；

③ 元宇宙对技术及基础设施具有很高要求，它不仅是信息技术的综合集成运用，同时也会促进现有技术升级；

④ 元宇宙利用区块链来搭建经济体系。随着元宇宙发展，对整个现实社会的模拟程度加强，人类在元宇宙当中不仅仅是消耗资源，而且有可能创造价值，这样在虚拟世界里同样形成了一套经济体系。

表 7-4　元宇宙的概念汇总

来源	定义或概念
科幻小说《雪崩》作者尼尔·斯蒂芬森	“元宇宙”是一个庞大的虚拟现实世界，人类通过虚拟化身“阿凡达（Avatar）”在其中行动
Roblox 的联合创始人 David Baszuck	“元宇宙”包括八大因素：身份、朋友、沉浸感、低延迟、多元化、随时随地、经济系统和文明等
Beamable 公司创始人 Jon Radoff	“元宇宙”分为体验、发现、创作者经济、空间计算、去中心化、人机互动、基础设施七个层面
Snapchat AR 产品全球主管 Carolina Arguelles	“元宇宙”是与物理世界无缝叠加的虚拟空间。它是一个用户在物理世界里触摸、查看某个物体，然后反映在阈值重叠的虚拟空间的区域
清华大学《2020—2021 年元宇宙发展研究报告》	“元宇宙”是基于扩展现实技术提供沉浸式体验，基于数字孪生技术生成现实世界的镜像，基于区块链技术搭建经济体系
复旦大学《2020—2021 年元宇宙发展研究报告》	“元宇宙”并不是特指某种单一的技术或应用，而是指一种基于增强现实、虚拟现实、混合现实技术的 3D 空间、生态或环境
袁园、杨永忠《走向元宇宙：一种新型数字经济的机理与逻辑》	元宇宙是一种起始于游戏平台、奠基于数字货币并由一系列集合式数学技术和硬件技术同步涌现所支持的、人类生活深入介入其中的虚拟世界及生存愿景，其核心是以区块链技术为基础的一种新型数字经济的发展

7.5.2 元宇宙中基础技术

元宇宙涉及了大量计算机技术，本节主要介绍网络及运算技术、虚拟现实交互与融合技术以及人工智能技术。

7.5.2.1 网络及运算技术

网络与运算技术是元宇宙的基础设施，能够为元宇宙提供高质量通信、泛在连接以及资源共享等功能与服务。其中，无线传输技术、物联网、边缘计算、云计算和互联网在元宇宙的技术体系中起到至关重要的作用。

（1）无线传输技术

元宇宙时代所需要的沉浸式体验要求网络传输技术具有低延迟、高速传输、高可靠性等特点，而近年发展的5G网络技术的发展为元宇宙的沉浸式体验提供了一定可能性。5G网络技术，全称第五代移动通信技术（5th generation mobile communication technology）。国际电信联盟定义了 5G 的三大类应用场景，即增强移动宽带、超高可靠低时延通信、海量机器类通信。增强移动宽带主要面向移动互联网流量爆炸式增长，为移动互联网用户提供更加极致的应用体验；超高可靠低时延通信主要面向工业控制、远程医疗、自动驾驶等对时延和可靠性具有极高要求的垂直行业应用需求；海量机器类通信主要面向智慧城市、智能家居、环境监测等以传感和数据采集为目标的应用需求。增强移动宽带和超高可靠低时延通信满足元宇宙对沉浸感体验的需求。6G 作为 5G 的必然演进方向，将打破时间、虚实的限制，为元宇宙的实现提供网络基础。未来 6G 的发展，将提高现实世界与虚拟世界的交互和共存共生的可能性。

（2）物联网技术

物联网（internet of things，IoT）是指通过各种信息传感器、射频识别技术、全球定位系统、红外感应器、激光扫描器等各种装置与技术，实时采集任何需要监控、连接、互动的物体或过程，采集其声、光、热、电、生物、位置等各种需要的信息，通过各种网络接入，实现物与物、物与人的泛在连接，实现对物品和过程的智能化感知、识别和管理。物联网在元宇宙的网络基础设施的实现和发展中将发挥重要作用。虚拟世界与现实世界的泛在连接，离不开大量传感器、智能终端等物联网设备的实时采集和数据处理，从而为用户提供真实、持久且顺畅的交互体验，实现虚拟世界与现实世界的联接。

（3）云计算与雾计算

云计算（cloud computing）是分布式计算的一种，它通过网络“云”将巨大的数据处理过程分解成无数个小程序，然后通过多部服务器组成的系统进行处理和分析，这些小程序最终将得到的结果返回给用户。元宇宙所需要的身份建模、现实世界与虚拟世界的交互以及多元宇宙之间的互动，都会产生难以想象的海量数据，特别是其中的数据处理和数据存储服务都离不开云计算的支持。而雾计算（frog computing）由终端用户层、雾层及云层构成，能够极大地降低传统云计算的时延，且除了自主为用户提供服务，还可以利用云层强大的算力和存储能力协同进行服务，增强元宇宙的沉浸感体验。

7.5.2.2 虚拟现实交互与融合技术

虚实世界中交互的实现需要视觉、听觉、触觉、嗅觉的统一，是元宇宙虚实空间融合的基石，而这都离不开扩展现实、电子游戏及脑机接口等技术的支撑。

（1）扩展现实技术

在较长的一段时间，人们与机器的交互拘泥于键盘、鼠标及显示屏等外部设备。随着科技的进步，扩展现实技术诞生。扩展现实（extended reality，XR），是指通过计算机将真实与虚拟相结合，打造一个可人机交互的虚拟环境，这同时也是虚拟现实 （virtual reality，VR）、增强现实 （augment reality，AR）、混合现实（mixed reality，MR）、全息影像等多种技术的统称。通过将三者的视觉交互技术相融合，为体验者带来虚拟世界与现实世界之间无缝转换的“沉浸感”

虚拟现实 VR 是一种先进的、理想化的系统，旨在为用户提供了完全沉浸式的体验，让他们感觉自己置身于现实世界。而随着无线数据传输技术的成熟化发展，VR 的应用领域与自由度也将逐步提升。但是现有 VR 技术十分依赖可穿戴设备，使用过程中需要较大的活动空间，且伴随而来的眩晕感会大大限制使用时长。

增强现实 AR 通过设备识别和判断将虚拟信息叠加在基于识别对象的现实位置上，并显示在设备屏幕中，从而实现虚拟信息的实时交互。它可以被架设在手机等常用设备上，具有更好的通用性与现实交互体验。但是其技术发展相较于有硬件基础的 VR 略为滞后，目前 AR 的应用主要集中在手机领域。

混合现实 MR 是一种结合现实世界和虚拟世界的新型可视化环境。在新的可视化环境中，物理对象和数字对象实时共存和交互，但是目前也存在定位及虚拟环境渲染技术不成熟的痛点问题。VR/AR/MR 的边界将在未来变得模糊，逐渐发展成为一种融合产品。

全息影像是利用干涉和衍射原理记录和呈现物体真实的三维图像的记录和再现技术，是计算机技术和电子成像技术结合的产物。全息影像技术是真正的三维立体影像，用户在不借助可穿戴设备的情况下，就可以在不同的角度裸眼观看三维立体影像。随着技术的发展，全息影像技术能够模糊现实世界和虚拟世界的边界，这将为真正实现元宇宙奠定基础。

（2）电子游戏技术

在现有技术条件下，电子游戏技术是元宇宙最直观的表现方式，不仅为元宇宙提供内容创作平台，还实现了娱乐、社交等场景的聚合。现有不少元宇宙产品实质是游戏的泛化（娱乐游戏、严肃游戏等），而在游戏中，最重要的是游戏引擎，它类似于制造机床的母机床，这也将是大规模元宇宙平台研发的“卡脖子”技术之一。当前主流游戏引擎以 Unity 引擎与虚幻引擎（unreal engine）为主，游戏引擎能提供更加细腻的光照、阴影、几何体构建与人物动作等，为开发者提供建立虚拟场景的便捷工具，使他们无需从基础的代码做起。游戏引擎的发展决定了元宇宙中 NPC 建模、场景实时渲染、用户操作与交互等方面的质量及性能，能让用户有更加接近于真实世界的体验。

（3）脑机接口技术

脑机接口（brain-computer interface，BCI）是在人或动物大脑与外部设备之间创建的直接连接，实现脑与设备的信息交换。脑机接口技术通过将个人的大脑信号解码成计算机设备可识别的命令，将人类的神经世界和外部物理世界连接起来，其过程主要包括：脑电信号采集、脑电信号处理、设备控制及信息反馈四个方面。脑机接口技术能够让人类突破身体、可穿戴设备的限制，特别是可以帮助残障人士以一种新的姿态重新融入到社会中。这种姿态是意识与思维的融入，将真正达到虚实空间融合，助力元宇宙虚实相生。BCI 目前已经有了许多可行的实现方法，根据传感器和计算设备的部署方式，可以分为侵入式接口和非侵入式接口，由于侵入式接口会对生物体造成一定的损伤，而且考虑到元宇宙的沉浸式体验，未来元宇宙研究将重点关注非侵入式接口的研究，为元宇宙虚实空间融合奠定基础。

7.5.2.3　人工智能技术

人工智能技术能够为元宇宙大量的应用场景提供技术支持，提高元宇宙虚实结合的体验感。例如，深度学习能够使元宇宙中的系统和角色接近甚至超过人类的学习水平，从而提高元宇宙的运行效率和智能化水平；自然语言处理技术能够给元宇宙主客体之间提供更加准确和顺畅的交流方式；计算机视觉技术能够使元宇宙中场景和角色模型构建更加逼真。

7.6 人工智能未来展望

人工智能经过 60 多年演进，正呈现深度学习、跨界融合、人机协同、群智开放、自主操控等新特征。人工智能具有辐射效应、放大效应和溢出效应，正在引发链式突破，加速新一轮科技革命和产业变革进程，成为新一轮产业变革的核心驱动力。本节主要简略讨论若干人工智能研究热点，这些热点从不同角度推动弱人工智能（领域相关人工智能）到强人工智能（通用人工智能）跨越，以及推动从“赋能”到“用能”的转变，使得人工智能这一“使能”技术，能够“赋能”社会健康发展。

7.6.1　研究热点预测

本小节将基于现有人工智能的发展趋势，对未来人工智能的研究热点进行预测：包括类脑智能、非冯•诺依曼计算架构、人工智能芯片与机器学习系统、量子机器学习、可解释性人工智能。

7.6.1.1　类脑智能

在第 2 章我们提到了人工智能的发展很大程度上受到了生物神经元启发，而人脑作为自然界最复杂的神经系统之一，是人工智能下一步发展的重要研究目标。类脑智能是受大脑神经运行机制和认知行为机制启发，以计算建模为手段，通过软硬件协同实现的机器智能。类脑智能系统在信息处理机制上类脑，认知行为和智能水平上类人，其目标是使机器以类脑的方式实现各种人类具有的认知能力及其协同机制，最终达到或超越人类智能水平。类脑智能作为人工智能的另一条发展路径，也是实现通用人工智能的最可能路径，成为各国关注的焦点。近年来，全世界不少国家在类脑智能研究方向积极布局，也取得了一定的进展，其中我国类脑智能的研究水平处于国际一流水准。2016 年，我国正式提出“脑科学与类脑科学研究”（简称“中国脑计划”），它作为连接脑科学和信息科学的桥梁，将在极大程度上推动通用人工智能技术的发展。此外，多所高校都成立了类脑智能研究机构，开展类脑智能研究。比如，清华大学类脑计算研究中心已经研发出具有自主知识产权的类脑计算芯片、软件工具链。中国科学院自动化研究所开发出类脑认知引擎平台，能够模拟哺乳动物大脑，并在智能机器人身上实现了多感觉融合、类脑学习与决策等多种应用。

在未来，认知脑计算模型的构建、类脑信息处理、类脑芯片与类脑计算体系结构、类脑智能机器人与人机协同、脑机接口等将是类脑智能领域的重要研究方向。

7.6.1.2 非冯·诺依曼计算架构

在第4章中，我们了解到在过去十余年时间里，人工智能在计算机视觉和自然语言处理取得了长足进步。以深度卷积神经网络为代表的深度学习技术和计算机硬件的发展，使得训练更复杂的机器学习模型成为可能，如北京智源人工智能研究院在2022年6月发布的悟道2.0模型由1.75万亿参数构成。

目前，计算机主要采用传统“冯•诺依曼”存算分离架构的计算模式，即以电子电路为载体来完成计算任务。在“冯•诺依曼”架构中，计算功能和内存功能是相互分离的单元，分别由中央处理器（CPU）和存储器完成。CPU和存储器通过总线互联通信，CPU从存储器读出数据，完成计算，然后将结果写回存储器。这一架构在数据密集型计算模式下存在内存墙桎梏。造成“内存墙”的根本原因是存储与计算部件在物理空间上的分离。研究表明，从1980年到2000年，两者的速度失配率以每年50%的速度增加，出现了被称为“内存墙剪刀叉”的现象。为了克服“内存墙”对计算性能提升的限制，学术界和工业界考虑从聚焦“计算”的“冯•诺依曼”体系结构转向聚焦“存储”的“计算型存储/存算一体/存内计算”等架构转变。

在内存墙和访存功耗问题暴露之初，研究者就开始寻找解决或者弱化的方法，从最初的多级存储架构，到最近存储计算，直到计算型存储/存算一体/存内计算，研究者做了大量工作，这些工作可以被归并为“非冯•诺依曼架构”。

实现和构造“非冯•诺依曼架构”有如下三种主要方法：

① 以光计算为核心的高速带宽通信和光卷积计算；

② 以增加高速缓冲存储器或实现高密度片上存储为核心的近数据存储；

③ 以缓解访存延迟和功耗的存算一体，即将若干计算任务移植到存储中，使得计算单元和存储单元集成在一个芯片中，例如GPU。

7.6.1.3 人工智能芯片与机器学习系统

这里人工智能芯片是指“实现智能算法的芯片”不是所谓“具有智能的芯片”。在实现某个智能算法的时候，一般用低延迟和高吞吐量来评价人工智能芯片的性能。

人工智能芯片之所以在完成智能算法中具备低延迟和高吞吐量特点，是因为同一个算法用接近硬件的编程语言来实现。从技术架构来看，人工智能芯片主要有以下四类：①通用芯片，如GPU；②可编程门阵列FPGA为代表的半定制化芯片；③专用集成电路ASIC全定制化芯片，如谷歌的TPU；④类脑芯片即神经形态芯片。

通用性芯片、半定制化芯片和全定制化芯片是基于现有的计算器械，针对人工智能具体任务（如卷积计算）而设计。类脑芯片或神经形态芯片是一种基于类脑计算的非布尔逻辑的新型计算芯片。与关注于智能算法加速不同，神经形态芯片更加强调器件、架构和算法等原理上的仿生。现有神经形态计算芯片的技术路线主要包括基于 CMOS 的神经形态芯片（如 TrueNorth，BrainScaleS，NeuroGrid 和 Loihi 等）和基于新型器件的神经形态芯片（如忆阻器、相变单元、自旋器件和 Flash 等），但该领域研究仍面临多方面的挑战。

机器学习模型呈现的算力依赖于计算系统（计算架构、软件和硬件相互协调）与机器学习模型的相互配合，这个研究方向被称为"system+machine learning"或"machine learning system"（机器学习系统）。谷歌公司人工智能领域负责人 Jeff Dean 与 2017 年图灵奖获得者 Davida Patterson 发表的《计算机体系结构黄金时代：赋能（深度）机器学习革命》文章中指出，改进机器学习算法模型使其更适应计算硬件以帮助优化系统，是提升机器学习的一种重要方法。由于数据密集型计算（如深度学习）对计算进度容忍度大、所执行的计算方式只是小部分操作的不同组合（如矩阵乘法、卷积或向量计算等），因此围绕特定机器学习任务研究特定硬件系统可提升算法性能。

一定程度上，训练机器学习模型的目标不应只是达到任务精度，还要考虑计算能耗、内存使用、可访问性、数据隐私、效能延迟、模型安全、算法公平等，人工智能能力的实现是建立在系统整体优化和学习上的。

7.6.1.4 量子机器学习

在目前计算机中，比特（bit）是所有信息表达的最小单位，每一个比特值只存在 0 或 1 两种可能取值。由于 0 与 1 可以理解为开（on）或关（off）两种状态，这一表示可以完成各种逻辑运算，因此计算机就是通过一连串的 0 与 1 的组合来执行运算、存储等任务。

与此不同，量子计算机基本信息单位是量子比特（qubit），与传统比特最大的差异是，量子比特可以同时具有 0、1 及其线性叠加态。研究者认为，如果能研发具有更多量子比特的量子计算机，就可以利用量子纠缠、相干叠加和非局域性（两个粒子在距离很大情况下能瞬时相互影响）等量子力学相关特性，加速经典机器学习的执行速度，因此，"量子+人工智能"交叉研究为人工智能带来了新的发展希望。如科学家认为，当量子比特超过 49 或 50 个，该量子计算机的计算能力将大幅超越传统计算机甚至是超级计算机，实现量子计算霸权。

2017 年《自然》杂志上以 *Quantum Machine Learning*（量子机器学习）为题发表长篇综述，总结了目前该交叉领域的研究进展和未来展望。目前学术界对量子机器学习领域的研究包括两个方面：一方面是借助量子力学的相干叠加或者纠缠特性，实现比经典算法性能更佳的量子机器学习算法，如量子主成分分析、量子支持向量机（含核方法）、深度量子学习（如使用深度量子方法代替对比散度来训练玻尔兹曼机）等加速算法以及能有效解决线性方程组的 HHL 算法等；另一方面，将难以解决的量子物理问题借助经典的人工智能算法来解决，形成有效的信息提取和分类等模型，也是量子机器学习研究范畴。

现有"量子+人工智能"研究成果还比较零散，量子算法完成任务实践仅在特定领域超过了传统算法，如 Shor 算法（其解决大质数分解，即把一个大数分解为两个质数乘积）和 Grover 算法（其解决从任意多元素中找到目标元素）。虽然量子算法的上限和潜力远高于经典算法，但是量子算法的适用范围仍不清晰，为了在实际场景中充分发挥量子算法的加速优势，未来需要研究和设计可以提高机器学习效率的量子算法，以及量子机器学习的算法理论，包括如何对量子可学习的概念进行教学刻画、如何对量子神经网络的计算能力进行评估等。

7.6.1.5 可解释性人工智能

虽然深度学习技术已经在语音识别、计算机视觉、自然语言处理等领域取得优越的性能，但它们在透明度和可解释性方面仍存在较大局限性。在人工智能领域，如果我们认为某个算法是透明的，那么我们一定能从整体上完全理解这个算法，可以将输入数据连同模型的参数一起，在合理的时间步骤内完成产生预测所需的每一个计算。可解释性是人类与算法之间的接口，它既是算法的准确代理，又是人类所可以理解的。

深度学习的不可解释性已经成为计算机领域的一个必备的讨论话题。一些方法尝试将黑盒的神经网络模型和符号推理结合了起来，通过引入逻辑规则增加可解释性。此外，符号化的知识图谱具有形象直观的特性，为弥补神经网络在解释性方面的缺陷提供了可能。利用知识图谱和领域先验知识来解释深度学习和高层次决策模型，是当前值得研究的科学问题，为可解释性人工智能提供全新视角的机遇。张钹院士指出当前人工智能的最大问题是不可解释和不可理解，并提倡建立具有可解释性的第三代人工智能理论体系。

7.6.1.6 数字伦理

人工智能作为新一轮科技革命和产业变革的重要驱动力，已上升为世界各国国家战略，例如中国和美国都将人工智能发展列为国家发展战略最高级。人工智能将会在未来几十年对人类社会产生巨大的影响，带来不可逆转的改变。人工智能的发展面临诸多现实的伦理和法律问题，如个人隐私、网络安全、数据权益和公平公正等。为了让人工智能技术更好地服务于社会发展，不仅要发挥好人工智能的技术福利，也需要加强人工智能相关伦理、法律、社会问题等方面的研究。数字伦理（digital ethics）是未来人类智能社会的发展重要基石，只有建立完善的人工智能伦理规范，处理好机器与人的新关系，人工智能技术才能更好地造福人类。

7.6.1.7 智能机器人

智能机器人（intelligent Robot）需要具备三个基本要素：感觉要素、思考要素和反应要素。感觉要素是利用传感器感受内部和外部信息，如视觉、听觉、触觉等；思考要素是根据感觉要素所得到的信息，思考出采用什么样的动作；反应要素是对外界做出反应性动作。智能机器人的关键技术包括多传感器信息融合、导航与定位、路径规划、智能控制等。由于社会发展的需求和机器人应用行业的扩大，机器人可以具备的智能水平并未达到极限，影响因素包括硬件设施的计算速度不够、传感器的种类不足，以及关于机器人的思考行为程序难以编制等。

7.6.2 人工智能伦理与治理

随着人工智能的快速发展和广泛应用，人们越来越重视随之而来的安全和伦理问题。AI发展面临着诸多安全和伦理方面的挑战。安全挑战主要包括三个方面：

① 人工智能可以替代体力劳动和脑力劳动，相应的岗位替代作用影响着人类就业安全和社会稳定；

② 建立在大数据和深度学习基础上的人工智能技术，需要海量数据来学习训练算法，带

来了数据盗用、信息泄露和个人侵害的风险。许多个人信息如果被非法利用，将会构成对隐私权的侵犯；

③ 人工智能具有强大的数据收集、分析以及信息生成能力，可以生成和仿造很多东西，甚至包括人类自身。随之而生的虚假信息、欺诈信息不仅会侵蚀社会的诚信体系，还会对国家的政治安全、经济安全和社会稳定带来负面影响。

人工智能发展面临的伦理挑战主要来自以下方面：

① 人们对智能化的过度依赖。人工智能发展带来的简易、便捷的智能化工作和生活方式的同时，严重挤占了人们用于休息的自由时间、用于劳动的工作时间和用于个人全面发展的时间，由此催生了许多人的懒惰和对智能产品的过度依赖；同时，个性化新闻推荐或者自动生成的新闻，真假难辨的广告和宣传给人们封闭在“信息茧房”里，人们甚至可能逐渐失去了独立自由决策的能力，成为数据和算法的奴隶。

② 情感计算技术和类脑智能技术的创新融合发展，可能扰乱人们对于身份和能动性的认知。人类大脑与机器智能直接连接，会绕过大脑和身体正常的感觉运动功能；增强型神经技术的应用也可能改变人的体能和心智，这将会对人类社会的道德社会规范和法律责任的挑战。

③ 智能算法歧视将带来的偏见。人工智能以大数据和深度学习为基础，数据、算法以及人为因素会导致计算结果的偏见和非中立性，比如性别歧视、种族歧视以及“有色眼镜”效应。数据和算法导致的歧视往往具有更大的隐蔽性，更难以发现和消除。

④ 人工智能对人类造成的威胁和伤害。智能武器是可自动寻找、识别、跟踪和摧毁目标的现代高技术兵器，包括精确制导武器、智能反导系统、无人驾驶飞机、无人驾驶坦克、无人驾驶潜艇、无人操作火炮、智能地雷、智能鱼雷和自主多用途智能作战机器人等，它将成为未来战场主力军，信息处理和计算能力成为战争胜负的决定因素。人工智能武器是继火药和核武器之后战争领域的第三次革命。人工智能如果被赋予伤害、破坏或欺骗人类的自主能力，将是人类的灾难，后果难以想象。

当前人工智能所呈现的人机协同和自主智能等特点，使得算法、机器和系统成为人类社会不可或缺的一个组成部分，隐私泄露、大数据杀手、机器杀手、机器换人等现象出现，给社会治理、法律规范等带来了严峻挑战。

面对人工智能带来的安全和伦理问题，受到越来越多各方关注和应对。我国《新一代人工智能发展规划》明确提出“把握人工智能技术和社会属性高度融合的趋势”。在人工智能推进过程中，既要加强人工智能研发和应用力度，赋能实体经济；又要预判人工智能与实体经济拥抱可能对社会各个方面带来的一些新挑战和冲击。2019 年 5 月，经济合作与发展组织各成员国签署了人工智能原则，即“负责任地管理可信 AI 的原则”，成为人工智能治理方面的首个政府间国际共识，确立了以人为本的发展理念和敏捷灵活的治理方式。2019 年 6 月，国家新一代人工智能治理专业委员会发布《新一代人工智能治理原则——发展负责任的人工智能》，提出了人工智能治理的框架和行动指南，给出了和谐友好、公平公正、包容共享、尊重隐私、安全可控、共担责任、开放协作、敏捷治理等人工智能发展原则。

人工智能是赋能经济、造福社会的牵引技术，人工智能技术需要与人类合作，增强和提高人类的生活和生产力，让每个人的生活更美好。人工智能社会的治理离不开人工智能技术的保障，人工智能技术的广泛应用又会推动伦理和治理的演化。在这个过程中，需要牢牢把握人工智能技术属性和社会属性相互耦合的特点，以技术发展推动可信、可靠和安全的人工智能融入社会和大众。

本章小结

本章从最常见的自然语言处理应用开始，涵盖了自然语言处理的概念、发展历史及研究方向。紧随其后是推动人工智能进入第三个发展阶段研究高潮的图像处理应用领域，本章主要介绍图像增强、图像复原、图像编码、图像分割以及图像识别与分类等研究领域。在机器人领域，本章简略机器人的三个发展阶段，以及两种机器人类型。然后在视频理解应用领域，本章主要介绍了动作识别、时序动作定位、视频向量化等三个方向。在元宇宙小节，主要介绍元宇宙的基本概念与基础技术。最后，本章从目前人工智能发展趋势出发对未来研究热点进行预测并讨论了人工智能伦理与治理问题。

习题

1. 自然语言理解和自然语言生成的异同？
2. 图像复原与图像增强的异同？
3. 列出机器人的三个发展阶段并说明各自特点。
4. 视频与图像的关系？
5. 请阐述元宇宙的基本价值，并列出元宇宙的三种基础技术。

答案

本章参考文献

[1] Lore K G, Akintayo A, Sarkar S. LLNet: A deep autoencoder approach to natural low-light image enhancement[J]. Pattern Recognition, 2017, 61: 650-662.

[2] Dong C, Loy C C, He K, et al. Image super-resolution using deep convolutional networks[J]. IEEE transactions on pattern analysis and machine intelligence, 2015, 38(2): 295-307.

[3] Kang J, Kim S, Lee K M. Multi-modal/multi-scale convolutional neural network based in-loop filter design for next generation video codec[C]//2017 IEEE International Conference on Image Processing (ICIP). IEEE, 2017: 26-30.

[4] He X, Hu Q, Zhang X, et al. Enhancing HEVC compressed videos with a partition-masked convolutional neural network[C]//2018 25th IEEE International Conference on Image Processing (ICIP). IEEE, 2018: 216-220.

[5] Li M, Xia C, Hu J, et al. VimicroABCnet: An Image Coder Combining A Better Color Space Conversion Algorithm and A Post Enhancing Network[C]//CVPR Workshops, 2019.

[6] 张皓. 深度学习视频理解[M]. 北京：电子工业出版社, 2021.

[7] 王文喜, 周芳, 万月亮, 等. 元宇宙技术综述[J]. 工程科学学报, 2022, 44(4): 744-756.

[8] Gu Z, Cheng J, Fu H, et al. Ce-net: Context encoder network for 2d medical image segmentation[J]. IEEE transactions on medical imaging, 2019, 38(10): 2281-2292.

[9] Cheng J, Liu J, Xu Y, et al. Superpixel classification based optic disc and optic cup segmentation for glaucoma screening[J]. IEEE transactions on medical imaging, 2013, 32(6): 1019-1032.

后记

笔者团队在讲授人工智能导论课程的过程中，收到了来自选课学生的各种评价与反馈意见；参与到本书内容建设的 iMED 成员，也是本书的第一批读者，读完后也反馈了一些心得体会。笔者在后记中对这些评价、意见、体会等进行了未加修改的原文收录，通过挖掘来自学生层面的真实声音、实际需求，促使笔者团队对人工智能导论课程不断地进行教学改革，同时将这些教学改革也反映在本书的内容特色与选取上，突出人工智能算法+人工智能技术在特定行业的特定应用。

希望能汲取这些来自学生的心声，与各高校人工智能导论课程教授者共勉。

选修了刘江老师的人工智能导论课程，同时也参与《人工智能导论》这本书的一些校对工作，我愈发感受到人工智能的普及对社会产生了深刻影响，革新了各个领域，为医疗、交通、通信和娱乐等领域开辟了新的可能性。这本书，或者说人工智能导论这门课程的开设，是一个很恰逢其时的机会，为学生提供了一个平台去了解人工智能的概念，对人工智能的伦理问题、实际应用和跨学科方法拥有更加深刻而全面的理解。而这些知识和技能能够帮助学生参与到人工智能驱动的未来之中，提升学生解决问题的能力，更好地适应飞速发展的社会。

2019 级南方科技大学本科生-孙含曦

刘江老师的《人工智能导论》课程令我受益匪浅。作为一门导论课程，刘江老师及 iMED 团队为同学们深入浅出地讲解了人工智能的发展历程、经典模型算法以及前沿应用。相比于其他计算机系专业课程，这门课的知识面更广，注重培养同学们对于人工智能全面的认识。这门课的课程项目是我跑的第一个人工智能模型，具有一定挑战性，但意义颇丰,同时希望课程在讲授过程能够进一步优化实际应用来引出人工智能的理论和算法的授课方式。愿赋诗一首与君共勉：

机巧算筹学智者，半生心力费调参。
森罗万象指尖舞，致知格物探天函。

2020 级南方科技大学本科生-蔡廷声

CS103 是一门人工智能导论课程，我想它在介绍人工智能这方面是做得很好的，充分结合了历史发展与最新技术的介绍，并引导学生自己思考人工智能的定义、定位与未来发展，使得学生能更加全面地理解人工智能并得出属于自己的理解，完美的符合导论课的意义。同时，希望这门课能够更多地讲授来自真实世界的应用，并与人工智能的理论与算法相结合，让学生学会怎么利用人工智能算法与理论去解决实际问题。

2020级南方科技大学本科生-章志轩

人工智能在我们日常生活中越来越普及，塑造了我们的生活、工作和与技术互动的方式。人工智能有潜力为复杂的问题提供新颖的解决方案，所以使学生能够充分理解人工智能并与人工智能系统进行互动是至关重要的。而通过人工智能导论课程，学生可以了解人工智能领域和其他学科（如伦理学、心理学、社会科学）的关联，对于人工智能的背景以及社会影响拥有更加充分的认知。面对日新月异的时代，学生都有学习机会去提升自己并参与到人工智能驱动的社会生活中，而这将是开设人工智能导论课程的意义。

2019级南方科技大学本科生-赵冀鲁

人工智能发展至今，已经对世界经济、社会格局、人民生活产生了方方面面的影响。随着人工智能在我们的日常生活中的日渐普及，我们在享受人工智能带来的便利的同时，了解人工智能的相关知识也是相当必要的。开设人工智能导论课程，以及编写相关教材，可以有效地向学生及有关人员进行人工智能知识科普。在参与《人工智能导论》的编写过程中，深刻体会到编写团队站在初学者角度，深入浅出，并且多有结合生活中的例子，可以使读者对人工智能形成一个全面而不失深刻的认识。

2019级南方科技大学本科生-孙清扬

人工智能的普及是未来主流趋势，人工智能导论课程的开设对非计算机专业学生和低年级计算机专业的学生都是一门较好的入门课程。这门课程从人工智能起源开始，逐步介绍人工智能的发展历史和技术应用，在刘江老师的轻松愉快的授课风格下，学生能够较为轻松地了解人工智能基础知识。希望课程授课内容能与实际应用联系更加紧密一些，通过一些应用示例来介绍人工智能的算法与理论，有助于学生特别是非计算机专业学生掌握这些人工智能知识点。

2019级南方科技大学本科生-巫晓

人工智能，根据字面意思理解，即人为创造的，具有人类智能的机器。近年来，随着科技不断发展，人工智能领域迎来了“技术爆炸”，在众多应用场景下的表现甚至超越了人类。在此时代背景下，各行各业的从业人员都有必要对AI有一定的了解和掌握，以便于使用AI技术辅助甚至主导解决一些问题。

刘江老师开设人工智能导论课程的初衷，也是希望能通过课程，让非计算机专业背景的学生也能掌握一些人工智能的算法及理论，从而培养出一些各领域内的复合型人才，通过在人工智能的技术内融合自己专业领域的知识，从而提高攻关领域难题的可能性。

但跨专业向非计算机专业背景的学生授课，对于教育领域而言也是一个很难攻关的技术难题，如何调动起学生的积极性、如何让无计算机基础的同学理解和掌握人工智能算法、如何安排课程项目使得各个专业的选课学生能够发挥自己的长处……以上问题，都是刘江在这几年大学授课中经常遇到的，刘江老师也在不断总结、优化和打磨课程，教学内容也在这个过程中精益求精。

可以说，《人工智能导论》教材，是刘江老师这几年教学成果的心血结晶。书本内容设计上考虑了读者计算机基础，由浅入深，细致入微，保证了所有读者都能通过书籍学习并理解人工智能算法及原理。

2017 级南方科技大学本科生-魏嘉琪

在学习人工智能导论课程之前，人工智能已是一个耳熟能详的词语，但对于它的具体概念并不清楚。刘江老师在课程中由浅入深，用幽默的语言为我们讲述了人工智能的发展历程。同时刘老师将理论与实践结合，给予我们学生最大的自由来选择自己感兴趣的方向去实践在课上学到的有关人工智能的知识 。导论课程虽然并不深入，但打开了我新世界的大门，使我对于人工智能的兴趣更上一层楼，也坚定了我对于专业方向，学术方向，甚至是人生方向的选择。

2017 级南方科技大学本科生-赵宇航